U0728091

SQL进阶教程

[日] MICK / 著　吴炎昌 / 译

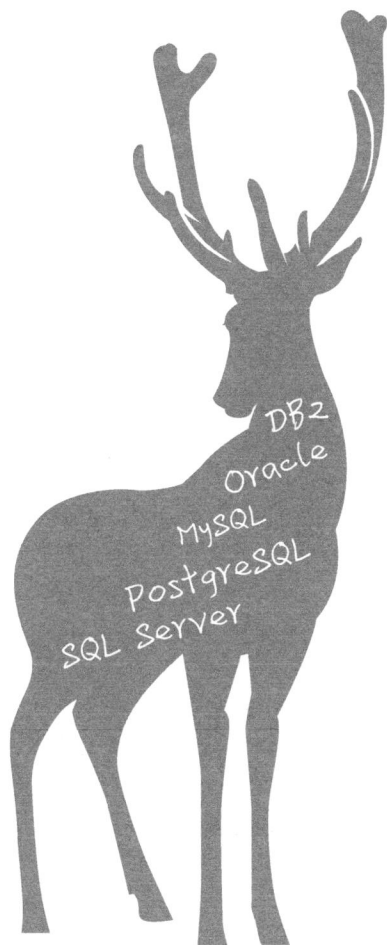

DB2
Oracle
MySQL
PostgreSQL
SQL Server

人民邮电出版社
北　京

图书在版编目（CIP）数据

SQL 进阶教程 /（日）MICK 著；吴炎昌译 . -- 北京：
人民邮电出版社，2017.11（2022.7 重印）
（图灵程序设计丛书）
ISBN 978-7-115-47052-2

Ⅰ . ①S… Ⅱ . ①M… ②吴… Ⅲ . ①关系数据库系统
—教材 Ⅳ . ① TP311.138

中国版本图书馆 CIP 数据核字（2017）第 253141 号

内 容 提 要

本书是《SQL 基础教程》作者 MICK 为志在向中级进阶的数据库工程师编写的一本 SQL 技能提升指南。
全书可分为两部分，第一部分介绍了 SQL 语言不同寻常的使用技巧，带领读者从 SQL 常见技术，比如
CASE 表达式、自连接、HAVING 子句、外连接、关联子查询、EXISTS……去探索新发现。这部分不仅穿插
讲解了这些技巧背后的逻辑和相关知识，而且辅以丰富的示例程序，旨在帮助读者提升编程水平；第二部
分着重介绍关系数据库的发展史，把实践与理论结合起来，旨在帮助读者加深对关系数据库和 SQL 语言的
理解。此外，每节末尾均设置有练习题，并在书末提供了解答，方便读者检验自己对书中知识点的掌握程度。

本书适合具有半年以上 SQL 使用经验、已掌握 SQL 基础知识和技能、希望提升自己编程水平的读者阅读。

◆ 著　　　　[日]MICK
译　　　　吴炎昌
责任编辑　　杜晓静
执行编辑　　高宇涵　侯秀娟
责任印制　　彭志环

◆ 人民邮电出版社出版发行　　北京市丰台区成寿寺路 11 号
邮编　100164　　电子邮件　315@ptpress.com.cn
网址　https://www.ptpress.com.cn
涿州市京南印刷厂印刷

◆ 开本：800×1000　1/16
印张：19.5　　　　　　　　2017 年 11 月第 1 版
字数：455 千字　　　　　　2022 年 7 月河北第 20 次印刷
著作权合同登记号　图字：01-2016-4463 号

定价：79.00 元
读者服务热线：(010)84084456-6009　印装质量热线：(010)81055316
反盗版热线：(010)81055315
广告经营许可证：京东市监广登字 20170147 号

译者序

我曾在日本从事多年软件开发工作，工作中经常会跟各种数据库打交道，编写 SQL 代码也是常有的事情。但是对于 SQL 语言，当时也只是通过大学里的一门讲授数据库系统的课程了解了基本的语法，在工作中积累了一些实用的经验而已，并没有进行过非常深入的研究。于是我便打算找一本深入一些的书，最好是面向有一定编程经验的读者的，系统地学习一下。

后来我在书店遇见了 MICK 先生的这本书，翻看前言，尝试了他提出的检验读者水平的若干问题。非常遗憾，我只能回答出很少的几个，于是我便认为这本书正是我需要的，当场决定买下了。

几年过去，我由于个人原因回国了，工作中也不再使用日语，便想着借着业余时间翻译一些优秀的日语技术书。当图灵公司的老师问我是否有意向翻译这本书时，我立刻就答应了。当初回国时为了缩减行李，我只保留了几本日语原版的技术书，这本就是其中之一。这样一本多年前结缘、至今仍躺在我书架上的好书，当有机会将它翻译成中文版时，我实在没有什么理由放弃掉。

这本书，我认为是作者的用心之作。书中大部分内容都来自作者记录自己实践总结和日常思考的个人博客，最大的特点是理论与实践相结合，除了讲述应该怎么做，还解释了其背后的原理。全书包含两部分内容，第一部分介绍了 SQL 在使用方面的一些技巧，第二部分介绍了关系数据库相关的内容。第一部分在介绍 SQL 的技巧时，作者并没有上来就展示各种酷炫的招式，而是先以简单的问题或者例题引出将要讨论的内容，在讲解之后进一步扩展，由点及面地引出更深的话题或者背后的原理。这种由浅入深的讲述方式，符合一般的学习习惯，读者能在轻松愉悦的阅读过程中，跟着作者一起思考，自然而然地掌握相应的思考方式。第二部分在介绍关系数据库时，作者先介绍了关系数据库诞生的历史背景及其解决的问题。关系数据库已经诞生了几十年，为了让现在的读者理解当初的问题和背景，作者大量引用了关系数据库之父 E.F. Codd 和关系数据库领域权威专家 C.J. Date 的文献和言论，并按自己的理解给出了分析与解释，力图使读者体会到伟大人物们在革新技术之际的心路历程。除此之外，第二部分中作者还从逻辑学和集合论的角度讲述了 SQL 和关系模型的理论基础。该部分内容作者充分发挥了自己在相关领域的深厚积累，以深入浅出的方式进行了阐述，我认为非常精彩。

书中引用了许多经典的图书和文献，都在脚注和书末参考文献中给出了详细的出处，方便有需要的读者进一步研读。更加可贵的是，在大多数小节的末尾作者都提出了两三个精心设计的小问题，这些问题是正文内容的扩展和延伸，非常利于读者巩固相应的知识点。而且，针对这些问题，作者也给出了详细的解答，并指出了读者容易犯的错误。

　　本书推荐数据库工程师、经常需要和数据库打交道的软件工程师，以及所有希望提升 SQL 水平的读者阅读。在翻译过程中，我尽力表达出原著的意图，但是由于水平有限，难免存在问题，欢迎读者批评指正。读者在阅读中有任何问题，都可以通过电子邮件和我取得联系（ensho_go@hotmail.com）。

2017 年 9 月

于北京

前言

编写本书的目的在于架起两座桥梁：一是让数据库工程师从初级向中级进阶的桥梁，旨在帮助初级工程师提升自己；二是理论（原理）和实践之间的桥梁。这里所说的"初级"，具体是指已经掌握了 SQL 的基础知识和技能，具有半年到一年左右的使用经验这种水平。

我们来做一个测试，帮助大家了解一下自己处于何种水平。下面有 10 个问题，请回答 Yes 或 No。

1. 没有在聚合函数中使用过 CASE 表达式。

2. 想象不出自连接是如何工作的。

3. 感觉 HAVING 子句不是很常用。

4. 感觉 IN 比 EXISTS 好用，所以更喜欢用 IN。

5. 听到布尔类型，脑海里浮现出的只有 true 和 false。

6. 设计表的时候不加 NOT NULL 的约束。

7. SQL 全部用大写字母或全部用小写字母来写。

8. 不能用一句话说出 GROUP BY 和 PARTITION BY 的区别。

9. 不知道 SQL 里的高阶函数的名字。

10. 试着读过 Joe Celko 的《SQL 权威指南》①和《SQL 解惑（第 2 版）》②，但是感觉太难而没能读完（或者压根儿没有读过）。

大家的回答如何呢？如果全部都回答了 No，那很好，不要担心什么，请合上本书，立刻踏上成为一名高级工程师的道路吧（也许只有本书 3-2 节"参考文献"值得略读一下）。相反，如果一半以上都回答了 Yes，那么本书将照亮大家的前进之路——这正是编写本书的目的，相信大家读后一定会有收获。

但是，接下来要说的内容可能会让大家觉得有点前后矛盾。因为，这本书即将介绍的技术绝不是多么新潮的东西，而是遵循标准 SQL 的非常普通的技术。关于这一点，相信扫一眼目录你就会明白。CASE 表达式、自连接、HAVING 子句、外连接、关联子查询、EXISTS……这些都是数据库工程师日常工作中经常用到的技术。

---

① 原书名为 *Joe Celko's SQL for Smarties: Advanced SQL Programming*，本书共有五版。国内引进了第 4 版，书名为《SQL 权威指南（第 4 版）》，朱巍等译，人民邮电出版社，2013 年。——编者注

② 米全喜译，人民邮电出版社，2008 年 4 月。——编者注

编写本书的目的就是从新的角度把光照向这些"并没有什么特别的、谁都知道的技术",照亮它们迄今都没有被看到的一面。相信大家读完本书时,会从那个一直以来都被认为平淡无奇的关系数据库的世界里,看到一些不一样的光辉。

下面,就让我们立刻前往博大精深的关系数据库的世界,开始探险之旅吧。

声明

※本书中的URL等信息可能会有变化。

※本书出版之际,我们力求准确阐述,但是翔泳社、原书作者、人民邮电出版社和译者均不对内容作任何保证,对于由本书内容和示例代码造成的一切后果,不承担任何责任。

※本书中的示例代码和脚本,以及执行结果页面都是基于特定环境的参考示例。

※本书中的公司名、商品名分别是相关公司的商标或注册商标。

目　录

第1章　神奇的 SQL

1-1　CASE表达式 ⋯⋯⋯⋯⋯⋯⋯⋯⋯⋯⋯⋯⋯⋯⋯⋯⋯⋯⋯⋯⋯⋯⋯⋯ 2
　　▶在SQL里表达条件分支 ⋯⋯⋯⋯⋯⋯⋯⋯⋯⋯⋯⋯⋯⋯⋯⋯⋯⋯ 2
　　　　练习题 ⋯⋯⋯⋯⋯⋯⋯⋯⋯⋯⋯⋯⋯⋯⋯⋯⋯⋯⋯⋯⋯⋯⋯⋯⋯19

1-2　自连接的用法 ⋯⋯⋯⋯⋯⋯⋯⋯⋯⋯⋯⋯⋯⋯⋯⋯⋯⋯⋯⋯⋯⋯⋯21
　　▶面向集合语言SQL ⋯⋯⋯⋯⋯⋯⋯⋯⋯⋯⋯⋯⋯⋯⋯⋯⋯⋯⋯⋯21
　　　　练习题 ⋯⋯⋯⋯⋯⋯⋯⋯⋯⋯⋯⋯⋯⋯⋯⋯⋯⋯⋯⋯⋯⋯⋯⋯⋯35

1-3　三值逻辑和NULL ⋯⋯⋯⋯⋯⋯⋯⋯⋯⋯⋯⋯⋯⋯⋯⋯⋯⋯⋯⋯⋯38
　　▶SQL的温柔陷阱 ⋯⋯⋯⋯⋯⋯⋯⋯⋯⋯⋯⋯⋯⋯⋯⋯⋯⋯⋯⋯⋯38

1-4　HAVING 子句的力量 ⋯⋯⋯⋯⋯⋯⋯⋯⋯⋯⋯⋯⋯⋯⋯⋯⋯⋯⋯55
　　▶出彩的配角 ⋯⋯⋯⋯⋯⋯⋯⋯⋯⋯⋯⋯⋯⋯⋯⋯⋯⋯⋯⋯⋯⋯⋯55
　　　　练习题 ⋯⋯⋯⋯⋯⋯⋯⋯⋯⋯⋯⋯⋯⋯⋯⋯⋯⋯⋯⋯⋯⋯⋯⋯⋯70

1-5　外连接的用法 ⋯⋯⋯⋯⋯⋯⋯⋯⋯⋯⋯⋯⋯⋯⋯⋯⋯⋯⋯⋯⋯⋯⋯72
　　▶SQL的弱点及其趋势和对策 ⋯⋯⋯⋯⋯⋯⋯⋯⋯⋯⋯⋯⋯⋯⋯72
　　　　练习题 ⋯⋯⋯⋯⋯⋯⋯⋯⋯⋯⋯⋯⋯⋯⋯⋯⋯⋯⋯⋯⋯⋯⋯⋯⋯92

1-6　用关联子查询比较行与行 ⋯⋯⋯⋯⋯⋯⋯⋯⋯⋯⋯⋯⋯⋯⋯⋯⋯94
　　▶用SQL进行行与行之间的比较 ⋯⋯⋯⋯⋯⋯⋯⋯⋯⋯⋯⋯⋯⋯94
　　　　练习题 ⋯⋯⋯⋯⋯⋯⋯⋯⋯⋯⋯⋯⋯⋯⋯⋯⋯⋯⋯⋯⋯⋯⋯110

1-7　用SQL进行集合运算 ⋯⋯⋯⋯⋯⋯⋯⋯⋯⋯⋯⋯⋯⋯⋯⋯⋯⋯ 112
　　▶SQL和集合论 ⋯⋯⋯⋯⋯⋯⋯⋯⋯⋯⋯⋯⋯⋯⋯⋯⋯⋯⋯⋯⋯112
　　　　练习题 ⋯⋯⋯⋯⋯⋯⋯⋯⋯⋯⋯⋯⋯⋯⋯⋯⋯⋯⋯⋯⋯⋯⋯128

1-8 EXISTS 谓词的用法 ···································· 130

　▶ SQL 中的谓词逻辑 ······························· 130

　　　练习题 ··· 146

1-9 用 SQL 处理数列 ·································· 149

　▶ 灵活使用谓词逻辑 ······························· 149

　　　练习题 ··· 165

1-10 HAVING 子句又回来了 ···························· 167

　▶ 再也不要叫它配角了！ ··························· 167

　　　练习题 ··· 183

1-11 让 SQL 飞起来 ·································· 186

　▶ 简单的性能优化 ······························· 186

1-12 SQL 编程方法 ·································· 201

　▶ 确立 SQL 的编程风格 ··························· 201

第2章　关系数据库的世界

2-1 关系数据库的历史 ································ 216

　▶ 1969 年——一切从这里开始 ····················· 216

2-2 为什么叫"关系"模型 ····························· 222

　▶ 为什么不叫"表"模型 ··························· 222

2-3 开始于关系，结束于关系 229

　▶ 关于封闭世界的幸福 ··························· 229

2-4 地址这一巨大的怪物 ······························ 233

　▶ 为什么关系数据库里没有指针 ····················· 233

2-5 GROUP BY 和 PARTITION BY 238

　▶ 物以"类"聚 ······························· 238

2-6 从面向过程思维向声明式思维、面向集合思维转变的7个关键点 243
　　▶画圆 243

2-7 SQL 和递归集合 250
　　▶SQL 和集合论之间 250

2-8 人类的逻辑学 256
　　▶浅谈逻辑学的历史 256

2-9 消灭NULL委员会 260
　　▶全世界的数据库工程师团结起来！ 260

2-10 SQL 中的层级 265
　　▶严格的等级社会 265

第3章 附录

3-1 习题解答 272

3-2 参考文献 296

后　记 300

阅读本书时的注意事项

- 本书中出现的SQL语句都是尽可能按照标准SQL（SQL-92/99/2003）来写的，对于依赖具体数据库实现的地方，本书会有明确的说明。

- 按照标准SQL的要求，指定表的别名的关键字AS也应该写上，但本书省略了。这是为了避免SQL程序在Oracle数据库中出错（其他数据库里也一样，省略了就不会出错）。

- RANK、ROW_NUMBER这样的窗口函数（OLAP函数）目前还不能在MySQL数据库中运行。

- 正文里的代码在以下数据库中测试运行过。

  - Oracle 10g

  - SQL Server 2005

  - DB2 9.1

  - PostgreSQL 9.6

  - MySQL 5.0

- 正文里提到Oracle、MySQL等数据库而未指定版本时，请参照上述版本。

- 关于用于创建示例用表的SQL语句和示例代码等，请参考如下网站。

  http://www.ituring.com.cn/book/1813（请点击"随书下载"下载中文版相关资料）

第 1 章

神奇的SQL

1-1 … CASE表达式

1-2 … 自连接的用法

1-3 … 三值逻辑和NULL

1-4 … HAVING子句的力量

1-5 … 外连接的用法

1-6 … 用关联子查询比较行与行

1-7 … 用SQL进行集合运算

1-8 … EXISTS谓词的用法

1-9 … 用SQL处理数列

1-10 … HAVING子句又回来了

1-11 … 让SQL飞起来

1-12 … SQL编程方法

1-1 CASE 表达式

▶在 SQL 里表达条件分支

CASE 表达式是 SQL 里非常重要而且使用起来非常便利的技术，我们应该学会用它来描述条件分支。本节将通过行列转换、已有数据重分组（分类）、与约束的结合使用、针对聚合结果的条件分支等例题，来介绍 CASE 表达式的用法。

■ 写在前面

CASE 表达式是从 SQL-92 标准开始被引入的。可能因为它是相对较新的技术，所以尽管使用起来非常便利，但其真正的价值却并不怎么为人所知。很多人不用它，或者用它的简略版函数，例如 DECODE（Oracle）、IF（MySQL）等。然而，正如 Joe Celko 所说，CASE 表达式也许是 SQL-92 标准里加入的最有用的特性。如果能用好它，那么 SQL 能解决的问题就会更广泛，写法也会更加漂亮。而且，因为 CASE 表达式是不依赖于具体数据库的技术，所以可以提高 SQL 代码的可移植性。这里强烈推荐大家改用 CASE 表达式，特别是使用 DECODE 函数的 Oracle 用户 ❶。

本节，我们将通过具体的例题来学习优点众多的 CASE 表达式。

■ CASE 表达式概述

首先我们来学习一下基本的写法，CASE 表达式有简单 CASE 表达式（simple case expression）和搜索 CASE 表达式（searched case expression）两种写法，它们分别如下所示。

■ CASE 表达式的写法

```
-- 简单 CASE 表达式
CASE sex
    WHEN '1' THEN '男'
    WHEN '2' THEN '女'
ELSE '其他' END
```

注❶

DECODE 是 Oracle 用户很熟悉的函数，它有以下四个不如 CASE 表达式的地方。
· 它是 Oracle 独有的函数，所以不具有可移植性。
· 分支数最大支持 127 个（参数上限 255 个，一个分支需要 2 个参数）。
· 如果分支数增加，代码会变得非常难读。
· 表达能力较弱。具体来说，参数里不能使用谓词，也不能嵌套子查询。

```
-- 搜索 CASE 表达式
CASE WHEN sex = '1' THEN '男'
     WHEN sex = '2' THEN '女'
ELSE '其他' END
```

　　这两种写法的执行结果是相同的，"sex"列（字段）如果是 '1'，那么结果为男；如果是 '2'，那么结果为女。简单 CASE 表达式正如其名，写法简单，但能实现的事情比较有限。简单 CASE 表达式能写的条件，搜索 CASE 表达式也能写，所以本书基本上采用搜索 CASE 表达式的写法。

　　我们在编写 SQL 语句的时候需要注意，在发现为真的 WHEN 子句时，CASE 表达式的真假值判断就会中止，而剩余的 WHEN 子句会被忽略。为了避免引起不必要的混乱，使用 WHEN 子句时要注意条件的排他性。

■剩余的 WHEN 子句被忽略的写法示例

```
-- 例如，这样写的话，结果里不会出现 "第二"
CASE WHEN col_1 IN ('a', 'b') THEN '第一'
     WHEN col_1 IN ('a')      THEN '第二'
ELSE '其他' END
```

　　此外，使用 CASE 表达式的时候，还需要注意以下几点。

注意事项 1：统一各分支返回的数据类型

　　虽然这一点无需多言，但这里还是要强调一下：一定要注意 CASE 表达式里各个分支返回的数据类型是否一致。某个分支返回字符型，而其他分支返回数值型的写法是不正确的。

注意事项 2：不要忘了写 END

　　使用 CASE 表达式的时候，最容易出现的语法错误是忘记写 END。虽然忘记写时程序会返回比较容易理解的错误消息，不算多么致命的错误。但是，感觉自己写得没问题，而执行时却出错的情况大多是由这个原因引起的，所以请一定注意一下。

注意事项 3：养成写 ELSE 子句的习惯

　　与 END 不同，ELSE 子句是可选的，不写也不会出错。不写 ELSE 子句时，CASE 表达式的执行结果是 NULL。但是不写可能会造成"语法没有错误，结果却不对"这种不易追查原因的麻烦,所以最好明确地写上 ELSE 子句(即便是在结果可以为 NULL 的情况下)。养成这样的习惯后,我们从代码上就可以清楚地看到这种条件下会生成 NULL,而且将来代码有修改时也能减少失误。

■ 将已有编号方式转换为新的方式并统计

在进行非定制化统计时,我们经常会遇到将已有编号方式转换为另外一种便于分析的方式并进行统计的需求。

例如,现在有一张按照"'1:北海道'、'2:青森'、……、'47:冲绳'"这种编号方式来统计都道府县 ❶ 人口的表,我们需要以东北、关东、九州等地区为单位来分组,并统计人口数量。具体来说,就是统计下表 PopTbl 中的内容,得出如右表"统计结果"所示的结果。

注❶
日本的省级行政单位有都、道、府、县,包含一都(东京都)、二府(京都府和大阪府)、一道(北海道)和诸多的县,统称都道府县。多个较近的县被划归到一个地区,如关东地区、九州地区等,类似我国的华北地区、华南地区等概念。——译者注

注❷
在"统计结果"这张表中,"四国"对应的是表 PopTbl 中的"德岛、香川、爱媛、高知","九州"对应的是表 PopTbl 中的"福冈、佐贺、长崎"。——编者注

■ 统计数据源表 PopTbl

pref_name(县名)	population(人口)
德岛	100
香川	200
爱媛	150
高知	200
福冈	300
佐贺	100
长崎	200
东京	400
群马	50

■ 统计结果 ❷

地区名	人口
四国	650
九州	600
其他	450

大家会怎么实现呢?定义一个包含"地区编号"列的视图是一种做法,但是这样一来,需要添加的列的数量将等同于统计对象的编号个数,而且很难动态地修改。

而如果使用 CASE 表达式,则用如下所示的一条 SQL 语句就可以完成。为了便于理解,这里用县名(pref_name)代替编号作为 GROUP BY 的列。

```
-- 把县编号转换成地区编号 (1)
SELECT  CASE pref_name
                WHEN '德岛' THEN '四国'
                WHEN '香川' THEN '四国'
                WHEN '爱媛' THEN '四国'
                WHEN '高知' THEN '四国'
```

```
                        WHEN '福冈' THEN '九州'
                        WHEN '佐贺' THEN '九州'
                        WHEN '长崎' THEN '九州'
                ELSE '其他' END AS district,
                SUM(population)
   FROM   PopTbl
 GROUP BY CASE pref_name
                        WHEN '德岛' THEN '四国'
                        WHEN '香川' THEN '四国'
                        WHEN '爱媛' THEN '四国'
                        WHEN '高知' THEN '四国'
                        WHEN '福冈' THEN '九州'
                        WHEN '佐贺' THEN '九州'
                        WHEN '长崎' THEN '九州'
                ELSE '其他' END;
```

这里的关键在于将 SELECT 子句里的 CASE 表达式复制到 GROUP BY 子句里。需要注意的是，如果对转换前的列 "pref_name" 进行 GROUP BY，就得不到正确的结果（因为这并不会引起语法错误，所以容易被忽视）。

同样地，也可以将数值按照适当的级别进行分类统计。例如，要按人口数量等级（pop_class）查询都道府县个数的时候，就可以像下面这样写 SQL 语句。

```
-- 按人口数量等级划分都道府县
SELECT   CASE WHEN population <   100 THEN '01'
              WHEN population >= 100 AND population < 200  THEN '02'
              WHEN population >= 200 AND population < 300  THEN '03'
              WHEN population >= 300 THEN '04'
         ELSE NULL END AS pop_class,
         COUNT(*) AS cnt
  FROM   PopTbl
 GROUP BY CASE WHEN population <   100 THEN '01'
              WHEN population >= 100 AND population < 200  THEN '02'
              WHEN population >= 200 AND population < 300  THEN '03'
              WHEN population >= 300 THEN '04'
          ELSE NULL END;
```

```
pop_class  cnt
---------  ----
01          1
02          3
03          3
04          2
```

这个技巧非常好用。不过，必须在 SELECT 子句和 GROUP BY 子句这两处写一样的 CASE 表达式，这有点儿麻烦。后期需要修改的时候，很容易发生只改了这一处而忘掉改另一处的失误。

所以，如果我们可以像下面这样写，那就方便多了。

```
-- 把县编号转换成地区编号 (2)：将 CASE 表达式归纳到一处
SELECT   CASE pref_name
                WHEN '德岛' THEN '四国'
                WHEN '香川' THEN '四国'
                WHEN '爱媛' THEN '四国'
                WHEN '高知' THEN '四国'
                WHEN '福冈' THEN '九州'
                WHEN '佐贺' THEN '九州'
                WHEN '长崎' THEN '九州'
         ELSE '其他' END AS district,
         SUM(population)
FROM   PopTbl
GROUP BY district;      ←────  GROUP BY 子句里引用了 SELECT 子句中定义的别名
```

没错，这里的 GROUP BY 子句使用的正是 SELECT 子句里定义的列的别称——district。但是严格来说，这种写法是违反标准 SQL 的规则的。因为 GROUP BY 子句比 SELECT 语句先执行，所以在 GROUP BY 子句中引用在 SELECT 子句里定义的别称是不被允许的。事实上，在 Oracle、DB2、SQL Server 等数据库里采用这种写法时就会出错。

不过也有支持这种 SQL 语句的数据库，例如在 PostgreSQL 和 MySQL 中，这个查询语句就可以顺利执行。这是因为，这些数据库在执行查询语句时，会先对 SELECT 子句里的列表进行扫描，并对列进行计算。不过因为这是违反标准的写法，所以这里不强烈推荐大家使用。但是，这样写出来的 SQL 语句确实非常简洁，而且可读性也很好。

■ 用一条 SQL 语句进行不同条件的统计

进行不同条件的统计是 CASE 表达式的著名用法之一。例如，我们需要往存储各县人口数量的表 PopTbl 里添加上"性别"列，然后求按性别、县名汇总的人数。具体来说，就是统计表 PopTbl2 中的数据，然后求出如表"统计结果"所示的结果。

■统计源表 PopTbl2

pref_name（县名）	sex（性别）	population（人口）
德岛	1	60
德岛	2	40
香川	1	100
香川	2	100
爱媛	1	100
爱媛	2	50
高知	1	100
高知	2	100
福冈	1	100
福冈	2	200
佐贺	1	20
佐贺	2	80
长崎	1	125
长崎	2	125
东京	1	250
东京	2	150

■统计结果

县名	男	女
德岛	60	40
香川	100	100
爱媛	100	50
高知	100	100
福冈	100	200
佐贺	20	80
长崎	125	125
东京	250	150

通常的做法是像下面这样，通过在 WHERE 子句里分别写上不同的条件，然后执行两条 SQL 语句来查询。

■示例代码 3

```
-- 男性人口
SELECT pref_name,
       SUM(population)
  FROM PopTbl2
 WHERE sex = '1'
 GROUP BY pref_name;

-- 女性人口
SELECT pref_name,
       SUM(population)
  FROM PopTbl2
 WHERE sex = '2'
 GROUP BY pref_name;
```

最后需要通过宿主语言或者应用程序将查询结果按列展开。如果使用 UNION，只用一条 SQL 语句就可以实现，但使用这种做法时，工作量并没有减少，SQL 语句也会变得很长。而如果使用 CASE 表达式，下面这一条简单的 SQL 语句就可以搞定。

```
SELECT pref_name,
       -- 男性人口
       SUM( CASE WHEN sex = '1' THEN population ELSE 0 END) AS cnt_m,
       -- 女性人口
       SUM( CASE WHEN sex = '2' THEN population ELSE 0 END) AS cnt_f
  FROM  PopTbl2
 GROUP BY pref_name;
```

上面这段代码所做的是，分别统计每个县的"男性"（即 '1'）人数和"女性"（即 '2'）人数。也就是说，这里是将"行结构"的数据转换成了"列结构"的数据。除了 SUM，COUNT、AVG 等聚合函数也都可以用于将行结构的数据转换成列结构的数据。

这个技巧可贵的地方在于，它能将 SQL 的查询结果转换为二维表的格式。如果只是简单地用 GROUP BY 进行聚合，那么查询后必须通过宿主语言或者 Excel 等应用程序将结果的格式转换一下，才能使之成为交叉表。看上面的执行结果会发现，此时输出的已经是侧栏为县名、表头为性别的交叉表了。在制作统计表时，这个功能非常方便。如果用一句话来形容这个技巧，可以这样说：

新手用 WHERE 子句进行条件分支，高手用 SELECT 子句进行条件分支。

如此好的技巧，请大家多使用。

■ 用 CHECK 约束定义多个列的条件关系

其实，CASE 表达式和 CHECK 约束是很般配的一对组合。也许有很多数据库工程师不怎么用 CHECK 约束，但是一旦他们了解了 CHECK 约束和 CASE 表达式结合使用之后的强大威力，就一定会跃跃欲试的。

假设某公司规定"女性员工的工资必须在 20 万日元以下"，而在这个公司的人事表中，这条无理的规定是使用 CHECK 约束来描述的，代码如下所示。

```
CONSTRAINT check_salary CHECK
        ( CASE WHEN sex = '2'
                THEN CASE WHEN salary <= 200000
                        THEN 1 ELSE 0 END
                ELSE 1 END = 1 )
```

在这段代码里，CASE 表达式被嵌入到 CHECK 约束里，描述了"如果是女性员工，则工资是 20 万日元以下"这个命题。在命题逻辑中，该命题是叫作蕴含式（conditional）的逻辑表达式，记作 P → Q。

这里需要重点理解的是蕴含式和逻辑与（logical product）的区别。逻辑与也是一个逻辑表达式，意思是"P 且 Q"，记作 P ∧ Q。用逻辑与改写的 CHECK 约束如下所示。

```
CONSTRAINT check_salary CHECK
        ( sex = '2' AND salary <= 200000 )
```

当然，这两个约束的程序行为不一样。究竟哪里不一样呢？请先思考一下，再看下面的答案和解释。

答案

　　如果在 CHECK 约束里使用逻辑与，该公司将不能雇佣男性员工。而如果使用蕴含式，男性也可以在这里工作。

解释

　　要想让逻辑与 P ∧ Q 为真，需要命题 P 和命题 Q 均为真，或者一个为真且另一个无法判定真假。也就是说，能在这家公司工作的是"性别为女且工资在 20 万日元以下"的员工，以及性别或者工资无法确定的员工（如果一个条件为假，那么即使另一个条件无法确定真假，也不能在这里工作）。

　　而要想让蕴含式 P → Q 为真，需要命题 P 和命题 Q 均为真，或者 P 为假，或者 P 无法判定真假。也就是说如果不满足"是女性"这个前提条件，则无需考虑工资约束。

请参考下面这个关于逻辑与和蕴含式的真值表。U 是 SQL 中三值逻辑的特有值 unknown 的缩写（关于三值逻辑，1-3 节将详细介绍）。

■逻辑与和蕴含式

逻辑与			蕴含式		
P	Q	P∧Q	P	Q	P→Q
T	T	T	T	T	T
T	F	F	T	F	F
T	U	U	T	U	F
F	T	F	F	T	T
F	F	F	F	F	T
F	U	F	F	U	T
U	T	U	U	T	T
U	F	F	U	F	T
U	U	U	U	U	T

如上表所示，蕴含式在员工性别不是女性（或者无法确定性别）的时候为真，可以说相比逻辑与约束更加宽松。

在 UPDATE 语句里进行条件分支

下面思考一下这样一种需求：以某数值型的列的当前值为判断对象，将其更新成别的值。这里的问题是，此时 UPDATE 操作的条件会有多个分支。例如，我们通过下面这样一张公司人事部的员工工资信息表 Salaries 来看一下这种情况。

■ Salaries

name	salary
相田	300 000
神崎	270 000
木村	220 000
齐藤	290 000

假设现在需要根据以下条件对该表的数据进行更新。

1. 对当前工资为 30 万日元以上的员工，降薪 10%。

2. 对当前工资为 25 万日元以上且不满 28 万日元的员工，加薪 20%。

按照这些要求更新完的数据应该如下表所示。

name	salary	
相田	270 000	←降薪
神崎	324 000	←加薪
木村	220 000	←不变
齐藤	290 000	←不变

　　乍一看，分别执行下面两个 UPDATE 操作好像就可以做到，但这样的结果却是不正确的。

```
-- 条件 1
UPDATE Salaries
   SET salary = salary * 0.9
 WHERE salary >= 300000;

-- 条件 2
UPDATE Salaries
   SET salary = salary * 1.2
 WHERE salary >= 250000 AND salary < 280000;
```

　　我们来分析一下不正确的原因。例如这里有一个员工，当前工资是30 万日元，按"条件 1"执行 UPDATE 操作后，工资会被更新为 27 万日元，但继续按"条件 2"执行 UPDATE 操作后，工资又会被更新为 32.4 万日元。这样，本来应该被降薪的员工却被加薪了 2.4 万日元。

name	salary	
相田	324 000	←错误的更新
神崎	324 000	
木村	220 000	
齐藤	290 000	

　　这样的结果当然并非人事部所愿。员工相田的工资必须被准确地降为27 万日元。问题在于，第一次的 UPDATE 操作执行后，"当前工资"发生了变化，如果还拿它当作第二次 UPDATE 的判定条件，结果就会不准确。然而，即使将两条 SQL 语句的执行顺序颠倒一下，当前工资为 27 万日元的员工，其工资的更新结果也会出现问题。为了避免这些问题，准确地表达出可恶的人事部长的意图，可以像下面这样用 CASE 表达式来写 SQL。

```
-- 用 CASE 表达式写正确的更新操作
UPDATE Salaries
   SET salary = CASE WHEN salary >= 300000
                     THEN salary * 0.9
                     WHEN salary >= 250000 AND salary < 280000
                     THEN salary * 1.2
                     ELSE salary END;
```

这条 SQL 语句不仅执行结果正确，而且因为只需执行一次，所以速度也更快。这样的话，人事部长就会满意了吧？

需要注意的是，SQL 语句最后一行的 ELSE salary 非常重要，必须写上。因为如果没有它，条件 1 和条件 2 都不满足的员工的工资就会被更新成 NULL。这一点与 CASE 表达式的设计有关，在刚开始介绍 CASE 表达式的时候我们就已经了解到，如果 CASE 表达式里没有明确指定 ELSE 子句，执行结果会被默认地处理成 ELSE NULL。现在大家明白笔者最开始强调使用 CASE 表达式时要习惯性地写上 ELSE 子句的理由了吧？

这个技巧的应用范围很广。例如，可以用它简单地完成主键值调换这种繁重的工作。通常，当我们想调换主键值 a 和 b 时，需要将主键值临时转换成某个中间值。使用这种方法时需要执行 3 次 UPDATE 操作，但是如果使用 CASE 表达式，1 次就可以做到。

SomeTable

p_key（主键）	col_1（第 1 列）	col_2（第 2 列）
a	1	一
b	2	二
c	3	三

如果在调换上表的主键值 a 和 b 时不用 CASE 表达式，则需要像下面这样写 3 条 SQL 语句。

```
--1. 将 a 转换为中间值 d
UPDATE SomeTable
   SET p_key = 'd'
 WHERE p_key = 'a';

--2. 将 b 调换为 a
UPDATE SomeTable
   SET p_key = 'a'
```

```
  WHERE p_key = 'b';

--3. 将 d 调换为 b
UPDATE SomeTable
  SET p_key = 'b'
WHERE p_key = 'd';
```

像上面这样做，结果确实没有问题。只是，这里没有必要执行 3 次 UPDATE 操作，而且中间值 d 是否总能使用也是问题。而如果使用 CASE 表达式，就不必担心这些，1 次就可以完成调换。

```
-- 用 CASE 表达式调换主键值
UPDATE SomeTable
  SET p_key = CASE WHEN p_key = 'a'
                    THEN 'b'
                    WHEN p_key = 'b'
                    THEN 'a'
                    ELSE p_key END
WHERE p_key IN ('a', 'b');
```

显而易见，这条 SQL 语句按照"如果是 a 则更新为 b，如果是 b 则更新为 a"这样的条件分支进行了 UPDATE 操作。不只是主键，唯一键的调换也可以用同样的方法进行。本例的关键点和上一例的加薪与降薪一样，即用 CASE 表达式的条件分支进行的更新操作是一气呵成的，因此可以避免出现主键重复所导致的错误 ❶。

但是，一般来说需要进行这样的调换大多是因为表的设计出现了问题，所以请先重新审视一下表的设计，去掉不必要的约束。

▣ 表之间的数据匹配

与 DECODE 函数等相比，CASE 表达式的一大优势在于能够判断表达式。也就是说，在 CASE 表达式里，我们可以使用 BETWEEN、LIKE 和 <、> 等便利的谓词组合，以及能嵌套子查询的 IN 和 EXISTS 谓词。因此，CASE 表达式具有非常强大的表达能力。

如下所示，这里有一张资格培训学校的课程一览表和一张管理每个月所设课程的表。

■ 课程一览
CourseMaster

course_id	course_name
1	会计入门
2	财务知识
3	簿记考试
4	税务师

■ 开设的课程
OpenCourses

month	course_id
200706	1
200706	3
200706	4
200707	4
200708	2
200708	4

我们要用这两张表来生成下面这样的交叉表，以便于一目了然地知道每个月开设的课程。

```
course_name    6 月    7 月    8 月
-----------    ----    ----    ----
会计入门         ○       ×       ×
财务知识         ×       ×       ○
簿记考试         ○       ×       ×
税务师           ○       ○       ○
```

我们需要做的是，检查表 OpenCourses 中的各月里有表 CourseMaster 中的哪些课程。这个匹配条件可以用 CASE 表达式来写。

```sql
-- 表的匹配：使用 IN 谓词
SELECT course_name,
       CASE WHEN course_id IN
                    (SELECT course_id FROM OpenCourses
                       WHERE month = 200706) THEN '○'
            ELSE '×' END AS "6 月",
       CASE WHEN course_id IN
                    (SELECT course_id FROM OpenCourses
                       WHERE month = 200707) THEN '○'
            ELSE '×' END AS "7 月",
       CASE WHEN course_id IN
                    (SELECT course_id FROM OpenCourses
                       WHERE month = 200708) THEN '○'
            ELSE '×' END  AS "8 月"
  FROM CourseMaster;

-- 表的匹配：使用 EXISTS 谓词
SELECT CM.course_name,
       CASE WHEN EXISTS
                    (SELECT course_id FROM OpenCourses OC
                       WHERE month = 200706
```

```
                            AND OC.course_id = CM.course_id) THEN 'O'
            ELSE 'x' END AS "6月",
    CASE WHEN EXISTS
                (SELECT course_id FROM OpenCourses OC
                    WHERE month = 200707
                        AND OC.course_id = CM.course_id) THEN 'O'
            ELSE 'x' END AS "7月",
    CASE WHEN EXISTS
                (SELECT course_id FROM OpenCourses OC
                    WHERE month = 200708
                        AND OC.course_id = CM.course_id) THEN 'O'
            ELSE 'x' END  AS "8月"
 FROM CourseMaster CM;
```

这样的查询没有进行聚合，因此也不需要排序，月份增加的时候仅修改 SELECT 子句就可以了，扩展性比较好。

无论使用 IN 还是 EXISTS，得到的结果是一样的，但从性能方面来说，EXISTS 更好。通过 EXISTS 进行的子查询能够用到 "month, course_id" 这样的主键索引，因此尤其是当表 OpenCourses 里数据比较多的时候更有优势。

在 CASE 表达式中使用聚合函数

接下来介绍一下稍微高级的用法。这个用法乍一看可能让人觉得像是语法错误，实际上却并非如此。我们来看一道例题，假设这里有一张显示了学生及其加入的社团的一览表。如表 StudentClub 所示，这张表的主键是 "学号、社团 ID"，存储了学生和社团之间多对多的关系。

■ StudentClub

std_id（学号）	club_id（社团 ID）	club_name（社团名）	main_club_flg（主社团标志）
100	1	棒球	Y
100	2	管弦乐	N
200	2	管弦乐	N
200	3	羽毛球	Y
200	4	足球	N
300	4	足球	N
400	5	游泳	N
500	6	围棋	N

有的学生同时加入了多个社团（如学号为 100、200 的学生），有的学生只加入了某一个社团（如学号为 300、400、500 的学生）。对于加入了多个社团的学生，我们通过将其"主社团标志"列设置为 Y 或者 N 来表明哪一个社团是他的主社团；对于只加入了一个社团的学生，我们将其"主社团标志"列设置为 N。

接下来，我们按照下面的条件查询这张表里的数据。

1. 获取只加入了一个社团的学生的社团 ID。

2. 获取加入了多个社团的学生的主社团 ID。

很容易想到的办法是，针对两个条件分别写 SQL 语句来查询。要想知道学生"是否加入了多个社团"，我们需要用 HAVING 子句对聚合结果进行判断。

■条件 1 的 SQL

```sql
-- 条件 1：选择只加入了一个社团的学生
SELECT std_id, MAX(club_id) AS main_club
  FROM StudentClub
 GROUP BY std_id
HAVING COUNT(*) = 1;
```

■执行结果 1

```
std_id   main_club
------   ----------
300      4
400      5
500      6
```

■条件 2 的 SQL

```sql
-- 条件 2：选择加入了多个社团的学生
SELECT std_id, club_id AS main_club
  FROM StudentClub
 WHERE main_club_flg = 'Y' ;
```

■执行结果 2

```
std_id   main_club
------   ----------
100      1
200      3
```

这样做也能得到正确的结果，但需要写多条 SQL 语句。而如果使用 CASE 表达式，下面这一条 SQL 语句就可以了。

```
SELECT  std_id,
        CASE WHEN COUNT(*) = 1   -- 只加入了一个社团的学生
             THEN MAX(club_id)
             ELSE MAX(CASE WHEN main_club_flg = 'Y'
                           THEN club_id
                           ELSE NULL END)
        END AS main_club
  FROM StudentClub
 GROUP BY std_id;
```

```
std_id   main_club
------   ----------
100      1
200      3
300      4
400      5
500      6
```

这条 SQL 语句在 CASE 表达式里使用了聚合函数，又在聚合函数里使用了 CASE 表达式。这种嵌套的写法让人有点眼花缭乱，其主要目的是用 CASE WHEN COUNT(*) = 1 …… ELSE ……. 这样的 CASE 表达式来表示"只加入了一个社团还是加入了多个社团"这样的条件分支。我们在初学 SQL 的时候，都学过对聚合结果进行条件判断时要用 HAVING 子句，但从这道例题可以看到，在 SELECT 语句里使用 CASE 表达式也可以完成同样的工作，这种写法比较新颖。如果用一句话来形容这个技巧，可以这样说：

新手用 HAVING 子句进行条件分支，高手用 SELECT 子句进行条件分支。

通过这道例题我们可以明白：CASE 表达式用在 SELECT 子句里时，既可以写在聚合函数内部，也可以写在聚合函数外部。这种高度自由的写法正是 CASE 表达式的魅力所在。

■ 本节小结

本节，我们一起领略了 CASE 表达式的灵活和强大的表达能力。CASE 表达式是支撑 SQL 声明式编程的根基之一，也是灵活运用 SQL 时不可或缺的基础技能，请一定要学会它。在本书的后半部分，几乎没有哪一节不用到 CASE 表达式的，这也是把它放在本书开头来介绍的原因。

最后说一点细节的东西。CASE 表达式经常会因为同 VB 和 C 语言里的 CASE "语句" 混淆而被叫作 CASE 语句。但是准确来说，它并不是语句，而是和 1+1 或者 a/b 一样属于表达式的范畴。结束符 END 确实看起来像是在标记一连串处理过程的终结，所以初次接触 CASE 表达式的人容易对这一点感到困惑。"表达式" 和 "语句" 的名称区别恰恰反映了两者在功能处理方面的差异。

作为表达式，CASE 表达式在执行时会被判定为一个固定值，因此它可以写在聚合函数内部；也正因为它是表达式，所以还可以写在 SELECT 子句、GROUP BY 子句、WHERE 子句、ORDER BY 子句里。简单点说，在能写列名和常量的地方，通常都可以写 CASE 表达式。从这个意义上来说，与 CASE 表达式最接近的不是面向过程语言里的 CASE 语句，而是 Lisp 和 Scheme 等函数式语言里的 case 和 cond 这样的条件表达式。关于 SQL 和函数式语言的对比，第 2 章会进行介绍。

下面是本节要点。

1. 在 GROUP BY 子句里使用 CASE 表达式，可以灵活地选择作为聚合的单位的编号或等级。这一点在进行非定制化统计时能发挥巨大的威力。

2. 在聚合函数中使用 CASE 表达式，可以轻松地将行结构的数据转换成列结构的数据。

3. 相反，聚合函数也可以嵌套进 CASE 表达式里使用。

4. 相比依赖于具体数据库的函数，CASE 表达式有更强大的表达能力和更好的可移植性。

5. 正因为 CASE 表达式是一种表达式而不是语句，才有了这诸多优点。

如果想了解更多关于 CASE 表达式的内容，请参考下面的文献资料。

1. Joe Celko，《SQL 权威指南（第 4 版）》（人民邮电出版社，2013 年）

请参考 15.3.5 节 "在 UPDATE 中使用 CASE 表达式" 和 18.1 节 "CASE 表达式" 等。从 CASE 表达式的详细用法到具体事例，这两节都有广泛的介绍。

2. Joe Celko,《SQL 解惑（第 2 版）》(人民邮电出版社，2008 年)

关于在 CASE 表达式中嵌入聚合函数，请参考"谜题 13 教师""谜题 36 双重职务""谜题 43 毕业"。另外，"谜题 44 成对的款式"运用了在 UPDATE 里进行条件分支的技巧，"谜题 45 辣味香肠比萨饼"用 CASE 表达式巧妙地将行结构的数据转换成了列结构的数据。

练习题

●练习题 1-1-1：多列数据的最大值

用 SQL 从多行数据里选出最大值或最小值很容易——通过 GROUP BY 子句对合适的列进行聚合操作，并使用 MAX 或 MIN 聚合函数就可以求出。那么，从多列数据里选出最大值该怎么做呢？

样本数据如下表所示。

Greatests

key	x	y	z
A	1	2	3
B	5	5	2
C	4	7	1
D	3	3	8

先思考一下从表里选出 x 和 y 二者中较大的值的情况。此时求得的结果应该如下所示。

```
key      greatest
-----    ---------
A            2
B            5
C            7
D            3
```

Oracle 和 MySQL 数据库直接提供了可以实现这个需求的 GREATEST 函数，但是这里请不要用这些函数，而用标准 SQL 的方法来实现。

求出 x 和 y 二者中较大的值后，再试着将列数扩展到 3 列以上吧。这次求的是 x、y 和 z 三者中的最大值，因此结果应该如下所示。

```
key     greatest
-----   ---------
A              3
B              5
C              7
D              8
```

注❶

常用于表示再次使用前述内容,
这里指的是在表格中以合计值的
形式再次体现德岛、香川、爱媛
和高知这 4 个县的数据。
　　　　　　　　——译者注

●练习题 1-1-2 : 转换行列——在表头里加入汇总和再揭 ❶

使用正文中的表 PopTbl2 作为样本数据,练习一下把行结构的数据转换为列结构的数据吧。这次请生成下面这样的表头里带有汇总和再揭的二维表。

性别	全国	德岛	香川	爱媛	高知	四国（再揭）
男	855	60	100	100	100	360
女	845	40	100	50	100	290

"全国"列里是表 PopTbl2 中的所有都道府县(限于篇幅,还有一些都道府县未列出)人口的合计值。另外,最右边的一列"四国(再揭)"是四国地区 4 个县的合计值。

●练习题 1-1-3 : 用 ORDER BY 生成"排序"列

最后这个练习题用到的是比较小众的技巧,但有时又必须使用它,所以我们也来看一下。

对练习题 1-1-1 里用过的表 Greatests 正常执行 SELECT key FROM Greatests ORDER BY key; 这个查询后,结果会按照 key 这一列值的字母表顺序显示出来。

那么,请思考一个查询语句,使得结果按照 B-A-D-C 这样的指定顺序进行排列。这个顺序并没有什么具体的意义,大家也可以在实现完上述需求后,试着实现让结果按照其他顺序排列。

1-2 自连接的用法

▶**面向集合语言 SQL**

　　SQL 通常在不同的表或者视图间进行连接运算，但是也可以对相同的表进行"自连接"运算。自连接的处理过程不太容易想象，因此人们常常对其敬而远之。但是，如果能熟练掌握，就会发现它是非常方便的技术。本节，我们将一起学习自连接的用法。

■ 写在前面

　　SQL 的连接运算根据其特征的不同，有着不同的名称，如内连接、外连接、交叉连接等。一般来说，这些连接大都是以不同的表或视图为对象进行的，但针对相同的表或相同的视图的连接也并没有被禁止。针对相同的表进行的连接被称为"自连接"（self join）。一旦熟练掌握自连接技术，我们便能快速地解决很多问题。但是，其处理过程不太容易想象，以至于常常被人们敬而远之。因此在本节里，我们将通过例题体会一下自连接的便利性，并理解一下它的处理过程。

　　理解自连接不仅可以让我们学会实际工作中能用到的技能，还能增进我们对"面向集合"这一 SQL 语言重要特征的理解。面向对象语言以对象的方式来描述世界，而面向集合语言 SQL 以集合的方式来描述世界。自连接技术充分体现了 SQL 面向集合的特性，相信大家在读完本节后再看二维表状的表格时，就会觉得这种表格更像是集合。

■ 可重排列、排列、组合

　　假设这里有一张存放了商品名称及价格的表，表里有"苹果、橘子、香蕉"这 3 条记录。在生成用于查询销售额的报表等的时候，我们有时会需要获取这些商品的组合。

Products

name（商品名称）	price（价格）
苹果	50
橘子	100
香蕉	80

这里所说的组合其实分为两种类型。一种是有顺序的有序对（ordered pair），另一种是无顺序的无序对（unordered pair）。有序对用尖括号括起来，如 <1, 2>；无序对用花括号括起来，如 {1, 2}。在有序对里，如果元素顺序相反，那就是不同的对，因此 <1, 2> ≠ <2, 1>；而无序对与顺序无关，因此 {1, 2} = {2, 1}。用学校里学到的术语来说，这两类分别对应着"排列"和"组合"。

用 SQL 生成有序对非常简单。像下面这样通过交叉连接生成笛卡儿积（直积），就可以得到有序对 **❶**。

注❶

在支持 CROSS JOIN 写法的数据库里，也可以写作 FROM Products P1 CROSS JOIN Products P2。如果这样写，我们从代码上就能明确看出是在进行 CROSS JOIN，但是为了和排列及组合的代码进行比较，这里采用的是旧式写法。

```
-- 用于获取可重排列的 SQL 语句
SELECT P1.name AS name_1, P2.name AS name_2
  FROM Products P1, Products P2;
```

■执行结果

```
name_1       name_2
------       ------
苹果          苹果
苹果          橘子
苹果          香蕉
橘子          苹果
橘子          橘子
橘子          香蕉
香蕉          苹果
香蕉          橘子
香蕉          香蕉
```

执行结果里每一行（记录）都是一个有序对。因为是可重排列，所以结果行数为 $3^2 = 9$。结果里出现了（苹果，苹果）这种由相同元素构成的对，而且（橘子，苹果）和（苹果，橘子）这种只是调换了元素顺序的对也被当作不同的对了。这是因为，该查询在生成结果集合时会区分顺序。

接下来，我们思考一下如何更改才能排除掉由相同元素构成的对。首先，为了去掉（苹果，苹果）这种由相同元素构成的对，需要像下面这样加上一个条件，然后再进行连接运算。

```
-- 用于获取排列的 SQL 语句
SELECT P1.name AS name_1, P2.name AS name_2
  FROM Products P1, Products P2
 WHERE P1.name <> P2.name;
```

■执行结果

```
name_1        name_2
------        ------
苹果          橘子
苹果          香蕉
橘子          苹果
橘子          香蕉
香蕉          苹果
香蕉          橘子
```

　　加上 WHERE P1.name <> P2.name 这个条件以后，就能排除掉由相同元素构成的对，结果行数为排列 $P_3^2 = 6$。理解这个连接的关键在于想象一下这里存在下面这样的两张表。

■不能有（苹果，苹果）这样的组合

P1

name（商品名称）	price（价格）
苹果	50
橘子	100
香蕉	80

P2

name（商品名称）	price（价格）
苹果	50
橘子	100
香蕉	80

　　当然，无论是 P1 还是 P2，实际上数据都来自同一张物理表 Products（见 P.22）。但是，在 SQL 里，只要被赋予了不同的名称，即便是相同的表也应该当作不同的表（集合）来对待。也就是说，P1 和 P2 可以看成是碰巧存储了相同数据的两个集合。这样的话，这个自连接的处理结果就成了下面这样。

- P1 里的"苹果"行的连接对象为 P2 里的"橘子、香蕉"这两行
- P1 里的"橘子"行的连接对象为 P2 里的"苹果、香蕉"这两行
- P1 里的"香蕉"行的连接对象为 P2 里的"苹果、橘子"这两行

　　由此我们可以认为，相同的表的自连接和不同表间的普通连接并没有

什么区别，自连接里的"自"这个词也没有太大的意义。

这次的处理结果依然是有序对。接下来我们进一步对（苹果，橘子）和（橘子，苹果）这样只是调换了元素顺序的对进行去重。请看下面的 SQL 语句。

```
-- 用于获取组合的 SQL 语句
SELECT P1.name AS name_1, P2.name AS name_2
  FROM Products P1, Products P2
 WHERE P1.name > P2.name;
```

■执行结果

```
name_1      name_2
------      ------
苹果        橘子
香蕉        橘子
香蕉        苹果
```

同样地，请想象这里存在 P1 和 P2 两张表。在加上"不等于"这个条件后，这条 SQL 语句所做的是，按字符顺序排列各商品，只与"字符顺序比自己靠前"的商品进行配对，结果行数为组合 $C_3^2 = 3$。到这里，我们终于得到了无序对。恐怕平时我们说到组合的时候，首先想到的就是这种类型的组合吧。

想要获取 3 个以上元素的组合时，像下面这样简单地扩展一下就可以了。这次的样本数据只有 3 行，所以结果应该只有 1 行。

```
-- 用于获取组合的 SQL 语句：扩展成 3 列
SELECT P1.name AS name_1, P2.name AS name_2, P3.name AS name_3
  FROM Products P1, Products P2, Products P3
 WHERE P1.name > P2.name
   AND P2.name > P3.name;
```

■执行结果

```
name_1      name_2      name_3
------      --------    --------
香蕉        苹果        橘子
```

如这道例题所示，使用等号"＝"以外的比较运算符，如"<、>、<>"进行的连接称为"非等值连接"。这里将非等值连接与自连接结合使用了，因此称为"非等值自连接"。在需要获取列的组合时，我们经常需要用到这个技术，请牢记。

最后补充一点，">"和"<"等比较运算符不仅可以用于比较数值大小，也可以用于比较字符串（比如按字典序进行比较）或者日期等。

■ 删除重复行

注❶

设计表时不宜允许存在重复行，原因这里恕不赘述。有兴趣的读者可以自行参考 C.J. Date 的著作《深度探索关系数据库：实践者的关系理论》（电子工业出版社，2007 年）一书中的 3.5 节 "为什么重复元组是被禁止的"。

在关系数据库的世界里，重复行和 NULL 一样，都不受欢迎❶。人们想了很多办法来排除掉重复行。例如，前面的例题用过一张商品表，现在假设在这张表里，"橘子"这种商品存在重复。可怕的是，这张表里连主键都没有（其实是根本没法设置主键）。我们现在就需要马上清理一下，去掉重复行。

■删除重复行

name（商品名称）	price（价格）
苹果	50
橘子	100
橘子	100
橘子	100
香蕉	80

重复

删除重复行

name（商品名称）	price（价格）
苹果	50
橘子	100
香蕉	80

这回，我们来学习一下使用关联子查询删除重复行的方法。连接和关联子查询虽然是不同的运算，但是思路很像，而且很多时候它们的 SQL 在功能上是等价的，所以在这里我们一并了解一下。

重复行有多少行都没有关系。通常，如果重复的列里不包含主键，就可以用主键来处理，但像这道例题一样所有的列都重复的情况，则需要使用由数据库独自实现的行 ID。这里的行 ID 可以理解成拥有"任何表都可

注❶

像这样给用户提供了可用的行 ID 的数据库只有 Oracle（rowid）和 PostgreSQL（oid）。如果是在 PostgreSQL 数据库里，那么我们必须在建表时指定 WITH OIDS 才能使用它。其他数据库则必须由用户自己指定主键来使用，或者用其他办法（例如将去重后的结果存入其他表）。

以使用的主键"这种特征的虚拟列。在下面的 SQL 语句里，我们使用的是 Oracle 数据库里的 rowid❶。

```
-- 用于删除重复行的 SQL 语句 (1)：使用极值函数
DELETE FROM Products P1
 WHERE rowid < ( SELECT MAX(P2.rowid)
                   FROM Products P2
                  WHERE P1.name = P2. name
                    AND P1.price = P2.price ) ;
```

这个关联子查询的处理乍看起来不是很好理解。本来，关联子查询正如其名，就是用来查找两张表之间的关联性的，而这里只有一张表，却也跟"关联"扯上了关系，想必大家都心存疑问吧。

之所以大家会有这种疑问，是因为没有从正确的层面来理解这条 SQL 语句。请像前面的例题里讲过的一样，将关联子查询理解成对两个拥有相同数据的集合进行的关联操作。

P1

rowid（行 ID）	name（商品名称）	price（价格）
1	苹果	50
2	橘子	100
3	橘子	100
4	橘子	100
5	香蕉	80

P2

rowid（行 ID）	name（商品名称）	price（价格）
1	苹果	50
2	橘子	100
3	橘子	100
4	橘子	100
5	香蕉	80

这里的重点也与前面的例题一样，对于在 SQL 语句里被赋予不同名称的集合，我们应该将其看作完全不同的集合。这个子查询会比较两个集合 P1 和 P2，然后返回商品名称和价格都相同的行里最大的 rowid 所在的行。

于是，由于苹果和香蕉没有重复行，所以返回的行是"1：苹果""5：香蕉"，而判断条件是不等号，所以该行不会被删除。而对于"橘子"这个商品，程序返回的行是"4：橘子"，那么 rowid 比 4 小的两行——"2：橘子"和"3：橘子"都会被删除。

通过这道例题我们明白，如果从物理表的层面来理解 SQL 语句，抽象度是非常低的。"表""视图"这样的名称只反映了不同的存储方法，而存储方法并不会影响到 SQL 语句的执行和结果，因此无需有什么顾虑（在不考虑性能的前提下）。无论表还是视图，本质上都是集合——集合是 SQL 能处理的唯一的数据结构 ●。

此外，用前面介绍过的非等值连接的方法也可以写出与这里的执行过程一样的 SQL 语句。请在纸上画一画 P1 和 P2，分析一下它的执行过程。

注❶

"用集合这种强大的、总括性的数据结构来表达所有"这种简洁的设计方针为 SQL 带来了很大的优势。关于这些优势，本书 2-3 节会详细介绍。

```
-- 用于删除重复行的 SQL 语句 (2)：使用非等值连接
DELETE FROM Products P1
 WHERE EXISTS ( SELECT *
                  FROM Products P2
                 WHERE P1.name = P2.name
                   AND P1.price = P2.price
                   AND P1.rowid < P2.rowid );
```

■ 查找局部不一致的列

假设有下面这样一张住址表，主键是人名，同一家人家庭 ID 一样。相信在寄送新年贺卡等时，有人会制作这样一张表吧。

Addresses

name（姓名）	family_id（家庭 ID）	address（住址）
前田义明	100	东京都港区虎之门 3-2-29
前田由美	100	东京都港区虎之门 3-2-92
加藤茶	200	东京都新宿区西新宿 2-8-1
加藤胜	200	东京都新宿区西新宿 2-8-1
福尔摩斯	300	贝克街 221B
华生	400	贝克街 221B

一般来说，同一家人应该住在同一个地方（如加藤家），但也有像福尔摩斯和华生这样不是一家人却住在一起的情况。接下来，我们看一

下前田夫妇。这两个人并没有分居，只是夫人的住址写错了而已。前面说了，如果家庭 ID 一样，住址也必须一样，因此这里需要修改一下。那么我们该如何找出像前田夫妇这样的"是同一家人但住址却不同的记录"呢？

实现办法有几种，不过如果用非等值自连接来实现，代码会非常简洁。

```sql
-- 用于查找是同一家人但住址却不同的记录的 SQL 语句
SELECT DISTINCT A1.name, A1.address
  FROM Addresses A1, Addresses A2
 WHERE A1.family_id = A2.family_id
   AND A1.address <> A2.address ;
```

这条 SQL 语句逐词翻译了"是同一家人，但住址却不同"这个条件，相信大家都能看明白。可以看到，像这样把自连接和非等值连接结合起来确实非常好用。这条 SQL 语句不仅可以用于发现不规则的数据，而且修改一下也可以用来查找商品，比如下面这道例题。

问题：从下面这张商品表里找出价格相等的商品的组合。

Products

name（商品名称）	price（价格）
苹果	50
橘子	100
葡萄	50
西瓜	80
柠檬	30
草莓	100
香蕉	100

回答：和前面的住址表那道题的结构完全一样。

家庭 ID → 价格

住址 → 商品名称

请像上面这样替换一下。然后，代码就会变成下面这样。

```
-- 用于查找价格相等但商品名称不同的记录的 SQL 语句
SELECT DISTINCT P1.name, P1.price
  FROM Products P1, Products P2
 WHERE P1.price = P2.price
   AND P1.name <> P2.name;
```

■执行结果

```
name        price
------      ------
苹果            50
葡萄            50
草莓           100
橘子           100
香蕉           100
```

　　请注意，这里与住址表那道例题不同，如果不加上 DISTINCT，结果里就会出现重复行。关键在于价格相同的记录的条数。而就住址表的例题来说，如果前田家有孩子，那么不在代码中加上 DISTINCT 的话，结果里才会出现重复行。不过，这道例题使用的是连接查询，如果改用关联子查询，就不需要 DISTINCT 了。请大家把这当作练习题，试着改写一下。

■ 排序

　　在使用数据库制作各种票据和统计表的工作中，我们经常会遇到按分数、人数或销售额等数值进行排序的需求。某些数据库管理系统（Database Management System，DBMS）已经实现了这样的功能（如 Oracle、DB2 数据库的 RANK 函数等）。

　　现在，我们要按照价格从高到低的顺序，对下面这张表里的商品进行排序。我们让价格相同的商品位次也一样，而紧接着它们的商品则有两种排序方法，一种是跳过之后的位次，另一种是不跳过之后的位次。

Products

name（商品名称）	price（价格）
苹果	50
橘子	100
葡萄	50
西瓜	80
柠檬	30
香蕉	50

注❶

亦称 OLAP 函数或分析函数。

——编者注

如果使用窗口函数 ❶，可以像下面这样实现。

```
-- 排序：使用窗口函数
SELECT name, price,
       RANK() OVER (ORDER BY price DESC) AS rank_1,
       DENSE_RANK() OVER (ORDER BY price DESC) AS rank_2
  FROM Products;
```

■执行结果

```
name        price      rank_1      rank_2
-------     ------     -------     -------
橘子         100        1           1
西瓜         80         2           2
苹果         50         3           3
香蕉         50         3           3
葡萄         50         3           3
柠檬         30         6           4
```

在出现相同位次后，rank_1 跳过了之后的位次，rank_2 没有跳过，而是连续排序。代码很简洁，而且很容易理解。不过用到的 RANK 函数还属于标准 SQL 中较新的功能，目前只有个别数据库实现了它，还不能用于 MySQL 数据库。

所以我们还要考虑一下有没有不依赖于具体数据库来实现的方法。下面是用非等值自连接（真的很常用）写的代码。

```
-- 排序从 1 开始。如果已出现相同位次，则跳过之后的位次
SELECT P1.name,
       P1.price,
       (SELECT COUNT(P2.price)
          FROM Products P2
         WHERE P2.price > P1.price) + 1 AS rank_1
  FROM Products P1
 ORDER BY rank_1;
```

■执行结果

```
name      price      rank
-----     ------     ------
橘子       100        1
西瓜        80        2
苹果        50        3
葡萄        50        3
香蕉        50        3
柠檬        30        6
```

　　这段代码的排序方法看起来很普通，但很容易扩展。例如去掉标量子查询后边的 +1，就可以从 0 开始给商品排序，而且如果修改成 COUNT(DISTINCT P2.price)，那么存在相同位次的记录时，就可以不跳过之后的位次，而是连续输出（相当于 DENSE_RANK 函数）。由此可知，这条 SQL 语句可以根据不同的需求灵活地进行扩展，实现不同的排序方式。

　　接下来，我们来了解一下这条 SQL 语句的执行原理。这道例题很好地体现了面向集合的思维方式。子查询所做的，是计算出价格比自己高的记录的条数并将其作为自己的位次。为了便于理解，我们先考虑从 0 开始，对去重之后的 4 个价格"{ 100, 80, 50, 30 }"进行排序的情况。首先是价格最高的 100，因为不存在比它高的价格，所以 COUNT 函数返回 0。接下来是价格第二高的 80，比它高的价格有一个 100，所以 COUNT 函数返回 1。同样地，价格为 50 的时候返回 2，为 30 的时候返回 3。这样，就生成了一个与每个价格对应的集合，如下表所示。

■同心圆状的递归集合

集合	价格	比自己高的价格	比自己高的价格的个数（这就是位次）
S0	100	–	0
S1	80	100	1
S2	50	100, 80	2
S3	30	100, 80, 50	3

也就是说，这条 SQL 语句会生成这样几个"同心圆状的"❶ 递归集合，然后数这些集合的元素个数。正如"同心圆状"这个词的字面意思那样，这几个集合之间存在如下包含关系。

$$S3 \supset S2 \supset S1 \supset S0$$

集合里有集合，再往里还有集合……

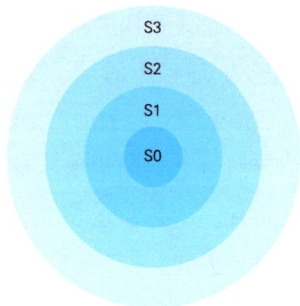

实际上，"通过递归集合来定义数"这个想法并不算新颖。有趣的是，它和集合论里沿用了 100 多年的自然数（包含 0）的递归定义（recursive definition）在思想上不谋而合 ❷。研究这种思想的学者形成了几个流派，其中和这道例题的思路类型相同的是计算机之父、数学家冯·诺依曼提出的想法。冯·诺依曼首先将空集定义为 0，然后按照下面的规则定义了全体自然数。

```
0 = φ
1 = {0}
2 = {0, 1}
3 = {0, 1, 2}
      .
      .
      .
```

定义完 0 之后，用 0 来定义 1，然后用 0 和 1 来定义 2，再用 0、1 和 2 来定义 3……以此类推。这种做法与上面例题里的集合 S0 ～ S3 在生成方法和结构上都是一样的（正是为了便于比较，例题里的位次才从 0 开始）。这道题很好地直接结合了 SQL 和集合论，而联系二者的正是自连接。

顺便说一下，这个子查询的代码还可以像下面这样按照自连接的写法来改写。

```
-- 排序：使用自连接
SELECT P1.name,
       MAX(P1.price) AS price,
       COUNT(P2.name) +1 AS rank_1
  FROM Products P1 LEFT OUTER JOIN Products P2
    ON P1.price < P2.price
 GROUP BY P1.name
 ORDER BY rank_1;
```

去掉这条 SQL 语句里的聚合并展开成下面这样，就可以更清楚地看出同心圆状的包含关系（为了看得更清楚，我们从表中去掉价格重复的行，只留下橘子、西瓜、葡萄和柠檬这 4 行）。

```
-- 不聚合，查看集合的包含关系
SELECT P1.name, P2.name
  FROM Products P1 LEFT OUTER JOIN Products P2
    ON P1.price < P2.price;
```

■执行结果

```
name      name
-----     -----
橘子                        ←———[ S0：空集 ]

西瓜      橘子               ←———[ S1：元素个数 =1 ]

葡萄      橘子
葡萄      西瓜               ———[ S2：元素个数 =2 ]

柠檬      橘子
柠檬      葡萄               ———[ S3：元素个数 =3 ]
柠檬      西瓜
```

从执行结果可以看出，集合每增大 1 个，元素也增多 1 个，通过数集合里元素的个数就可以算出位次。

此外，这个查询里还有一个特别的技巧，也许大家已经注意到了。那就是前面的例题里用的连接都是标准的内连接，而这里用的却是外连接。如果将外连接改为内连接看一看，马上就会明白这样做的原因。

```
-- 排序：改为内连接
SELECT P1.name,
       MAX(P1.price) AS price,
       COUNT(P2.name) +1 AS rank_1
  FROM Products P1 INNER JOIN Products P2
    ON P1.price < P2.price
 GROUP BY P1.name
 ORDER BY rank_1;
```

■执行结果

```
-- 没有第1名！
name     price    rank_1
------   -------  --------
西瓜       80       2
葡萄       50       3
苹果       50       3
香蕉       50       3
柠檬       30       6
```

　　没错，第 1 名"橘子"竟然从结果里消失了。关于这一点大家思考一下就能理解了。没有比橘子价格更高的水果，所以它被连接条件 P1.price < P2.price 排除掉了。外连接就是这样一个用于将第 1 名也存储在结果里的小技巧（这个小技巧在 1-6 节还会再次发挥重要作用）。

■ 本节小结

　　本节，我们通过 4 个应用实例学习了自连接的一些知识。自连接是不亚于 CASE 表达式的重要技术，请一定熟练掌握。最后说一个需要注意的地方，与多表之间进行的普通连接相比，自连接的性能开销更大（特别是与非等值连接结合使用的时候），因此用于自连接的列推荐使用主键或者在相关列上建立索引。本节例题里出现的连接大多使用的是主键。

　　下面是本节要点。

1. 自连接经常和非等值连接结合起来使用。

2. 自连接和 GROUP BY 结合使用可以生成递归集合。

3. 将自连接看作不同表之间的连接更容易理解。

4. 应把表看作行的集合，用面向集合的方法来思考。

5. 自连接的性能开销更大，应尽量给用于连接的列建立索引。

自连接是用途很广泛的技术，在本书中的出现频率仅次于 CASE 表达式。如果想要了解更多信息，可以参考下面的文献资料。

注❶

该节属于原书第2版，即 *Joe Celko's SQL for Smarties: Advanced SQL Programming, Second Edition*（Morgan Kaufmann Pub，1999年）中的内容，在《SQL权威指南（第4版）》（人民邮电出版社，2013年）中未出现，故使用的是英文标题。——编者注

1. Joe Celko，《SQL 权威指南（第 4 版）》（人民邮电出版社，2013 年）

   关于非等值自连接，请参考 17.4.1 节 "Self Non-Equi-JOINs"❶；关于排序，请参考 29.4.2 节 "广义极值函数"。

2. Joe Celko，《SQL 解惑（第 2 版）》（人民邮电出版社，2008 年）

   可以说该书中的所有谜题都用到了自连接，其中有代表性的是用冯·诺依曼递归集合更新连续编号的"谜题 4 门禁卡"，以及用非等值自连接求最大下限的"谜题 30 平均销售等待时间"和将排列转换成组合的"谜题 44 成对的款式"等，都是很棒的技术。

练习题

●练习题 1-2-1：可重组合

请使用 P.22 的表 Products，求出两列可重组合。结果应该如下所示。

```
name_1   name_2
------   ------
香蕉      橘子
香蕉      苹果
香蕉      香蕉
苹果      橘子
苹果      苹果
橘子      橘子
```

因为是组合，所以（香蕉，橘子）和（橘子，香蕉）这样顺序相反的对被视为相同的对。此外，因为允许重复，所以结果里也出现了（橘子，橘子）这样的对。

●练习题 1-2-2：分地区排序

P.29 的"排序"部分针对表的所有行计算了位次。这里准备了下面这样增加了"地区"列的新表 DistrictProducts，请计算一下各个地区商品价格的位次。

DistrictProducts（每个地区的水果价格）

district（地区）	name（商品名称）	price（价格）
东北	橘子	100
东北	苹果	50
东北	葡萄	50
东北	柠檬	30
关东	柠檬	100
关东	菠萝	100
关东	苹果	100
关东	葡萄	70
关西	柠檬	70
关西	西瓜	30
关西	苹果	20

这里也与例题一样，按照价格由高到低的顺序进行排序，如果出现相同位次，就跳过之后的位次，最后结果如下所示。这道题的重点是，给分开后的几个部分排序，而不是对一整张表进行排序。

```
district   name   price   rank_1
--------   ----   -----   ------
东北       橘子    100     1
东北       苹果     50     2
东北       葡萄     50     2
东北       柠檬     30     4
关东       柠檬    100     1
关东       菠萝    100     1
关东       苹果    100     1
关东       葡萄     70     4
关西       柠檬     70     1
关西       西瓜     30     2
关西       苹果     20     3
```

解法还是有使用窗口函数和自连接这两种（如果把标量子查询与连接结合起来的解法当成另一种，那就有 3 种解法）。请分别思考一下。

●练习题 1-2-3：更新位次

再练习一道与排序相关的题吧。假设有下面这样一张表 DistrictProducts2，里边原本就包含了"位次"列。

DistrictProducts2

district（地区）	name（商品名称）	price（价格）	ranking（位次）
东北	橘子	100	
东北	苹果	50	
东北	葡萄	50	
东北	柠檬	30	
关东	柠檬	100	
关东	菠萝	100	
关东	苹果	100	
关东	葡萄	70	
关西	柠檬	70	
关西	西瓜	30	
关西	苹果	20	

　　不过，"位次"列的初始值都是 NULL。这里想让大家实现的是往这个列里写入位次。这道题使用自连接来解答没有什么问题，但是如果使用窗口函数，就需要突破一些小障碍。

1-3 三值逻辑和 NULL

▶ SQL 的温柔陷阱

　　大多数编程语言都是基于二值逻辑的，即逻辑真值只有真和假两个。而 SQL 语言则采用一种特别的逻辑体系——三值逻辑，即逻辑真值除了真和假，还有第三个值"不确定"。三值逻辑经常会带来一些意想不到的情况，这让程序员很是烦恼。本节，我们将通过理论和实例深入理解一下三值逻辑。

注❶

Database in Depth: Relational Theory for Practitioners, O'Reilly Media, 2005。中文版可参考《深度探索关系数据库：实践者的关系理论》（电子工业出版社，2007年），但在本书中，涉及该书的引用文均为本书译者翻译，后文不再说明，仅标注原书名。

——编者注

　　总之，数据库里只要存在一个 NULL，查询的结果就可能不正确。而且，一般没有办法确定具体是哪个查询返回了不正确的结果，所以所有的结果看起来都很可疑。没有谁能保证一定能从包含 NULL 的数据库里查询出正确的结果。要我说，这种情况着实令人束手无策。❶

——C.J. Date

写在前面

　　大多数编程语言都包括布尔型（BOOL 型、BOOLEAN 型）这种数据类型。当然，SQL 语言里也有。SQL-99 里将布尔型定义为可以由用户直接操作的数据类型。此外，在 WHERE 子句等地方进行条件判断时也经常会用到布尔型的运算。

　　然而，大家知道普通编程语言里的布尔型和 SQL 语言里的布尔型之间有什么区别吗？普通语言里的布尔型只有 **true** 和 **false** 两个值，这种逻辑体系被称为二值逻辑。而 SQL 语言里，除此之外还有第三个值 **unknown**，因此这种逻辑体系被称为三值逻辑（three-valued logic）。

　　那么，为什么 SQL 语言采用了三值逻辑呢？作为计算机基础的布尔代数是二值逻辑的，我们在中小学里学的数学和逻辑学也是基于二值逻辑的，关系模型理论基础之一的谓词逻辑也是二值逻辑的。在二值逻辑的应用如此广泛的情况下，为什么关系数据库的世界特立独行，选择了三值逻辑这样风格迥异的逻辑体系呢？

问题的答案就在于 NULL。关系数据库里引进了 NULL，所以不得不同时引进第三个值。这样的三值逻辑一次次地违背常识，深深地困扰着数据库工程师们。

本节，我们将了解一下三值逻辑，并通过具体的代码学习一下哪些情况需要格外留意。从标题可以看到，本节前半部分偏向于理论介绍，可能会有些枯燥。如果大家对相关理论已经有了一定的了解，或者觉得通过看具体示例更容易理解，也可以从后半部分的"实践篇"开始阅读，并根据情况适当参考"理论篇"的相关内容。

理论篇

两种 NULL、三值逻辑还是四值逻辑

说到三值逻辑，笔者认为话题应该从 NULL 开始，因为 NULL 正是产生三值逻辑的"元凶"。

"两种 NULL"这种说法大家可能会觉得很奇怪，因为 SQL 里只存在一种 NULL。然而在讨论 NULL 时，我们一般都会将它分成两种类型来思考。因此这里先来介绍一些基础知识，即两种 NULL 之间的区别。

两种 NULL 分别指的是"未知"（unknown）和"不适用"（not applicable, inapplicable）。以"不知道戴墨镜的人眼睛是什么颜色"这种情况为例，这个人的眼睛肯定是有颜色的，但是如果他不摘掉眼镜，别人就不知道他的眼睛是什么颜色。这就叫作未知。而"不知道冰箱的眼睛是什么颜色"则属于"不适用"。因为冰箱根本就没有眼睛，所以"眼睛的颜色"这一属性并不适用于冰箱。

"冰箱的眼睛的颜色"这种说法和"圆的体积""男性的分娩次数"一样，都是没有意义的。平时，我们习惯了说"不知道"，但是"不知道"也分很多种。"不适用"这种情况下的 NULL，在语义上更接近于"无意义"，而不是"不确定"。这里总结一下："未知"指的是"虽然现在不知道，但加上某些条件后就可以知道"；而"不适用"指的是"无论怎么努力都无法知道"。

关系模型的发明者 E.F. Codd 最先给出了这种分类。下图是他对"丢失的信息"的分类。

■关系数据库中"丢失的信息"的分类

Codd 曾经认为应该严格地区分两种类型的 NULL，并提倡在关系数据库中使用四值逻辑 ❶。不知道是幸运还是不幸（笔者认为肯定是幸运），他的这个想法并没有得到广泛支持，现在所有的 DBMS 都将两种类型的 NULL 归为了一类并采用了三值逻辑。但是他的这种分类方法本身还是有很多优点的，因此后来依然有很多学者支持。

为什么必须写成"IS NULL"，而不是"= NULL"

应该有不少人对上面这个标题里的问题感到困惑吧？相信刚学 SQL 的时候，大部分人都有过这样的经历：写了下面这样的 SQL 语句来查询某一列中值为 NULL 的行，结果却执行失败了。

```
-- 查询 NULL 时出错的 SQL 语句
SELECT *
  FROM tbl_A
 WHERE col_1 = NULL;
```

通过这条 SQL 语句，我们无法得到正确的结果。因为正确的写法是 col_1 IS NULL。这和刚学 C 语言时写出的 if (hoge = 0) 的错误非常相似。那么为什么用"="去进行比较会失败呢？表示相等关系时用"="，这明明是我们在小学里就学过的常识。

这当然是有原因的。那就是，对 NULL 使用比较谓词后得到的结果总是 **unknown**。而查询结果只会包含 WHERE 子句里的判断结果为 **true** 的行，不会包含判断结果为 **false** 和 **unknown** 的行。不只是等号，对 NULL 使用其他比较谓词，结果也都是一样的。所以无论 col_1 是不是 NULL，比较结果都是 **unknown**。

注❶

当我知道 Codd 曾经提倡过四值逻辑后，我的心情用震惊来形容也毫不夸张。而没有一家数据库厂商对四值逻辑有兴趣这个消息，我觉得对所有的数据库工程师来说都是好消息。
下面列出了四值逻辑的真值表，仅供参考。UNKNOWN 类型的 NULL 的真值用 applicable，而 Not Applicable 类型的 NULL 的真值用 inapplicable 来表示。就算这是关系模型祖师爷 Codd 博士的理论，也真心不能接受！

x	NOT x
t	f
a	a
i	i
f	t

AND	t	a	i	f
t	t	a	i	f
a	a	a	i	f
i	i	i	i	f
f	f	f	f	f

OR	t	a	i	f
t	t	t	t	t
a	t	a	a	a
i	t	a	i	i
f	t	a	i	f

```
-- 以下的式子都会被判为 unknown
1 = NULL
2 > NULL
3 < NULL
4 <> NULL
NULL = NULL
```

那么，为什么对 NULL 使用比较谓词后得到的结果永远不可能为真呢？这是因为，NULL 既不是值也不是变量。NULL 只是一个表示"没有值"的标记，而比较谓词只适用于值。因此，对并非值的 NULL 使用比较谓词本来就是没有意义的 ❶。

"列的值为 NULL""NULL 值"这样的说法本身就是错误的。因为 NULL 不是值，所以不在定义域（domain）中。相反，如果有人认为 NULL 是值，那么笔者倒想请教一下：它是什么类型的值？关系数据库中存在的值必然属于某种类型，比如字符型或数值型等。所以，假如 NULL 是值，那么它就必须属于某种类型。

NULL 容易被认为是值的原因恐怕有两个。第一个是在 C 语言等编程语言里面，NULL 被定义为了一个常量（很多语言将其定义为了整数 0），这导致了人们的混淆。但是，其实 SQL 里的 NULL 和其他编程语言里的 NULL 是完全不同的东西（请参考本节末尾参考文献中的"C 语言初级 Q&A"）。

第二个原因是，IS NULL 这样的谓词是由两个单词构成的，所以人们容易把 IS 当作谓词，而把 NULL 当作值。特别是 SQL 里还有 IS TRUE、IS FALSE 这样的谓词，人们由此类推，从而这样认为也不是没有道理。但是正如讲解标准 SQL 的书里提醒人们注意的那样，我们应该把 IS NULL 看作是一个谓词。因此，如果可以的话，写成 IS_NULL 这样也许更合适 ❷。

unknown、第三个真值

终于轮到真值 **unknown** 登场了。本节开头也提到过，它是因关系数据库采用了 NULL 而被引入的"第三个真值"。

这里有一点需要注意：真值 **unknown** 和作为 NULL 的一种的 UNKNOWN

（未知）是不同的东西。前者是明确的布尔型的真值，后者既不是值也不是变量。为了便于区分，前者采用粗体的小写字母 **unknown**，后者用普通的大写字母 UNKNOWN 来表示。为了让大家理解两者的不同，我们来看一个 x=x 这样的简单等式。x 是真值 **unknown** 时，x=x 被判断为 **true**，而 x 是 UNKNOWN 时被判断为 **unknown**。

```
-- 这个是明确的真值的比较
unknown = unknown → true
```

```
-- 这个相当于 NULL = NULL
UNKNOWN = UNKNOWN → unknown
```

接下来我们看一下 SQL 遵循的三值逻辑的真值表。

■ 三值逻辑的真值表（NOT）

x	NOT x
t	f
u	u
f	t

■ 三值逻辑的真值表（AND）

AND	t	u	f
t	t	u	f
u	u	u	f
f	f	f	f

■ 三值逻辑的真值表（OR）

OR	t	u	f
t	t	t	t
u	t	u	u
f	t	u	f

图中浅蓝色部分是三值逻辑中独有的运算，这在二值逻辑中是没有的。其余的 SQL 谓词全部都能由这三个逻辑运算组合而来。从这个意义上讲，这个矩阵可以说是 SQL 的母体（matrix）。

NOT 的话，因为真值表比较简单，所以很好记；但是对于 AND 和 OR，因为组合出来的真值较多，所以全部记住非常困难。为了便于记忆，请注意这三个真值之间有下面这样的优先级顺序。

- AND 的情况：false > unknown > true
- OR 的情况：true > unknown > false

优先级高的真值会决定计算结果。例如 **true** AND **unknown**，因为 **unknown** 的优先级更高，所以结果是 **unknown**。而 **true** OR **unknown** 的话，因为 **true** 优先级更高，所以结果是 **true**。记住这个顺序后就能更方便地进行三值逻辑运算了。特别需要记住的是，当 AND 运算中包含 **unknown** 时，结果肯定不会是 **true**（反之，如果 AND 运算结果为 **true**，则参与运算的双方必须都为 **true**）。这一点对理解后文非常关键。

关于理论就介绍这么多吧。接下来我们将以具体的代码为例来分析一下三值逻辑是如何带来意料之外的结果的。有些地方违反了我们习惯了的二值逻辑的一些常识，一开始可能会不好理解。届时，请翻回来看一看这里的真值表，实际动手分析一下运算过程。

下面请看一个练习题。

问题：假设 **a = 2, b = 5, c = NULL**，此时下面这些式子的真值是什么？

1. a < b AND b > c
2. a > b OR b < c
3. a < b OR b < c
4. NOT (b <> c)

答案
1. unknown；2. unknown；3. true；4. unknown

实践篇

1. 比较谓词和 NULL(1)：排中律不成立

我们假设约翰是一个人。那么，下面的语句（以下称为"命题"）是真是假？

约翰是 20 岁，或者不是 20 岁，二者必居其一。——P

大家觉得正确吗？没错，在现实世界中毫无疑问这是个真命题。我们不知道约翰是谁，但只要是人就有年龄。而且只要有年龄，那么就要么是20 岁，要么不是 20 岁，不可能有别的情况。类似的还有"凯撒渡过了卢比孔河，或者没有渡过，二者必居其一""有外星人，或者没有外星人，二者必居其一"等，这些都是真命题。像这样，"把命题和它的否命题通过'或者'连接而成的命题全都是真命题"这个命题在二值逻辑中被称为排中律（Law of Excluded Middle）。顾名思义，排中律就是指不认可中间状态，对命题真伪的判定黑白分明，是古典逻辑学的重要原理。"是否承认这一原理"被认为是古典逻辑学和非古典逻辑学的分界线。由此可见，排中律非常重要。

如果排中律在 SQL 里也成立，那么下面的查询应该能选中表里的所有行。

```
-- 查询年龄是 20 岁或者不是 20 岁的学生
SELECT *
  FROM Students
 WHERE age = 20
    OR age <> 20;
```

遗憾的是，在 SQL 的世界里，排中律是不成立的。假设表 Students 里的数据如下所示。

Students

name（名字）	age（年龄）
布朗	22
拉里	19
约翰	
伯杰	21

NULL！

那么这条 SQL 语句无法查询到约翰，因为约翰年龄不详。关于这个原因，我们在理论篇里学习过，即对 NULL 进行比较运算的结果是 **unknown**。具体来说，约翰这一行是按照下面的步骤被判断的。

```
-- 1. 约翰年龄是 NULL (未知的 NULL !
SELECT *
  FROM Students
 WHERE age = NULL
    OR age <> NULL;
```

```
-- 2. 对 NULL 使用比较谓词后，结果为 unknown
SELECT *
  FROM Students
 WHERE unknown
    OR unknown;
```

```
-- 3. unknown OR unknown 的结果是 unknown (参考 "理论篇" 中的矩阵)
SELECT *
  FROM Students
 WHERE unknown;
```

SQL 语句的查询结果里只有判断结果为 true 的行。要想让约翰出现在结果里，需要添加下面这样的"第 3 个条件"。

```
-- 添加第 3 个条件：年龄是 20 岁，或者不是 20 岁，或者年龄未知
SELECT *
  FROM Students
 WHERE age = 20
    OR age <> 20
    OR age IS NULL;
```

像这样，现实世界中正确的事情在 SQL 里却不正确的情况时有发生。实际上约翰这个人是有年龄的，只是我们无法从这张表中知道而已。换句话说，关系模型并不是用于描述现实世界的模型，而是用于描述人类认知状态的核心（知识）的模型。因此，我们有限且不完备的知识也会直接反映在表里。

即使不知道约翰的年龄，他在现实世界中也一定"要么是 20 岁，要么不是 20 岁"——我们容易自然而然地这样认为。然而，这样的常识在三值逻辑里却未必正确。

2. 比较谓词和 NULL(2)：CASE 表达式和 NULL

下面我们来看一下在 CASE 表达式里将 NULL 作为条件使用时经常会出现的错误。首先请看下面的简单 CASE 表达式。

```
--col_1 为 1 时返回○、为 NULL 时返回 × 的 CASE 表达式?
CASE col_1
   WHEN 1      THEN '○'
   WHEN NULL   THEN 'x'
END
```

这个 CASE 表达式一定不会返回 ×。这是因为，第二个 WHEN 子句是 col_1 = NULL 的缩写形式。正如大家所知，这个式子的真值永远是 **unknown**。而且 CASE 表达式的判断方法与 WHERE 子句一样，只认可真值为 **true** 的条件。正确的写法是像下面这样使用搜索 CASE 表达式。

```
CASE WHEN col_1 = 1 THEN '○'
     WHEN col_1 IS NULL THEN 'x'
 END
```

这种错误很常见，其原因是将 NULL 误解成了值。这一点从 NULL 和第一个 WHEN 子句里的 1 写在了同一列就可以看出。这里请再次确认自己已经记住"NULL 并不是值"这点。

3. NOT IN 和 NOT EXISTS 不是等价的

注❶

详见 1-11 节。

在对 SQL 语句进行性能优化时，经常用到的一个技巧是将 IN 改写成 EXISTS❶。这是等价改写，并没有什么问题。问题在于，将 NOT IN 改写成 NOT EXISTS 时，结果未必一样。

例如，请看下面这两张班级学生表。

Class_A

name（名字）	age（年龄）	city（住址）
布朗	22	东京
拉里	19	埼玉
伯杰	21	千叶

Class_B

name（名字）	age（年龄）	city（住址）
齐藤	22	东京
田尻	23	东京
山田		东京
和泉	18	千叶
武田	20	千叶
石川	19	神奈川

请注意，B 班山田的年龄是 NULL。我们考虑一下如何根据这两张表查询"与 B 班住在东京的学生年龄不同的 A 班学生"。也就是说，希望查询到的是拉里和伯杰。因为布朗与齐藤年龄相同，所以不是我们想要的结果。如果单纯地按照这个条件去实现，则 SQL 语句如下所示。

```
-- 查询与 B 班住在东京的学生年龄不同的 A 班学生的 SQL 语句？
SELECT *
  FROM Class_A
 WHERE age NOT IN ( SELECT age
                      FROM Class_B
                     WHERE city = '东京' );
```

这条 SQL 语句真的能正确地查询到这两名学生吗？遗憾的是不能。结果是空，查询不到任何数据。

实际上，如果山田的年龄不是 NULL（且与拉里和伯杰年龄不同），是能顺利找到拉里和伯杰的。然而，这里 NULL 又一次作怪了。我们一步一步地看看究竟发生了什么吧。

```
--1.执行子查询，获取年龄列表
SELECT *
  FROM Class_A
 WHERE age NOT IN (22, 23, NULL);
```

```
--2.用 NOT 和 IN 等价改写 NOT IN
SELECT *
  FROM Class_A
 WHERE NOT age IN (22, 23, NULL);
```

```
--3.用 OR 等价改写谓词 IN
SELECT *
  FROM Class_A
 WHERE NOT ( (age = 22) OR (age = 23) OR (age = NULL) );
```

```
--4. 使用德·摩根定律等价改写
SELECT *
  FROM Class_A
 WHERE NOT (age = 22) AND NOT(age = 23) AND NOT (age = NULL);
```

```
--5. 用 <> 等价改写 NOT 和 =
SELECT *
  FROM Class_A
 WHERE (age <> 22) AND (age <> 23) AND (age <> NULL);
```

```
--6. 对 NULL 使用 <> 后，结果为 unknown
SELECT *
  FROM Class_A
 WHERE (age <> 22) AND (age <> 23) AND unknown;
```

```
--7. 如果 AND 运算里包含 unknown，则结果不为 true（参考 "理论篇" 中的矩阵）
SELECT *
  FROM Class_A
 WHERE false 或 unknown;
```

可以看出，这里对 A 班的所有行都进行了如此繁琐的判断，然而没有一行在 WHERE 子句里被判断为 **true**。也就是说，如果 NOT IN 子查询中用到的表里被选择的列中存在 NULL，则 SQL 语句整体的查询结果永远是空。这是很可怕的现象。

为了得到正确的结果，我们需要使用 EXISTS 谓词。

```
-- 正确的 SQL 语句：拉里和伯杰将被查询到
SELECT *
  FROM Class_A  A
 WHERE NOT EXISTS ( SELECT *
                      FROM Class_B B
                     WHERE A.age = B.age
                       AND B.city = '东京' );
```

■ 执行结果

```
name   age   city
-----  ----  ----
拉里    19    埼玉
伯杰    21    千叶
```

同样地，我们再来一步一步地看看这段 SQL 是如何处理年龄为 NULL 的行的。

```
--1.在子查询里和 NULL 进行比较运算
SELECT *
  FROM Class_A A
 WHERE NOT EXISTS ( SELECT *
                      FROM Class_B B
                     WHERE A.age = NULL
                       AND B.city = '东京' );
```

```
--2.对 NULL 使用 "=" 后，结果为 unknown
SELECT *
  FROM Class_A A
 WHERE NOT EXISTS ( SELECT *
                      FROM Class_B B
                     WHERE unknown
                       AND B.city = '东京' );
```

```
--3.如果 AND 运算里包含 unknown，结果不会是 true
SELECT *
  FROM Class_A A
 WHERE NOT EXISTS ( SELECT *
                      FROM Class_B B
                     WHERE false 或 unknown);
```

```
--4.子查询没有返回结果，因此相反地，NOT EXISTS 为 true
SELECT *
  FROM Class_A A
 WHERE true;
```

也就是说，山田被作为"与任何人的年龄都不同的人"来处理了（但是，还要把与年龄不是 NULL 的齐藤及田尻进行比较后的处理结果通过 AND 连接，才能得出最终结果）。产生这样的结果，是因为 EXISTS 谓词永远不会返回 **unknown**。EXISTS 只会返回 **true** 或者 **false**。因此就有了 IN 和 EXISTS 可以互相替换使用，而 NOT IN 和 NOT EXISTS 却不可以互相替换的混乱现象。虽然写代码的时候很难做到绝对不依赖直觉，但作为数据库工程师来说，还是需要好好理解一下这种现象。

4. 限定谓词和 NULL

SQL 里有 ALL 和 ANY 两个限定谓词。因为 ANY 与 IN 是等价的，所以我们不经常使用 ANY。在这里，我们主要看一下更常用的 ALL 的一些注意事项。

　　ALL 可以和比较谓词一起使用，用来表达"与所有的 ×× 都相等"，或"比所有的 ×× 都大"的意思。接下来，我们给 B 班表里为 NULL 的列添上具体的值。然后，使用这张新表来思考一下用于查询"比 B 班住在东京的所有学生年龄都小的 A 班学生"的 SQL 语句。

Class_A

name（名字）	age（年龄）	city（住址）
布朗	22	东京
拉里	19	埼玉
伯杰	21	千叶

Class_B

name（名字）	age（年龄）	city（住址）
齐藤	22	东京
田尻	23	东京
山田	20	东京
和泉	18	千叶
武田	20	千叶
石川	19	神奈川

　　使用 ALL 谓词时，SQL 语句可以像下面这样写。

```
-- 查询比B班住在东京的所有学生年龄都小的A班学生
SELECT *
  FROM Class_A
 WHERE age < ALL ( SELECT age
                     FROM Class_B
                    WHERE city = '东京' );
```

■ 执行结果

```
name    age    city
-----   ----   ----
拉里      19     埼玉
```

　　查询到的只有比山田年龄小的拉里，到这里都没有问题。但是如果山田年龄不详，就会有问题了。凭直觉来说，此时查询到的可能是比 22 岁的齐藤年龄小的拉里和伯杰。然而，这条 SQL 语句的执行结果还是空。

这是因为，ALL 谓词其实是多个以 AND 连接的逻辑表达式的省略写法。具体的分析步骤如下所示。

```
--1. 执行子查询获取年龄列表
SELECT *
  FROM Class_A
 WHERE age < ALL ( 22, 23, NULL );
```

```
--2. 将 ALL 谓词等价改写为 AND
SELECT *
  FROM Class_A
 WHERE (age < 22) AND (age < 23) AND (age < NULL);
```

```
--3. 对 NULL 使用 "<" 后，结果变为 unknown
SELECT *
  FROM Class_A
 WHERE (age < 22)  AND (age < 23) AND unknown;
```

```
--4. 如果 AND 运算里包含 unknown，则结果不为 true
SELECT *
  FROM Class_A
 WHERE false 或 unknown;
```

感觉怎么样呢？NULL 如此随意和混乱，想必大家都感受到了吧？

5. 限定谓词和极值函数不是等价的

使用极值函数代替 ALL 谓词的人应该不少吧。如果用极值函数重写刚才的 SQL，应该是下面这样。

```
-- 查询比 B 班住在东京的年龄最小的学生还要小的 A 班学生
SELECT *
  FROM Class_A
 WHERE age < ( SELECT MIN(age)
                 FROM Class_B
                WHERE city = '东京' );
```

■ 执行结果

```
name    age    city
-----   ----   ----
拉里     19     埼玉
伯杰     21     千叶
```

没有问题。即使山田的年龄无法确定，这段代码也能查询到拉里和伯杰两人。这是因为，**极值函数在统计时会把为 NULL 的数据排除掉**。使用极值函数能使 Class_B 这张表里看起来就像不存在 NULL 一样。

"什么！这样的话任何时候都使用极值函数岂不是更安全？"也许有人会这么想。然而在三值逻辑的世界里，事情没有这么简单。ALL 谓词和极值函数表达的命题含义分别如下所示。

- **ALL 谓词**：他的年龄比在东京住的所有学生都小　　—— Q1
- **极值函数**：他的年龄比在东京住的年龄最小的学生还要小 —— Q2

在现实世界中，这两个命题是一个意思。但是，正如我们通过前面的例题看到的那样，表里存在 NULL 时它们是不等价的。其实还有一种情况下它们也是不等价的，大家知道是什么吗？

答案是，谓词（或者函数）的输入为空集的情况。例如 Class_B 这张表为如下所示的情况。

Class_B 没有住在东京的学生！

name（名字）	age（年龄）	city（住址）
和泉	18	千叶
武田	20	千叶
石川	19	神奈川

如上表所示，B 班里没有学生住在东京。这时，使用 ALL 谓词的 SQL 语句会查询到 A 班的所有学生。然而，用极值函数查询时一行数据都查询不到。这是因为，**极值函数在输入为空表（空集）时会返回 NULL**。因此，使用极值函数的 SQL 语句会像下面这样一步步被执行。

```
--1.极值函数返回 NULL
SELECT *
  FROM Class_A
 WHERE age < NULL;
```

```
--2.对 NULL 使用 "<" 后结果为 unknown
SELECT *
  FROM Class_A
 WHERE unknown;
```

　　比较对象原本就不存在时,根据业务需求有时需要返回所有行,有时需要返回空集。需要返回所有行时(感觉这类似于"不战而胜"),需要使用 ALL 谓词,或者使用 COALESCE 函数将极值函数返回的 NULL 处理成合适的值。

6. 聚合函数和 NULL

　　实际上,当输入为空表时返回 NULL 的不只是极值函数,COUNT 以外的聚合函数也是如此。所以下面这条看似普通的 SQL 语句也会带来意想不到的结果。

```sql
-- 查询比住在东京的学生的平均年龄还要小的 A 班学生的 SQL 语句?
SELECT *
  FROM Class_A
 WHERE age < ( SELECT AVG(age)
                 FROM Class_B
                WHERE city = '东京' );
```

　　没有住在东京的学生时,AVG 函数返回 NULL。因此,外侧的 WHERE 子句永远是 **unknown**,也就查询不到行。使用 SUM 也是一样。这种情况的解决方法只有两种:要么把 NULL 改写成具体值,要么闭上眼睛接受 NULL。但是如果某列有 NOT NULL 约束,而我们需要往其中插入平均值或汇总值,那么就只能选择将 NULL 改写成具体值了。

　　聚合函数和极值函数的这个陷阱是由函数自身带来的,所以仅靠为具体列加上 NOT NULL 约束是无法从根本上消除的。因此我们在编写 SQL 代码的时候需要特别注意。

本节小结

　　本节,我们针对编写 SQL 时 NULL 和三值逻辑带来的诸多问题,从理论和实践两方面分别进行了探讨。因为这个话题有些复杂,所以之前从未了解过 SQL 三值逻辑的人可能会觉得非常混乱。最后这里,我们再次整理一下本节要点。

　　1. NULL 不是值。

　　2. 因为 NULL 不是值,所以不能对其使用谓词。

3. 对 NULL 使用谓词后的结果是 **unknown**。

4. **unknown** 参与到逻辑运算时，SQL 的运行会和预想的不一样。

5. 按步骤追踪 SQL 的执行过程能有效应对 4 中的情况。

最后说明一下，要想解决 NULL 带来的各种问题，最佳方法应该是往表里添加 NOT NULL 约束来尽力排除 NULL。这样就可以回到美妙的二值逻辑世界（虽然并不能完全回到）。具体方法将在本书 2-9 节里介绍。

此外，如果大家对这个虽然麻烦但是越看越有兴趣的话题想更进一步研究，可以参考下面的资料。再结合本书 2-8 节中将要介绍的三值逻辑在逻辑学中的意义，应该会发现比较有意思的内容。

1. Joe Celko，《SQL 权威指南（第 4 版）》（人民邮电出版社，2013 年）

　　强烈推荐阅读第 13 章 "NULL：SQL 中的缺失数据"、21.3 节 "NULL 和 IN() 谓词" 和 22.1 节 "EXISTS 和 NULL"。

2. C.J. Date，《深度探索关系数据库：实践者的关系理论》（电子工业出版社，2007 年）

　　C.J. Date 在书中明确地说明了他反对 NULL 和三值逻辑的主张。与 Joe Celko 的书相比，这本书更注重理论方面的内容。本节开头的 C.J. Date 的话也出自这本书。

注❶

原书名为『論理学をつくる』，尚无中文版。——译者注

3. 户田山和久，《逻辑学的创立》❶（名古屋大学出版会，2000 年）

　　作为逻辑学的入门书，该书难得地稍微介绍了三值逻辑的内容。但是需要注意，书中的三值逻辑与 SQL 中采用的逻辑体系还是有一些不同的。作为谓词逻辑的入门书来说，该书值得推荐。

4. 初级 C 语言 Q&A（3）【0 和 NULL】

（http://www.st.rim.or.jp/~phinloda/cqa/cqa3.html）

Q：我曾经见到过使用 0 代替空指针的代码，为什么可以这样用呢？

A：原本该出现指针的地方如果出现了 0，编译器会把它当成空指针来理解。比如像 if (p != 0) 这样写时，如果 p 是指针类型，编译器会认为右边也是指针，所以就把 0 当成空指针来处理了。

1-4　HAVING 子句的力量

▶出彩的配角

HAVING 子句是 SQL 里一个非常重要的功能，但其价值并没有被人们深刻地认识到。另外，它还是理解 SQL 面向集合这一本质的关键，应用范围非常广泛。本节，我们将学习 **HAVING** 子句的用法，进而理解面向集合语言的第二个特性——以集合为单位进行操作。

写在前面

　　SQL 与通常的语言不一样，这种感觉的强烈程度可能因人而异，但是对于一开始就从面向过程语言学起的正统的程序员或系统工程师来说，可能感觉会比较强烈。

　　SQL 给人感觉与众不同的原因有几个。第一个原因是，它是一种基于"面向集合"思想设计的语言，同样具备这种设计思想的语言很少；第二个原因的影响力不亚于第一个，即最开始学习过了某种理念的语言后，心理上会形成思维定式，从而妨碍我们理解另一种理念的语言 ❶。

　　本节，我们将学习一下 HAVING 子句的各种使用方法，同时也比较一下面向过程语言和 SQL 在思考方式上的区别。通过比较，我们会察觉到自己在学习面向过程语言时下意识形成的思维定式，进而更好地适应面向集合的思想。

　　在 1-2 节，我们了解了一些 SQL 作为面向集合语言的特征，本节将继续讨论这一话题。上次我们重点讨论了"将表看作抽象度较高的集合"这一基本思想，这次将更进一步地学习"以集合为单位进行操作"这一特征。前面几节并非学习本节的前提，但是因为本节会用到 CASE 表达式和自连接等内容，所以如果读过 1-1 节和 1-2 节，理解起来可能会更深刻。

注❶

关于从面向过程思维向面向集合思维转换的方法，本书 2-6 节有详细介绍。

寻找缺失的编号

那么，我们赶快通过例题往下学习吧。假设现有一张带有"连续编号"列的表，如表 SeqTbl 所示。我们在使用自动分配的数值时经常会见到像这样的表。

SeqTbl

seq（连续编号）	name（名字）
1	迪克
2	安
3	莱露
5	卡
6	玛丽
8	本

虽然编号那一列叫作连续编号，但实际上编号并不是连续的，缺少了 4 和 7。我们要做的第一件事，就是查询这张表里是否存在数据缺失。如果像本例这样，数据只有几行，那么我们一下子就能找出来。但是，如果数据有 100 万行，应该就不会有人用肉眼去查询了吧。

如果这张表的数据存储在文件里，那么用面向过程语言查询时，步骤应该像下面这样。

1. 对"连续编号"列按升序或者降序进行排序。
2. 循环比较每一行和下一行的编号。

步骤很简单，但是也体现了面向过程语言和文件系统处理问题的特点：文件的记录是有顺序的，为了操作记录，编程语言需要对记录进行排序。而表的记录是没有顺序的，而且 SQL 也没有排序的运算符 **❶**。SQL 会将多条记录作为一个集合来处理，因此如果将表整体看作一个集合，就可以像下面这样解决这个问题。

```
-- 如果有查询结果，说明存在缺失的编号
SELECT '存在缺失的编号' AS gap
   FROM SeqTbl
HAVING COUNT(*) <> MAX(seq);
```

注❶

也许大家会想，不是有 ORDER BY 子句吗？但实际上 ORDER BY 不是 SQL 的运算符，而是光标定义的一部分。"ORDER BY 在表示查询结果时很方便，但是它本身并不是关系运算符。"（*Database in Depth: Relational Theory for Practitioners*，O'Reilly Media，2005）

■ 执行结果

```
gap
----------
'存在缺失的编号'
```

如果这个查询结果有 1 行，说明存在缺失的编号；如果 1 行都没有，说明不存在缺失的编号。这是因为，如果用 COUNT(*) 统计出来的行数等于"连续编号"列的最大值，就说明编号从开始到最后是连续递增的，中间没有缺失。如果有缺失，COUNT(*) 会小于 MAX(seq)，这样 HAVING 子句就变成真了。这个解法只需要 3 行代码，十分优雅。

如果用集合论的语言来描述，那么这个查询所做的事情就是检查自然数集合和 SeqTbl 集合之间是否存在一一映射（又称双射）。换句话说，就是像下图展示的那样，MAX(seq) 计算的，是由"到 seq 最大值为止的没有缺失的连续编号（即自然数）"构成的集合的元素个数，而 COUNT(*) 计算的是 SeqTbl 这张表里实际的元素个数（即行数）。

有多余的元素

集合A：MAX(seq) =
（自然数集合）   1 2 3 4 5 6 7 8

集合B：COUNT(*) =
（SeqTbl集合）   1 2 3 5 6 8

于是，如果像上图这样存在缺失的编号，那么集合 A 和集合 B 中的元素个数肯定是不一样的。

也许大家注意到了，上面的 SQL 语句里没有 GROUP BY 子句，此时整张表会被聚合为一行。这种情况下 HAVING 子句也是可以使用的。在以前的 SQL 标准里，HAVING 子句必须和 GROUP BY 子句一起使用，所以到现在也有人会有这样的误解。但是，按照现在的 SQL 标准来说，**HAVING 子句是可以单独使用的** ❶。不过这种情况下，就不能在 SELECT 子句里引用原来的表里的列了，要么就得像示例里一样使用常量，要么就得像 SELECT COUNT(*) 这样使用聚合函数。

现在，我们已经知道这张表里存在缺失的编号了。接下来，再来查询

注❶

也可以认为是对空字段进行了 GROUP BY 操作，只不过省略了 GROUP BY 子句。如果使用窗口函数时不指定 PARTITION BY 子句，就是把整个表当作一个分区来处理的，思路与这里也是一样的。详情请参考本书 2-5 节。

一下缺失编号的最小值。求最小值要用 MIN 函数，因此我们像下面这样写
SQL 语句。

```
-- 查询缺失编号的最小值
SELECT MIN(seq + 1) AS gap
  FROM SeqTbl
 WHERE (seq+ 1) NOT IN ( SELECT seq FROM SeqTbl);
```

■执行结果

```
gap
---
  4
```

　　这里也是只有 3 行代码。使用 NOT IN 进行的子查询针对某一个编号，
检查了比它大 1 的编号是否存在于表中。然后，"3, 莱露" "6, 玛丽" "8, 本"
这几行因为找不到紧接着的下一个编号，所以子查询的结果为真。如果没
有缺失的编号，则查询到的结果是最大编号 8 的下一个编号 9。前面已经
说过了，表和文件不一样，记录是没有顺序的（表 SeqTbl 里的编号按升
序显示只是为了方便查看）。因此，像这条语句一样进行行与行之间的比
较时其实是不进行排序的。

　　顺便说一下，如果表 SeqTbl 里包含 NULL，那么这条 SQL 语句的查
询结果就不正确了。如果不明白为什么，可以参考 1-3 节。

　　上面展示了通过 SQL 语句查询缺失编号的最基本的思路，然而这个
查询还不够周全，并不能涵盖所有情况。例如，如果表 SeqTbl 里没有编
号 1，那么缺失编号的最小值应该是 1，但是这两条 SQL 语句都不能得出
正确的结果（请试着自己模拟分析一下，推测出可能的结果）。关于查询
缺失编号的更完备的做法，我们将在 1-10 节学习。

■ 用 HAVING 子句进行子查询：求众数

　　托马斯·杰斐逊创立的美国名校弗吉尼亚大学曾经在 1984 年发表报
告称，修辞交流专业的毕业生首份工作的平均工资达到了 55 000 美元，
按当时 1 美元＝ 240 日元的汇率来算，大约是 1320 万日元。乍一看好像
毕业生大多都能拿到很高的工资，然而这个数字背后却有一些玄机。因为

注❶

这 个 故 事 取 自 L.Gonick 和 W.
Smith 的著作《漫画统计学入门》
（梁杰译，辽宁教育出版社，2002
年）。

这一届毕业生里包含了被称为"校史上最伟大选手"的 NBA 新星拉尔夫·桑普森 ❶。也就是说，大学用来统计的毕业生表中存在极端的情况，大概就像表 Graduates 这样。

Graduates（毕业生表）

name（名字）	income（收入）
桑普森	400 000
迈克	30 000
怀特	20 000
阿诺德	20 000
史密斯	20 000
劳伦斯	15 000
哈德逊	15 000
肯特	10 000
贝克	10 000
斯科特	10 000

从这个例子可以看出，简单地求平均值有一个缺点，那就是很容易受到离群值（outlier）的影响。这种时候就必须使用更能准确反映出群体趋势的指标——众数（mode）就是其中之一。它指的是在群体中出现次数最多的值，因此在日语中也被称为流行值。就上面的表 Graduates 来说，众数就是 10 000 和 20 000 这两个值。接下来我们思考一下如何用 SQL 语句求众数。

有些 DBMS 已经提供了用来求众数的函数，但其实用标准 SQL 也很简单。思路是将收入相同的毕业生汇总到一个集合里，然后从汇总后的各个集合里找出元素个数最多的集合。用 SQL 这么操作集合正如探囊取物一样简单。

```
-- 求众数的SQL 语句 (1)：使用谓词
SELECT income, COUNT(*) AS cnt
  FROM Graduates
 GROUP BY income
HAVING COUNT(*) >= ALL ( SELECT COUNT(*)
                           FROM Graduates
                          GROUP BY income);
```

■执行结果

```
income  cnt
------  ---
10000    3
20000    3
```

GROUP BY 子句的作用是根据最初的集合生成若干个子集（类似于 1-2 节介绍过的，生成若干个递归子集以进行排序）。因此，将收入（income）作为 GROUP BY 的列时，将得到 S1 ～ S5 这样 5 个子集，如下图所示。

■ 将收入（income）作为 GROUP BY 的列时得到的 5 个子集

这几个子集里，元素数最多的是 S3 和 S5，都是 3 个元素，因此查询的结果也是这 2 个集合。

补充一点，1-3 节提到过 ALL 谓词用于 NULL 或空集时会出现问题，可以用极值函数来代替。这里要求的是元素数最多的集合，因此可以用 MAX 函数。

```
-- 求众数的SQL语句 (2)：使用极值函数
SELECT income, COUNT(*) AS cnt
  FROM Graduates
 GROUP BY income
HAVING COUNT(*) >=  ( SELECT MAX(cnt)
                       FROM ( SELECT COUNT(*) AS cnt
                               FROM Graduates
                              GROUP BY income) TMP ) ;
```

如果表 Graduates 是存储在文件里的，需要用面向过程语言的方法来求众数时，又该怎么做呢？恐怕要先按收入进行排序，然后一行一行地循环处理和中断控制，遇到某个收入值的人数超出前面一个收入值的人数时，将新的收入值赋给另一个变量并保存，以便后续使用。我们能发现，与这种做法相比，使用 SQL 既不需要循环也不需要赋值。

用 HAVING 子句进行自连接：求中位数

当平均值不可信时，与众数一样经常被用到的另一个指标是中位数（median）。它指的是将集合中的元素按升序排列后恰好位于正中间的元素。如果集合的元素个数为偶数，则取中间两个元素的平均值作为中位数。前面的表 Graduates 里有 10 行数据，所以我们取"史密斯, 20 000"和"劳伦斯, 15 000"的平均值 17 500 作为中位数。

如果用 SQL，该如何求中位数呢？像面向过程语言的处理方法那样排完序逐行比较，显然是不合理的。所以我们来思考一下如何用面向集合的方式，来查询位于集合正中间的元素。

做法是，将集合里的元素按照大小分为上半部分和下半部分两个子集，同时让这 2 个子集共同拥有集合正中间的元素。这样，共同部分的元素的平均值就是中位数，思路如下图所示。

■ 中位数求法的思路

像这样需要根据大小关系生成子集时，就轮到非等值自连接出场了。

```
-- 求中位数的 SQL 语句：在 HAVING 子句中使用非等值自连接
SELECT AVG(DISTINCT income)
  FROM (SELECT T1.income
          FROM Graduates T1, Graduates T2
         GROUP BY T1.income
```

```
              --S1 的条件
       HAVING SUM(CASE WHEN T2.income >= T1.income THEN 1 ELSE 0 END)
                 >= COUNT(*) / 2
              --S2 的条件
          AND SUM(CASE WHEN T2.income <= T1.income THEN 1 ELSE 0 END)
                 >= COUNT(*) / 2 ) TMP;
```

这条 SQL 语句的要点在于比较条件 "$>=$ COUNT(*)/2" 里的等号，这个等号是有意地加上的。加上等号并不是为了清晰地分开子集 S1 和 S2，而是为了让这 2 个子集拥有共同部分。如果去掉等号，将条件改成 "$>$ COUNT(*)/2"，那么当元素个数为偶数时，S1 和 S2 就没有共同的元素了，也就无法求出中位数了。

如果事先知道集合的元素个数是奇数，那么因为 FROM 子句里的子查询结果只有一条数据，所以外层的 AVG 函数可以去掉。但是，如果要写出更通用的 SQL 语句（即适用于元素个数为偶数这种情况），AVG 函数还是需要的。这道例题的解法运用了 CASE 表达式、自连接以及 HAVING 子句等 SQL 的各种利器，笔者觉得还是很棒的。

在发表这个有些问题的平均工资时，弗吉尼亚大学并没有公布中位数等指标。如果在各位（或者各位的子女）选择学校时，一个学校不仅提供了与升学率和就业情况相关的平均值，还提供了众数和中位数，那么也许我们还是可以相信这所学校是诚实的。

查询不包含 NULL 的集合

COUNT 函数的使用方法有 COUNT(*) 和 COUNT(列名) 两种，它们的区别有两个：第一个是性能上的区别；第二个是 COUNT(*) 可以用于 NULL，而 COUNT(列名) 与其他聚合函数一样，要先排除掉 NULL 的行再进行统计。第二个区别也可以这么理解：COUNT(*) 查询的是所有行的数目，而 COUNT(列名) 查询的则不一定是。

对一张全是 NULL 的表 NullTbl 执行 SELECT 子句就能清楚地知道两者的区别了。

NullTbl

col_1（列1）

```
-- 在对包含 NULL 的列使用时，COUNT(*) 和 COUNT(列名) 的查询结果是不同的
SELECT COUNT(*), COUNT(col_1)
  FROM NullTbl;
```

■执行结果

```
count(*)    count(col_1)
--------    ------------
       3               0
```

　　对于这两个区别，在编写 SQL 语句时我们当然需要多加留意，但是如果能好好利用，它们也可以发挥令人意想不到的作用。例如，这里有一张存储了学生提交报告的日期的表 Students，如下所示。

Students

student_id（学号ID）	dpt（学院）	sbmt_date（提交日期）
100	理学院	2005-10-10
101	理学院	2005-09-22
102	文学院	
103	文学院	2005-09-10
200	文学院	2005-09-22
201	工学院	
202	经济学院	2005-09-25

　　学生提交报告后，"提交日期"列会被写入日期，而提交之前是 NULL。现在我们需要从这张表里找出哪些学院的学生全部都提交了报告（即理学院、经济学院）。如果只是用 WHERE sbmt_date IS NOT NULL 这样的条件查询，文学院也会被包含进来，结果就不正确了（因为文学院学号为 102 的学生还没有提交）。正确的做法是，以"学院"为 GROUP BY 的列生成下面这样的子集。

■ 所有学生都提交了报告的学院有哪些

这样生成的 4 个子集里，我们想要的是 S1 和 S4。那么，这 2 个子集具备而其他子集不具备的特征是什么呢？答案是 "COUNT(*) 和 COUNT(sbmt_date) 结果一致"。这是因为 S2 和 S3 这 2 个子集里存在 NULL。因此，答案应该是下面这样。

```
-- 查询 "提交日期" 列内不包含 NULL 的学院 (1)：使用 COUNT 函数
SELECT dpt
  FROM Students
 GROUP BY dpt
HAVING COUNT(*) = COUNT(sbmt_date);
```

■执行结果

```
dpt
--------
理学院
经济学院
```

当然，使用 CASE 表达式也可以实现同样的功能，而且更加通用。

```
-- 查询 "提交日期" 列内不包含 NULL 的学院 (2)：使用 CASE 表达式
SELECT dpt
  FROM Students
 GROUP BY dpt
HAVING COUNT(*) = SUM(CASE WHEN sbmt_date IS NOT NULL
                           THEN 1
                           ELSE 0 END);
```

可以看到，使用 CASE 表达式时，将 "提交日期" 不是 NULL 的行标记为 1，将 "提交日期" 为 NULL 的行标记为 0。在这里，CASE 表达式的作用相当于进行判断的函数，用来判断各个元素（＝行）是否属于满足了某种条件的集合。这样的函数我们称为特征函数（characteristic function），或者从定义了集合的角度来将它称为定义函数（关于特征函数的用法，请在练习题 1-4-2 中进行练习）。

像这样，HAVING 子句可以用作研究集合性质的工具，特别是在与聚合函数或 CASE 表达式一起使用时具有更强大的威力。

■ 用关系除法运算进行购物篮分析

接下来，我们假设有这样两张表：全国连锁折扣店的商品表 Items，以及各个店铺的库存管理表 ShopItems。这是关系模型中经常见到的表结构。

Items

item（商品）
啤酒
纸尿裤
自行车

ShopItems

shop（店铺）	item（商品）
仙台	啤酒
仙台	纸尿裤
仙台	自行车
仙台	窗帘
东京	啤酒
东京	纸尿裤
东京	自行车
大阪	电视
大阪	纸尿裤
大阪	自行车

这次我们要查询的是囊括了表 Items 中所有商品的店铺。也就是说，要查询的是仙台店和东京店。大阪店没有啤酒，所以不是我们的目标。这个问题在实际工作中的原型是数据挖掘技术中的"购物篮分析"❶，但是只要改变一下它的形式，就可以把它应用到很多业务场景。例如在医疗领域查询同时服用多种药物的患者，或者从员工技术资料库里查询 UNIX 和 Oracle 两者都精通的程序员，等等。

遇到像表 ShopItems 这种一个实体（在这里是店铺）的信息分散在多行的情况时，仅仅在 WHERE 子句里通过 OR 或者 IN 指定条件是无法得到

注❶

购物篮分析是市场分析领域常用的一种分析手段，用来发现"经常被一起购买的商品"具有的规律。有一个有名的例子：某家超市发现，虽然不知为什么，但啤酒和纸尿裤经常被一起购买（也许是因为来买纸尿裤的爸爸都会想顺便买些啤酒回去），于是便将啤酒和纸尿裤摆在相邻的货架，从而提升了销售额。

正确结果的。这是因为，在 WHERE 子句里指定的条件只对表里的某一行数据有效。

```
-- 查询啤酒、纸尿裤和自行车同时在库的店铺：错误的 SQL 语句
SELECT DISTINCT shop
  FROM ShopItems
 WHERE item IN (SELECT item FROM Items);
```

■执行结果

```
shop
----
仙台
东京
大阪
```

　　谓词 IN 的条件其实只是指定了"店内有啤酒或者纸尿裤或者自行车的店铺"，所以店铺只要有这三种商品中的任何一种，就会出现在查询结果里。那么该如何针对多行数据（或者说针对集合）设定查询条件呢？也许大家已经知道了，那就是需要用 HAVING 子句来解决这个问题。SQL 语句可以像下面这样写。

```
-- 查询啤酒、纸尿裤和自行车同时在库的店铺：正确的 SQL 语句
SELECT SI.shop
  FROM ShopItems SI, Items I
 WHERE SI.item = I.item
 GROUP BY SI.shop
HAVING COUNT(SI.item) = (SELECT COUNT(item) FROM Items);
```

■执行结果

```
shop
----
仙台
东京
```

　　HAVING 子句的子查询(SELECT COUNT(item) FROM Items)的返回值是常量 3。因此，对商品表和店铺的库存管理表进行连接操作后结果是 3 行的店铺会被选中；对没有啤酒的大阪店进行连接操作后结果是 2 行，所以大阪店不会被选中；而仙台店则因为（仙台，窗帘）的行在表连接时会被排除掉，所以也会被选中；另外，东京店则因为连接后结果是 3 行，

所以当然也会被选中。

　　然而请注意，如果把 HAVING 子句改成 HAVING COUNT(SI.item) = COUNT(I.item)，结果就不对了。如果使用这个条件，仙台、东京、大阪这 3 个店铺都会被选中。这是因为，受到连接操作的影响，COUNT(I.item) 的值和表 Items 原本的行数不一样了。下面的执行结果一目了然。

```
-- COUNT(I.item) 的值已经不一定是 3 了
SELECT SI.shop, COUNT(SI.item), COUNT(I.item)
  FROM ShopItems SI, Items I
 WHERE SI.item = I.item
 GROUP BY SI.shop;
```

■执行结果

```
shop    COUNT(SI.item)   COUNT(I.item)
-----   --------------   -------------
仙台                  3               3
东京                  3               3
大阪                  2               2
```

　　问题解决了。那么接下来我们把条件变一下，看看如何排除掉仙台店（仙台店的仓库中存在"窗帘"，但商品表里没有"窗帘"），让结果里只出现东京店。这类问题被称为"精确关系除法"（exact relational division），即只选择没有剩余商品的店铺（与此相对，前一个问题被称为"带余除法"（division with a remainder））。解决这个问题我们需要使用外连接。

```
-- 精确关系除法运算：使用外连接和 COUNT 函数
SELECT SI.shop
  FROM ShopItems SI LEFT OUTER JOIN Items I
    ON SI.item=I.item
 GROUP BY SI.shop
HAVING COUNT(SI.item) = (SELECT COUNT(item) FROM Items)    -- 条件1
   AND COUNT(I.item)  = (SELECT COUNT(item) FROM Items);   -- 条件2
```

■执行结果

```
shop
----
 东京
```

以表 ShopItems 为主表进行外连接操作后，因为表 Items 里不存在窗帘和电视，所以连接后相应行的"I.item"列是 NULL。然后，我们就可以使用之前用到的检查学生提交报告日期的 COUNT 函数的技巧了。条件 1 会排除掉 COUNT(SI.item) = 4 的仙台店，条件 2 会排除掉 COUNT(I.item) = 2 的大阪店（NULL 不会被计数）。

■表 ShopItems 和表 Items 外连接后的结果

shop	SI.item	I.item	
仙台	啤酒	啤酒	
仙台	纸尿裤	纸尿裤	
仙台	自行车	自行车	
仙台	窗帘		NULL（原本应该是窗帘）
东京	啤酒	啤酒	
东京	纸尿裤	纸尿裤	
东京	自行车	自行车	
大阪	电视		NULL（原本应该是电视）
大阪	纸尿裤	纸尿裤	
大阪	自行车	自行车	

一般来说，使用外连接时，大多会用商品表 Items 作为主表进行外连接操作，而这里颠倒了一下主从关系，表使用 ShopItems 作为了主表，这一点比较有趣。

专栏

关系除法运算

本节介绍的运算主要是关系除法运算。如果模仿数值运算的写法来写，可以写作 ShopItems ÷ Items。至于为什么称它为除法运算，我们可以从除法运算的逆运算——乘法运算的角度来理解一下。除法运算和乘法运算之间有这样的关系：除法运算的商和除数的乘积等于被除数。

$$20 \div 5 = 4$$

被除数　　除数　　商

商　　除数　　被除数

$$4 \times 5 = 20$$

在 SQL 里，交叉连接相当于乘法运算。把商和除数（表 Items）交叉连接，然后求笛卡儿积，就能得到表 ShopItems 的子集（不一定是完整的表 ShopItems），也就是被除数。这就是"除法运算"这一名称的由来。

关系除法运算是关系代数中知名度最低的运算。不过，在实际工作中用到的机会并不少。像文中例题这样，应用场景很多（很多时候都是不经意间就使用了）。关系除法运算也是 Codd 最初定义的 8 种关系运算中的一种，也算是正宗的关系运算。

那么为什么它不太为人所知呢？笔者觉得很大的一个原因是，关系除法运算的定义有很多个。除了这里介绍过的两种类型的除法运算之外，C.J. Date 还使用 EXISTS 谓词定义了一种"带余除法运算"，它和前面介绍的除法运算在处理结果上稍微有点不同。C.J. Date 的除法运算是在表 Items 为空的时候返回所有的店铺，而前面介绍的使用 COUNT 函数的除法运算则会返回空。关系除法运算的标准化进程比较缓慢，而且也没有专用的运算符，所以时而会发生这样怪异的现象。

■ 本节小结

很多人觉得 HAVING 子句像是影视剧里的配角一样，并没有太多的出场机会，仿佛是一种附属品，从而轻视了它。但是读过本节内容后，相信大家就能明白，HAVING 子句其实是非常强大的，它是面向集合语言的一大利器。特别是与 CASE 表达式或自连接等其他技术结合使用更能发挥它的威力。

下面是本节要点。

1. 表不是文件，记录也没有顺序，所以 SQL 不进行排序。

2. SQL 不是面向过程语言，没有循环、条件分支、赋值操作。

3. SQL 通过不断生成子集来求得目标集合。SQL 不像面向过程语言那样通过画流程图来思考问题，而是通过画集合的关系图来思考。

4. GROUP BY 子句可以用来生成子集。

5. WHERE 子句用来调查集合元素的性质，而 HAVING 子句用来调查集合本身的性质。

怎么样,是否领略到了面向集合语言的魅力呢?如果想深入学习,可以参考下面的资料。

1. C.J. Date,《深度探索关系数据库:实践者的关系理论》(电子工业出版,2007 年)

第 5 章"基本运算符"部分对使用 EXISTS 谓词进行的关系除法运算进行了说明。笔者印象比较深的是书中关于除法运算的评论"我不想讨论太多细节",感觉很坦率。

2. Joe Celko,《SQL 权威指南(第 4 版)》(人民邮电出版社,2013 年)

在第 31 章"SQL 中的描述性统计"里,有大量使用 HAVING 子句的示例。

3. Joe Celko,《SQL 解惑(第 2 版)》(人民邮电出版社,2008 年)

HAVING 子句的用法是该书的主要内容之一。"谜题 20 测验结果"介绍了用 HAVING 子句描述全称命题的高级技巧;"谜题 21 飞机与飞行员"介绍了关系除法运算的相关内容;"谜题 57 间隔——版本 1"和"谜题 58 间隔——版本 2"都介绍了使用 HAVING 子句查询缺失的编号;"谜题 64 盒子"介绍了多维关系除法运算这样的有趣内容。该书是理解面向集合语言思想不可多得的著作。

4. Joe Celko, *Joe Celko's Analytics and OLAP in SQL* (Morgan Kaufmann Pub, 2006 年)

该书主要讲解了作为窗口函数工具的 SQL,切入点很有趣。通过讲解购物篮分析的方法深入介绍了关系除法运算。使用 ROW_NUMBER 函数求中位数的方法很有趣,请一定读一下。

■ 练习题

● 练习题 1-4-1:修改编号缺失的检查逻辑,使结果总是返回一行数据

在"寻找缺失的编号"部分,我们写了一条 SQL 语句,让程序只在存在缺失的编号时返回结果。请将 SQL 语句修改成始终返回一行结果,即存在缺失的编号时返回"存在缺失的编号",不存在缺失的编号时返回"不存在缺失的编号"。

●**练习题 1-4-2：练习"特征函数"**

这里我们使用正文中的表 Students，稍微练习一下特征函数的用法吧。请想出一条查询"全体学生都在 9 月份提交了报告的学院"的 SQL 语句。满足条件的只有经济学院。理学院学号为100 的学生是 10 月份提交的报告，所以不满足条件。文学院和工学院还有学生尚未提交报告，所以也不满足条件。

●**练习题 1-4-3：购物篮分析问题的一般化**

在"用关系除法运算进行购物篮分析"部分，返回结果只选择了满足条件的店铺。但是有时候会有不同的需求，比如对于没有备齐全部商品类型的店铺，我们也希望返回的一览表能展示这些店铺缺少多少种商品。

请修改正文中的 SQL 语句，使程序能够返回下面这样展示了全部店铺的结果的一览表。my_item_cnt 是店铺的现有库存商品种类数，diff_cnt 是不足的商品种类数。

```
shop  my_item_cnt  diff_cnt
----  -----------  --------
仙台            3         0
大阪            2         1
东京            3         0
```

1-5 外连接的用法

▶ **SQL 的弱点及其趋势和对策**

　　数据库工程师经常面对的一个难题是无法将 SQL 语句的执行结果转换为想要的格式。因为 SQL 语言本来就不是为了这个目的而出现的，所以需要费些工夫。本节，我们将通过学习格式转换中具有代表性的行列转换和嵌套式侧栏的生成方法，深入理解一下其中起着重要作用的外连接。

写在前面

　　很多人对 SQL 有一个误解：它是一种用于生成报表的语言。确实，SQL 在生成各种定制化或非定制化报表或统计表的系统里有着广泛的应用。这本身并没有什么问题，但"不幸"的是，数据库工程师开始要求 SQL 具备并非它原本用途的功能——格式转换。说起来，SQL 终究也只是主要用于查询数据的语言而已。

　　但是同时，SQL 比很多人想象得更加强大。特别是近些年，SQL 引入了许多便于生成报表的功能，其中的代表就是窗口函数。如果 SQL 既可以简化系统整体的代码，同时也可以优化性能，使用起来是很有价值的。

　　本节，我们将学习一下使用外连接（outer join）进行格式转换的方法。外连接是数据库工程师比较熟悉的一种运算，但这次我们将试着从不同的角度来体会一下它的特性。就内容分布来说，本节前半部分主要讲解如何使用外连接进行格式转换，后半部分则从集合运算的角度来了解外连接。

　　如果大家对外连接完全不了解，可以先从本节后半部分的"全外连接"和"用外连接进行集合运算"两部分开始阅读。

用外连接进行行列转换 (1)（行→列）：制作交叉表

　　在 1-1 节中，我们学习了将查询结果转换成交叉表的方法。这次，我们来思考一下如何用外连接的方法实现同样的功能。例如，这里有一张用于管理员工学习过的培训课程的表，如下所示。

Courses

name（员工姓名）	course（课程）
赤井	SQL 入门
赤井	UNIX 基础
铃木	SQL 入门
工藤	SQL 入门
工藤	Java 中级
吉田	UNIX 基础
渡边	SQL 入门

　　首先让我们利用上面这张表生成下面这样一张交叉表（"课程学习记录一览表"）。○表示已学习过，NULL 表示尚未学习。

■课程学习记录一览表（表头：课程；侧栏：员工姓名）

	SQL 入门	UNIX 基础	Java 中级
赤井	○	○	
工藤	○		○
铃木	○		
吉田		○	
渡边	○		

　　实际上，原来的表与刚刚生成的表在信息量上并没有区别。关于"谁学习过哪些课程"，不管从哪张表都能看出来，区别只是外观。所以，这本来并不是 SQL 应该做的工作。但是，练习用 SQL 进行这样的工作是本节的主旨，所以我们尝试用外连接的思路来思考，这样就可以知道，以侧栏（员工姓名）为主表进行外连接操作就可以生成表。

```
-- 水平展开求交叉表 (1)：使用外连接
SELECT C0.name,
  CASE WHEN C1.name IS NOT NULL THEN '○' ELSE NULL END AS "SQL 入门",
  CASE WHEN C2.name IS NOT NULL THEN '○' ELSE NULL END AS "UNIX 基础",
  CASE WHEN C3.name IS NOT NULL THEN '○' ELSE NULL END AS "Java 中级"
  FROM  (SELECT DISTINCT name FROM  Courses) C0    -- 这里的 C0 是侧栏
  LEFT OUTER JOIN
    (SELECT name FROM Courses WHERE course = 'SQL 入门' ) C1
  ON  C0.name = C1.name
    LEFT OUTER JOIN
      (SELECT name FROM Courses WHERE course = 'UNIX 基础' ) C2
      ON  C0.name = C2.name
```

```
LEFT OUTER JOIN
  (SELECT name FROM Courses WHERE course = 'Java 中级') C3
ON  C0.name = C3.name;
```

使用子查询，根据源表 Courses 生成 C0 ～ C3 这 4 个子集。1-2 节也讲过，SQL 中指定了名称的表和视图都相当于集合。因此，这里将生成下面这样 4 个集合。

C0：主表

name
赤井
工藤
铃木
吉田
渡边

C1：SQL

name
赤井
工藤
铃木
渡边

C2：UNIX

name
赤井
吉田

C3：Java

name
工藤

C0 包含了全部员工，起到了"员工主表"的作用（如果原本就提供了这样一张主表，请直接使用它）。C1 ～ C3 是每个课程的学习者的集合。这里以 C0 为主表，依次对 C1 ～ C3 进行外连接操作。如果某位员工学习过某个课程，则相应的课程列会出现他的姓名，否则为 NULL。最后，通过 CASE 表达式将课程列中员工的姓名转换为〇就算完成了。

这次，因为目标表格的表头是 3 列，所以进行了 3 次外连接。列数增加时原理也是一样的，只需要增加外连接操作就可以了。想生成置换了表头和表侧栏的交叉表时，我们也可以用同样的思路。这种做法具有比较直观和易于理解的优点，但是因为大量用到了内嵌视图和连接操作，代码会显得很臃肿。而且，随着表头列数的增加，性能也会恶化。

我们再考虑一下有没有更好的做法。一般情况下，外连接都可以用标量子查询替代，因此可以像下面这样写。

```
-- 水平展开 (2)：使用标量子查询
SELECT C0.name,
       (SELECT '〇'
          FROM Courses C1
         WHERE course = 'SQL 入门'
           AND C1.name = C0.name) AS "SQL 入门",
       (SELECT '〇'
          FROM Courses C2
         WHERE course = 'UNIX 基础'
```

```
            AND C2.name = C0.name) AS "UNIX 基础",
      (SELECT '○'
         FROM Courses C3
        WHERE course = 'Java 中级'
          AND C3.name = C0.name) AS "Java 中级"
  FROM (SELECT DISTINCT name FROM Courses) C0;   -- 这里的 C0 是表侧栏
```

这里的要点在于使用标量子查询来生成 3 列表头。最后一行 FROM 子句的集合 C0 和前面的"员工主表"是一样的。标量子查询的条件也和外连接一样，即满足条件时返回○，不满足条件时返回 NULL。这种做法的优点在于，需要增加或者减少课程时，只修改 SELECT 子句即可，代码修改起来比较简单。

例如想加入第 4 列"PHP 入门"时，只需要在 SELECT 子句的最后加上下面这条语句就可以了（如果采用前面的写法，则必需修改 SELECT 子句和 FROM 子句两个地方）。

```
(SELECT '○'
   FROM Courses C4
  WHERE course = 'PHP 入门'
    AND C4.name = C0.name ) AS "PHP 入门"
```

这种做法不仅利于应对需求变更，对于需要动态生成 SQL 的系统也是很有好处的。缺点是性能不太好，目前在 SELECT 子句中使用标量子查询（或者关联子查询）的话，性能开销还是相当大的。

接下来介绍第三种方法，即嵌套使用 CASE 表达式。CASE 表达式可以写在 SELECT 子句里的聚合函数内部，也可以写在聚合函数外部（请参考 1-1 节）。这里，我们先把 SUM 函数的结果处理成 1 或者 NULL，然后在外层的 CASE 表达式里将 1 转换成○。

```
-- 水平展开 (3)：嵌套使用 CASE 表达式
SELECT name,
  CASE WHEN SUM(CASE WHEN course = 'SQL 入门' THEN 1 ELSE NULL END) = 1
       THEN '○' ELSE NULL END AS "SQL 入门",
  CASE WHEN SUM(CASE WHEN course = 'UNIX 基础' THEN 1 ELSE NULL END) = 1
       THEN '○' ELSE NULL END AS "UNIX 基础",
  CASE WHEN SUM(CASE WHEN course = 'Java 中级' THEN 1 ELSE NULL END) = 1
       THEN '○' ELSE NULL END AS "Java 中级 "
  FROM Courses
 GROUP BY name;
```

如果不使用聚合，那么返回结果的行数会是表 Courses 的行数，所以这里以参加培训课程的员工为单位进行聚合。这种做法和标量子查询的做法一样简洁，也能灵活地应对需求变更。关于将聚合函数的返回值用于条件判断的写法，如果大家不习惯，可能会有点疑惑。但是，其实在 SELECT 子句里，聚合函数的执行结果也是标量值，因此可以像常量和普通列一样使用。如果明白这点，就不难理解了。

■ 用外连接进行行列转换 (2)（列→行）：汇总重复项于一列

前面，我们练习了从行转换为列，这回我们反过来，练习一下从列转换为行。我们假设存在下面这样一张让数据库工程师想哭的表。

■ Personnel：员工子女信息

employee(员工)	child_1(孩子 1)	child_2(孩子 2)	child_3(孩子 3)
赤井	一郎	二郎	三郎
工藤	春子	夏子	
铃木	夏子		
吉田			

这种结构的表大家应该都见过吧。将 COBOL 等语言中使用的平面文件作为输入数据，简单地按照原来的格式进行提取，就可以得到这样的表。这张表到底哪里让人想哭，我们暂时不提，我们需要做的是将这张表转换成行格式的数据。这里使用 UNION ALL 来实现。

```
-- 列数据转换成行数据：使用 UNION ALL
SELECT employee, child_1 AS child FROM Personnel
UNION ALL
SELECT employee, child_2 AS child FROM Personnel
UNION ALL
SELECT employee, child_3 AS child FROM Personnel;
```

■ 执行结果

```
employee    child
----------  -------
赤井         一郎
赤井         二郎
```

```
赤井          三郎
工藤          春子
工藤          夏子
工藤
铃木          夏子
铃木
铃木
吉田
吉田
吉田
```

　　因为 UNION ALL 不会排除掉重复的行，所以即使吉田没有孩子，结果里也会出现 3 行相关数据。把结果存入表时，最好先排除掉"child"列为 NULL 的行。

　　不过，根据具体需求，有时需要把没有孩子的吉田也留在表里，像下面这张"员工子女列表"这样。

■员工子女列表

employee(员工)	child(孩子)
赤井	一郎
赤井	二郎
赤井	三郎
工藤	春子
工藤	夏子
铃木	夏子
吉田	

　　在这道例题中，我们不能单纯地将"child"列为 NULL 的行排除掉。能想到的解法有好几个，不过先来生成一个存储子女列表的视图（孩子主表）吧。

```
CREATE VIEW Children(child)
AS SELECT child_1 FROM Personnel
   UNION
   SELECT child_2 FROM Personnel
   UNION
   SELECT child_3 FROM Personnel;
```

```
child
-----
一郎
二郎
三郎
春子
夏子
```

如果原本就有这样一张员工子女表备用，请直接使用它。

那么，接下来我们以员工列表为主表进行外连接操作。请注意连接条件。

```
-- 获取员工子女列表的 SQL 语句（没有孩子的员工也要输出）
SELECT EMP.employee, CHILDREN.child
  FROM Personnel EMP
       LEFT OUTER JOIN Children
         ON CHILDREN.child IN (EMP.child_1, EMP.child_2, EMP.child_3);
```

这里对子女主表和员工表执行了外连接操作，重点在于连接条件是通过 IN 谓词指定的。这样一来，当表 Personnel 里"孩子 1～孩子 3"列的名字存在于 Children 视图里时，返回该名字，否则返回 NULL。工藤家和铃木家有同名的孩子"夏子"，但这并不影响结果的正确性。

在交叉表里制作嵌套式表侧栏

在生成统计表的工作中，经常会有制作嵌套式表头和表侧栏的需求。例如这道例题：表 TblPop 是一张按照县、年龄层级和性别统计的人口分布表，要求根据表 TblPop 生成交叉表"包含嵌套式表侧栏的统计表"。

■ 年龄层级主表：TblAge

age_class（年龄层级）	age_range（年龄）
1	21 岁～30 岁
2	31 岁～40 岁
3	41 岁～50 岁

■ 性别主表：TblSex

sex_cd（性别编号）	sex（性别）
m	男
f	女

■ 人口分布表：TblPop

pref_name（县名）	age_class（年龄层级）	sex_cd（性别编号）	population（人口）
秋田	1	m	400
秋田	3	m	1000
秋田	1	f	800
秋田	3	f	1000
青森	1	m	700
青森	1	f	500
青森	3	f	800
东京	1	m	900
东京	1	f	1500
东京	3	f	1200
千叶	1	m	900
千叶	1	f	1000
千叶	3	f	900

■ 包含嵌套式表侧栏的统计表

		东北	关东
21 岁 ~ 30 岁	男	1100	1800
	女	1300	2500
31 岁 ~ 40 岁	男		
	女		
41 岁 ~ 50 岁	男	1000	
	女	1800	2100

　　这个问题的要点在于，虽然表 **TblPop** 中没有一条年龄层级为 2 的数据，但是返回结果还是要包含这个年龄层级，固定输出 6 行。生成固定的表侧栏需要用到外连接，但如果要将表侧栏做成嵌套式的，还需要再花点工夫。目标表的侧栏是年龄层级和性别，所以我们需要使用表 **TblAge** 和表 **TblSex** 作为主表。

　　思路是以这两张表作为主表进行外连接操作。但是如果像下面的 SQL 语句这样简单地进行两次外连接，并不能得到正确的结果。

```
-- 使用外连接生成嵌套式表侧栏：错误的 SQL 语句
SELECT  MASTER1.age_class AS age_class,
        MASTER2.sex_cd    AS sex_cd,
        DATA.pop_tohoku   AS pop_tohoku,
        DATA.pop_kanto    AS pop_kanto
  FROM (SELECT age_class, sex_cd,
               SUM(CASE WHEN pref_name IN ('青森', '秋田')
                        THEN population ELSE NULL END) AS pop_tohoku,
               SUM(CASE WHEN pref_name IN ('东京', '千叶')
                        THEN population ELSE NULL END) AS pop_kanto
          FROM TblPop
         GROUP BY age_class, sex_cd) DATA
         RIGHT OUTER JOIN TblAge MASTER1 -- 外连接1：和年龄层级主表进行外连接
           ON MASTER1.age_class = DATA.age_class
         RIGHT OUTER JOIN TblSex MASTER2 -- 外连接2：和性别主表进行外连接
           ON MASTER2.sex_cd = DATA.sex_cd;
```

■ 执行结果

```
age_class  sex_cd  pop_tohoku  pop_kanto
---------  ------  ----------  ---------
1          m             1100       1800
1          f             1300       2500
3          m             1000
3          f             1800       2100
```

观察返回结果可以发现，结果里没有出现年龄层级为 2 的行。这不是我们想要的。我们已经使用了外连接，为什么结果还是不正确呢？

原因是表 TblPop 里没有年龄层级为 2 的数据。也许大家会觉得奇怪，我们已经使用了外连接，而外连接的作用不就是保证在这种情况下也能获取定制化的结果吗？

没错，确实是这样的。实际上，与年龄层级主表外连接之后，结果里是包含年龄层级为 2 的数据的。

```
-- 停在第 1 个外连接处时：结果里包含年龄层级为 2 的数据
SELECT MASTER1.age_class AS age_class,
       DATA.sex_cd       AS sex_cd,
       DATA.pop_tohoku   AS pop_tohoku,
       DATA.pop_kanto    AS pop_kanto
  FROM (SELECT age_class, sex_cd,
               SUM(CASE WHEN pref_name IN ('青森', '秋田')
                        THEN population ELSE NULL END) AS pop_tohoku,
               SUM(CASE WHEN pref_name IN ('东京', '千叶')
                        THEN population ELSE NULL END) AS pop_kanto
```

```
        FROM TblPop
     GROUP BY age_class, sex_cd) DATA
     RIGHT OUTER JOIN TblAge MASTER1
        ON MASTER1.age_class = DATA.age_class;
```

■ 执行结果

```
age_class  sex_cd  pop_tohoku  pop_kanto
---------  ------  ----------  ---------
1          m             1100       1800
1          f             1300       2500
2                                              -- 存在年龄层级为 2 的数据
3          m             1000
3          f             1800       2100
```

但是请注意，核心点在这里：虽然年龄层级 2 确实可以通过外连接从表 TblAge 获取，但是在表 TblPop 里，与之相应的"性别编号"列却是 NULL。原因也不难理解。表 TblPop 里本来就没有年龄层级为 2 的数据，自然也没有相应的性别信息 m 或 f，于是"性别编号"列只能是 NULL。因此与性别主表进行外连接时，连接条件会变成 ON MASTER2.sex_cd = NULL，结果是 **unknown**（这个真值的意思请参考 1-3 节）。因此，最终结果里永远不会出现年龄层级为 2 的数据，即使改变两次外连接的先后顺序，结果也还是一样的。

那么，究竟怎样才能生成正确的嵌套式表侧栏呢？答案如下。

如果不允许进行两次外连接，那么调整成一次就可以了。

```
-- 使用外连接生成嵌套式表侧栏：正确的 SQL 语句
SELECT MASTER.age_class AS age_class,
       MASTER.sex_cd    AS sex_cd,
       DATA.pop_tohoku AS pop_tohoku,
       DATA.pop_kanto   AS pop_kanto
 FROM (SELECT age_class, sex_cd
         FROM TblAge CROSS JOIN TblSex ) MASTER   -- 使用交叉连接生成两张主表的笛卡儿积
     LEFT OUTER JOIN
     (SELECT age_class, sex_cd,
            SUM(CASE WHEN pref_name IN ('青森', '秋田')
                     THEN population ELSE NULL END) AS pop_tohoku,
            SUM(CASE WHEN pref_name IN ('东京', '千叶')
                     THEN population ELSE NULL END) AS pop_kanto
        FROM TblPop
      GROUP BY age_class, sex_cd) DATA
        ON  MASTER.age_class = DATA.age_class
       AND  MASTER.sex_cd    = DATA.sex_cd;
```

■ 执行结果

```
age_class   sex_cd   pop_tohoku   pop_kanto
---------   ------   ----------   ---------
1           m              1100        1800
1           f              1300        2500
2           m
2           f
3           m              1000
3           f              1800        2100
```

这样，我们就准确无误地得到了 6 行数据。无论表 TblPop 里的数据有怎样的缺失，结果的表侧栏总能固定为 6 行。技巧是对表 TblAge 和表 TblSex 进行交叉连接运算，生成下面这样的笛卡儿积。行数是 3×2 = 6。

MASTER

age_class（年龄层级）	sex_cd（性别编号）
1	m
1	f
2	m
2	f
3	m
3	f

然后，只需对这张 MASTER 视图进行一次外连接操作即可。也就是说，需要生成嵌套式表侧栏时，事先按照需要的格式准备好主表就可以了。当需要 3 层或 3 层以上的嵌套式表侧栏时，也可以按照这种方法进行扩展。

这里补充一下：对于不支持 CROSS JOIN 语句的数据库，可以像 FROM TblAge, TblSex 这样不指定连接条件，把需要连接的表写在一起，其效果与交叉连接一样。

作为乘法运算的连接

我们在 1-4 节的专栏"关系除法运算"里提到过"在 SQL 里,交叉连接相当于乘法运算",大家应该还记得吧?这种说法并不是一种比喻,而是事实,观察一下运算前后的行数就能明白这点。

接下来,我们将以下面的商品主表和商品销售历史管理表为例,深入探讨一下。

Items

item_no	item
10	FD
20	CD-R
30	MO
40	DVD

SalesHistory

sale_date	item_no	quantity
2007-10-01	10	4
2007-10-01	20	10
2007-10-01	30	3
2007-10-03	10	32
2007-10-03	30	12
2007-10-04	20	22
2007-10-04	30	7

先使用这两张表生成一张统计表,以商品为单位汇总出各自的销量。我们期望的结果是像下面这样的。

```
item_no    total_qty
-------    ---------
     10           36
     20           32
     30           22
     40
```

因为没有销售记录(完全卖不动)的 40 号商品 DVD 也需要输出在结果里,所以很显然,这里需要使用外连接。恐怕很多人会想到下面这种做法。

```
-- 解答 (1):通过在连接前聚合来创建一对一的关系
SELECT I.item_no, SH.total_qty
  FROM Items I LEFT OUTER JOIN
        (SELECT item_no, SUM(quantity) AS total_qty
           FROM SalesHistory
          GROUP BY item_no) SH
    ON I.item_no = SH.item_no;
```

这种做法的确是正确的，代码也很容易理解。这条语句首先在连接前按商品编号对销售记录表进行聚合，进而生成了一张以 item_no 为主键的临时视图，如下表所示。

■ 以商品编号为主键的临时视图（SH）

item_no	total_qty
10	36
20	32
30	22

接下来，通过"item_no"列对商品主表和这个视图进行连接操作后，商品主表和临时视图就成为了在主键上进行的一对一连接。这个查询看起来还真不错。

但是，如果从性能角度考虑，这条 SQL 语句还是有些问题的。比如临时视图 SH 的数据需要临时存储在内存里，还有就是虽然通过聚合将 item_no 变成了主键，但是 SH 上却不存在主键索引，因此我们也就无法利用索引优化查询。

要改善这个查询，关键在于导入"把连接看作乘法运算"这种视点。商品主表 Items 和视图 SH 确实是一对一的关系，但其实从"item_no"列看，表 Items 和表 SalesHistory 是一对多的关系。而且，当连接操作的双方是一对多关系时，结果的行数并不会增加。这就像普通乘法里任意数乘以 1 后，结果不会变化一样 ❶。

外连接会增加只在商品主表里存在的 40 号商品 DVD 的行，所以严格地讲，行数并非没有增加。但是这不会导致表 SalesHistory 里已有的 10 号或 20 号商品的行异常增加，进而引起结果异常。按照这种思路改良后的 SQL 语句如下所示。

注❶

在二元运算中，如果某个值和其他任意值进行运算结果都不会改变，那么我们称这个值为单位元。例如与整数进行乘法运算时的 1，以及加法运算时的 0。从这一点来看，在 SQL 的连接运算中，具有单位元性质的是"只有一行数据的表"。因为数据行数为 1 的表和其他任意表进行交叉连接，结果行数都与源表行数一样。

```
-- 解答 (2)：先进行一对多的连接再聚合
SELECT I.item_no, SUM(SH.quantity) AS total_qty
  FROM Items I LEFT OUTER JOIN SalesHistory SH
    ON I.item_no = SH.item_no  一对多的连接
 GROUP BY I.item_no;
```

这种做法代码更简洁，而且没有使用临时视图，所以性能也会有所改善。

如果表 Items 里的"items_no"列内存在重复行,就属于多对多连接了,因而这种做法就不能再使用。这时,需要先把某张表聚合一下,使两张表变成一对多的关系❶。

注❶

如果想练习多对多情况下的连接和聚合等高级内容,可以参考 Joe Celko 的著作《SQL 解惑(第 2 版)》中的"谜题 41 预算"。

一对一或一对多关系的两个集合,在进行连接操作后行数不会(异常地)增加。

这个技巧在需要使用连接和聚合来解决问题时非常有用,请熟练掌握。

读到这里应该有人注意到了,其实前面那个统计人口分布的问题也可以用类似的方法来解决。这种解法的练习放到了本节最后的练习题里,读完本节后请挑战一下。

全外连接

本节的前半部分主要从应用的角度介绍了外连接的一些内容。后半部分将换个角度,从面向集合的角度介绍一下外连接本身的一些性质。

标准 SQL 里定义了外连接的三种类型,如下所示。

- **左外连接**(LEFT OUTER JOIN)
- **右外连接**(RIGHT OUTER JOIN)
- **全外连接**(FULL OUTER JOIN)

其中,左外连接和右外连接没有功能上的区别。用作主表的表写在运算符左边时用左外连接,写在运算符右边时用右外连接。相信这两种大家已经很熟悉了。在这三种里,全外连接相对来说使用较少。从面向集合的角度来看,它有很多有趣的特点,所以接下来我们主要了解一下全外连接。

关于"全外连接到底是怎么回事",相比用语言来描述,具体的实例更容易让我们明白,所以这里先来看一道简单的例题。

Class_A

id(编号)	name(名字)
1	田中
2	铃木
3	伊集院

Class_B

id（编号）	name（名字）
1	田中
2	铃木
4	西园寺

在这两张班级学生表里，田中和铃木同时属于两张表，而伊集院和西园寺只属于其中一张表。全外连接是能够从这样两张内容不一致的表里，没有遗漏地获取全部信息的方法，所以也可以理解成"把两张表都当作主表来使用"的连接。

```
-- 全外连接保留全部信息
SELECT COALESCE(A.id, B.id) AS id,
       A.name AS A_name,
       B.name AS B_name
  FROM Class_A  A  FULL OUTER JOIN Class_B  B
    ON A.id = B.id;
```

■ 执行结果

```
id    A_name  B_name
----  ------  ------
1     田中     田中
2     铃木     铃木
3     伊集院
4             西园寺
```

可以看到，两张表里的 4 个人全部出现在结果里了。COALESCE 是 SQL 的标准函数，可以接受多个参数，功能是返回第一个非 NULL 的参数。使用左（右）外连接时，只能使用两张表中的一张作为主表，所以不能同时获取到伊集院和西园寺两个人。而全外连接的"全"就是"保留全部信息"的意思。

如果所用的数据库不支持全外连接，可以分别进行左外连接和右外连接，再把两个结果通过 UNION 合并起来，也能达到同样的目的 ❶。

例如，MySQL 还不支持完全外连接，而是把它归类为"未来的中长期计划内的新功能"。

```
-- 数据库不支持全外连接时的替代方案
SELECT A.id AS id, A.name, B.name
  FROM Class_A  A   LEFT OUTER JOIN Class_B  B
    ON A.id = B.id
```

```
UNION
SELECT B.id AS id, A.name, B.name
  FROM Class_A  A  RIGHT OUTER JOIN Class_B  B
   ON A.id = B.id;
```

这种写法虽然也能获取到同样的结果，但是代码比较冗长，而且使用两次连接后还要用 UNION 来合并，性能也不是很好。

其实，我们还可以换个角度，把表连接看成集合运算。内连接相当于求集合的积（INTERSECT，也称交集），全外连接相当于求集合的和（UNION，也称并集）。下面是两者的维恩图（Venn Diagram，亦称文氏图）。

■ 内连接相当于求集合的积（INTERSECT）

■ 全外连接相当于求集合的和（UNION）

在"不遗漏任何信息"这一点上，UNION 和全外连接非常相似（MERGE 语句也是）。接下来，我们将利用外连接的这些特性，实际练习一下集合运算。

用外连接进行集合运算

SQL 是以集合论为基础的，但令人费解的是，很长一段时间内它连基础的集合运算都不支持 ❶。UNION 是 SQL-86 标准开始加入的，还算比较早。INTERSECT 和 EXCEPT 都是 SQL-92 标准才加入的。关系除法运算还没有被标准化，这个前面也提到过。而且，各个 DBMS 提供商在功能的实现程度上也有所不同，参差不齐。集合运算符会进行排序，所以可能会带来性能上的问题。因此，了解一下集合运算符的替代方案还是有意义的。

前面介绍了交集和并集，下面来介绍一下差集的求法。注意一下前面有关全外连接的例题会发现，伊集院在 A 班里存在而在 B 班里不存在，"B_name" 列的值是 NULL；相反，西园寺在 B 班里存在而在 A 班里不存在，"A_name" 列的值是 NULL。于是，我们可以通过判断连接后的相关字段是否为 NULL 来求得差集。

■ 用外连接求差集：A － B

```
SELECT A.id AS id,  A.name AS A_name
  FROM Class_A  A LEFT OUTER JOIN Class_B B
    ON A.id = B.id
 WHERE B.name IS NULL;
```

■ 执行结果

```
id    A_name
----  ------
3     伊集院
```

■ 用外连接求差集（A–B）

■ 用外连接求差集：B － A

```
SELECT B.id AS id, B.name AS B_name
  FROM Class_A  A  RIGHT OUTER JOIN Class_B B
    ON A.id = B.id
 WHERE A.name IS NULL;
```

■ 执行结果

```
id    B_name
----  ------
4     西园寺
```

■用外连接求差集（B-A）

当然，用外连接解决这个问题不太符合外连接原本的设计目的。但是对于不支持差集运算的数据库来说，这也可以作为 NOT IN 和 NOT EXISTS 之外的另一种解法，而且它可能是差集运算中效率最高的，这也是它的优点。

用全外连接求异或集

接下来我们考虑一下如何求两个集合的异或集。SQL 没有定义求异或集的运算符，如果用集合运算符，可以有两种方法。一种是 (A UNION B) EXCEPT (A INTERSECT B)，另一种是 (A EXCEPT B) UNION (B EXCEPT A)。两种方法都比较麻烦，性能开销也会增大。

现在请再仔细看一下前面有关全外连接的执行结果，是否得到了灵感呢？

```sql
SELECT COALESCE(A.id, B.id) AS id,
       COALESCE(A.name , B.name ) AS name
  FROM Class_A  A  FULL OUTER JOIN Class_B  B
    ON A.id = B.id
 WHERE A.name IS NULL
    OR B.name IS NULL;
```

■ 执行结果

```
id    name
----  -----
3     伊集院
4     西园寺
```

■用全外连接求异或集

像这样改变一下 WHERE 子句的条件，就可以进行各种集合运算。现在我们已经求了集合的并集、差集、交集，那么想求集合的商时该怎么做呢？其实商也可以通过外连接来求。也就是说，我们在 1-4 节里介绍过的关系除法运算也可以通过外连接来实现。如果使用 1-4 节里的表 Items 和表 ShopItems，可以像下面这样写。

```sql
-- 用外连接进行关系除法运算：差集的应用
SELECT DISTINCT shop
  FROM ShopItems SI1
WHERE NOT EXISTS
      (SELECT I.item
         FROM Items I LEFT OUTER JOIN ShopItems SI2
           ON I.item   = SI2.item
          AND SI1.shop = SI2.shop
        WHERE SI2.item IS NULL) ;
```

■ 执行结果

```
shop
----
仙台
东京
```

这个查询的意思是，用表 Items 减去表 ShopItems 里各个店铺的商品，如果结果是空集，则说明该店铺库存里有表 Items 里的全部商品。其中，"各个店铺"这一条件是通过 ON 子句里的 SI1.shop = SI2.shop 这个关联子

注❶

据笔者确认，Oracle 10g 和 MySQL 5.0 不支持在连接条件里使用关联子查询的表名，所以这个 SQL 不能正常执行，但是在 PostgreSQL 9.6 中是可以正常执行的。

查询来表述的 ❶。因为这种解法用到了集合的差集，所以也可以直接使用 EXCEPT 运算符来实现。请大家把这当作练习题，试着按照这种思路改写一下（答案将在 1-7 节中揭晓）。

📘 本节小结

最后，我们稍微了解一点与外连接写法相关的内容。SQL 有很多的方言，例如外连接，Oracle 数据库使用 "(+)"，而 SQL Server 数据库使用 "*=" 等，非常依赖于数据库的具体实现。从代码的可移植性来说，我们应该避免采用这样独特的写法，并遵循 ANSI 标准。因此，本书统一采用了标准的写法。

还有，OUTER 也是可以省略的，所以我们也可以写成 LEFT JOIN 和 FULL JOIN（标准 SQL 也是允许的）。但是为了区分是内连接和外连接，最好还是写上。请大家在日常工作中多注意这一点（关于"标准写法和方言"的问题，1-12 节还会介绍）。

下面是本节要点。

1. SQL 不是用来生成报表的语言，所以不建议用它来进行格式转换。

2. 必要时考虑用外连接或 CASE 表达式来解决问题。

3. 生成嵌套式表侧栏时，如果先生成主表的笛卡儿积再进行连接，很容易就可以完成。

4. 从行数来看，表连接可以看成乘法。因此，当表之间是一对多的关系时，连接后行数不会增加。

5. 外连接的思想和集合运算很像，使用外连接可以实现各种集合运算。

外连接是一种很常用的技术。即使是人们很熟悉的东西，也还能不断地找到新的用途——这正是 SQL 这门语言有趣的地方之一。

如果大家想了解更多关于外连接的内容，请参考下面的资料。

1. C.J.Date、Hugh Darwen，*A Guide to SQL Standard*（*4th Edition*），（Addison-Wesley Professional，1996 年）

关于外连接的标准语法，请参考该书第 11 章。

2. Joe Celko,《SQL 权威指南（第 4 版）》（人民邮电出版社，2013 年）

关于使用外连接进行集合运算，请参考第 34 章"集合操作"；关于使用差集进行关系除法运算，请参考 27.2.6 节"用集合运算符进行除法"；如果不清楚带有重复项的表格哪里让数据库工程师想哭，请参考第 25 章"SQL 中的数组"。

3. Joe Celko,《SQL 解惑（第 2 版）》（人民邮电出版社，2008 年）

该书中很多谜题都用到了外连接，这里列出几个有代表性的谜题，如行列转换的应用"谜题 14 电话"和"谜题 55 赛马"，以及使用外连接求差集的"谜题 58 间隔——版本二"，关系除法运算的应用"谜题 21 飞机与飞行员"，等等。

练习题

●练习题 1-5-1：先连接还是先聚合

在"在交叉表里制作嵌套式表侧栏"部分里，我们通过聚合将 DATA 视图和 MASTER 视图转换为一对一的关系之后进行了连接操作。采用这种做法时，代码的确比较好理解，但是这就需要创建两个临时视图，性能并不是很好。请想办法改善一下代码，尽量减少临时视图。

●练习题 1-5-2：请留意孩子的人数

在"用外连接进行行列转换 (1)（列→行）：汇总重复项于一列"部分，我们求得了以员工为单位的员工子女列表。有了这个列表后，对员工进行一下聚合很容易就可以知道每个员工抚养了几个孩子。

请修改一下正文中的 SQL，求每个员工抚养的孩子的人数。这里，输出结果如下所示。

```
employee    child_cnt
--------    ---------
赤井                3
工藤                2
铃木                1
吉田                0
```

这个问题应该挺容易的，只有个别细节需要稍微注意，所以请仔细比较一下自己的结果和上面的结果有没有什么不同。

●练习题 1–5–3：全外连接和 MERGE 运算符

在"全外连接"部分，我们提到过，在不遗漏任何信息这一点上，MERGE 和全外连接非常相似。那么接下来，我们练习一下 MERGE 的用法。

MERGE 运算符是在 SQL:2003 标准中引入的新特性。因为它可以将两张表的信息汇总到一张表上，所以在需要将分散在多个数据源的数据汇总到一起的场景中能发挥很强大的威力。

这里继续使用正文中用到的 Class_A 和 Class_B 这两张表（表 Class_B 中的数据有些变化）。

Class_A

id（编号）	name（名字）
1	田中
2	铃木
3	伊集院

Class_B

id（编号）	name（名字）
1	田中
2	内海
4	西园寺

我们假设要将表 Class_B 里的数据汇总到表 Class_A 里，目标结果像下表这样。

■汇总后的 Class_A

id（编号）	name（名字）
1	田中
2	内海
3	伊集院
4	西园寺

处理逻辑是在表 Class_A 中查询表 Class_B 里的"id（编号）"列，如果存在则更新名字，如果不存在则插入。因此，两张表中同名的 1 号"田中"，以及表 Class_B 中不存在的 3 号"伊集院"没有变化，两张表中编号相同名字却不同的 2 号"铃木"被更新成"内海"，表 Class_A 中不存在的新同学"西园寺"被添加进表中。

1-6 用关联子查询比较行与行

▶用 SQL 进行行与行之间的比较

　　使用 SQL 对同一行数据进行列间的比较很简单，但是对不同行数据进行比较却没那么简单。然而，这并不是说我们不能用 SQL 进行行与行之间的比较。本节，我们将通过应用事例学习一下如何使用关联子查询进行行与行之间的比较。

写在前面

　　使用 SQL 对同一行数据进行列间的比较很简单，只需要在 WHERE 子句里写上比较条件就可以了，例如 col_1 = col_2。但是，对不同行数据进行列间的比较却没那么简单。然而，这并不是说我们不能用 SQL 进行行与行之间的比较。虽然与面向过程语言的思路很不一样，但是使用 SQL 也是可以实现这样的功能的。

　　使用 SQL 进行行间比较时，发挥主要作用的技术是关联子查询，特别是与自连接相结合的"自关联子查询"❶。本节，我们将通过具体事例来学习一下如何应用自关联子查询进行行间比较。

增长、减少、维持现状

　　需要用到行间数据比较的具有代表性的业务场景是，使用基于时间序列的表进行时间序列分析。假设有下面这样一张记录了某个公司每年的营业额的表 Sales。

Sales

year（年份）	sale（年营业额：亿日元）
1990	50
1991	51
1992	52
1993	52
1994	50
1995	50
1996	49
1997	55

■ 年营业额的趋势

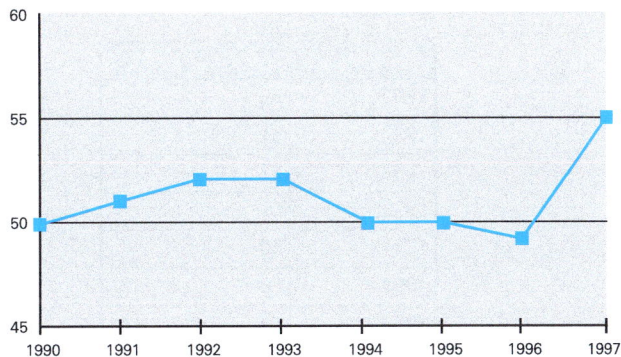

　　请根据这张表里的数据，使用 SQL 输出与上一年相比营业额是增加了还是减少了，抑或是没有变化。可以先试试求出"不变"这种情况。从表里可以看到，我们需要求出的是 1993 年和 1995 年。如果用面向过程语言来解决，应该是下面这样的思路。

1. 按年份递增的顺序排序。
2. 循环地将每一行与前一行的"sale"列进行比较。

　　使用 SQL 时的解题思路跟这个思路不太一样，需要用面向集合的方式进行思考。这里，我们在表 Sales 的基础上，再加一个存储了上一年数据的集合（S2）。

```
-- 求与上一年营业额一样的年份 (1)：使用关联子查询
SELECT year,sale
  FROM Sales S1
 WHERE sale = (SELECT sale
                 FROM Sales S2
                WHERE S2.year = S1.year - 1)
 ORDER BY year;
```

■ 执行结果

```
year   sale
-----  ----
1993   52
1995   50
```

S1：今年

year（年份）	sale（年营业额）
1990	50
1991	51
1992	52
1993	52
1994	50
1995	50
1996	49
1997	55

S2：去年

year（年份）	sale（年营业额）
1990	50
1991	51
1992	52
1993	52
1994	50
1995	50
1996	49
1997	55

　　子查询里的 S2.year = S1.year - 1 这个条件起到了将要比较的数据偏移一行的作用。关联子查询和自连接在很多时候都是等价的，所以我们也可以像下面这样使用自连接来实现。

```
-- 求与上一年营业额一样的年份 (2)：使用自连接
SELECT S1.year, S1.sale
  FROM Sales S1,
       Sales S2
 WHERE S2.sale = S1.sale
   AND S2.year = S1.year - 1
 ORDER BY year;
```

　　关于这两种做法哪种性能更好，我们不能一概而论，因为这会因环境而不同，所以请实际比较一下看看。

接下来请将这个例子扩展一下，求出每一年相比上一年营业额是增加了还是减少了，抑或是没有变化。

用列表展示与上一年的比较结果

```
-- 求出是增长了还是减少了，抑或是维持现状 (1)：使用关联子查询
SELECT S1.year, S1.sale,
       CASE WHEN sale =
              (SELECT sale
                 FROM Sales S2
                WHERE S2.year = S1.year - 1) THEN '→' -- 持平
            WHEN sale >
              (SELECT sale
                 FROM Sales S2
                WHERE S2.year = S1.year - 1) THEN '↑' -- 增长
            WHEN sale <
              (SELECT sale
                 FROM Sales S2
                WHERE S2.year = S1.year - 1) THEN '↓' -- 减少
       ELSE '—' END AS var
  FROM Sales S1
 ORDER BY year;
```

■ 执行结果

```
year    sale  var
------  ----  ---
1990     50   —
1991     51   ↑
1992     52   ↑
1993     52   →
1994     50   ↓
1995     50   →
1996     49   ↓
1997     55   ↑
```

　　在音乐 CD 和电影的每周排行榜中，我们经常会见到这样的趋势表。这条 SQL 语句将关联子查询的逻辑移到了 SELECT 子句里，用来比较这一年和上一年的营业额。因为这里没有 1990 年之前的数据，所以执行结果里显示的是"—"。

　　同样，这里也可以改写一下 SQL 语句，使用自连接来实现，如下所示。

```
-- 求出是增长了还是减少了, 抑或是维持现状 (2): 使用自连接查询 ( 最早的年份不会出现在结果里 )
SELECT S1.year, S1.sale,
       CASE WHEN S1.sale = S2.sale THEN '→'
            WHEN S1.sale > S2.sale THEN '↑'
            WHEN S1.sale < S2.sale THEN '↓'
       ELSE '—' END AS var
  FROM Sales S1, Sales S2
 WHERE S2.year = S1.year - 1
 ORDER BY year;
```

采用这种实现方法时，由于这里没有 1990 年之前的数据，所以 1990 年会被排除掉，执行结果会少一行。虽然没有这一行也不至于产生大的问题，但是有时候我们也会遇到"最早的年份也要包含在结果里"这样的需求。关于这个问题该怎么解决，我们放到下一个部分中探讨。

继续看当前例题的执行结果可以发现，时间轴是竖着展示的。那么我们能不能像下面这样把时间轴改成横着展示呢？

年份	1990	1991	1992	1993	1994	1995	1996	1997
趋势	—	↑	↑	→	↓	→	↓	↑

当然是可以的。1-5 节"用外连接进行行列转换 (1)（行→列）：制作交叉表"部分已经介绍过实现方法了。当时也说过，使用 SQL 进行格式转换并不是根本的办法。针对查询结果的格式化，还是应该尽量交给宿主语言或者应用程序来完成。

■■ 时间轴有间断时：和过去最临近的时间进行比较

在上一部分的例题里，各年份的数据都没有间断。然而现实中肯定有些冒失的公司，比如这家公司就丢失了过去个别年份的数据，如表 Sales2 所示。

Sales2：有年份缺失

year（年份）	sale（年营业额）	
1990	50	
1992	50	*1991 年缺失*
1993	52	
1994	55	
1997	55	*1995 年、1996 年缺失*

　　这样一来,"年份 - 1"这个条件就不能用了。我们需要把它扩展成更普遍的情况,用某一年的数据和它过去最临近的年份进行比较。具体点说,我们需要写出一条能让 1992 年和 1990 年、1997 年和 1994 年进行比较的 SQL 语句。

　　对某一年来说,"过去最临近的年份"需要满足下面两个条件。

1. 与该年份相比是过去的年份。
2. 在满足条件 1 的年份中,年份最早的一个。

　　如果按这两个条件改写 SQL 语句,那么应该像下面这样写。

```sql
-- 查询与过去最临近的年份营业额相同的年份
SELECT year, sale
  FROM Sales2 S1
 WHERE sale =
   (SELECT sale
      FROM Sales2 S2
     WHERE S2.year =
       (SELECT MAX(year)    -- 条件 2:在满足条件 1 的年份中,年份最早的一个
          FROM Sales2 S3
         WHERE S1.year > S3.year))   -- 条件 1:与该年份相比是过去的年份
 ORDER BY year;
```

■ 执行结果

```
year    sale
-----   ----
1992     50
1997     55
```

　　如果使用自连接,可以减少一层子查询的嵌套。

■ 查询与过去最临近的年份营业额相同的年份:同时使用自连接

```sql
SELECT S1.year AS year,
       S1.sale AS sale
  FROM Sales2 S1, Sales2 S2
 WHERE S1.sale = S2.sale
   AND S2.year = (SELECT MAX(year)
                    FROM Sales2 S3
                   WHERE S1.year > S3.year)
 ORDER BY year;
```

通过这个方法，我们可以查询每一年与过去最临近的年份之间的营业额之差。

```
-- 求每一年与过去最临近的年份之间的营业额之差 (1)：结果里不包含最早的年份
SELECT S2.year AS pre_year,
       S1.year AS now_year,
       S2.sale AS pre_sale,
       S1.sale AS now_sale,
       S1.sale - S2.sale  AS diff
  FROM Sales2 S1, Sales2 S2
 WHERE S2.year = (SELECT MAX(year)
                    FROM Sales2 S3
                   WHERE S1.year > S3.year)
 ORDER BY now_year;
```

■ 执行结果

```
pre_year  now_year  pre_sale  now_sale  diff
--------  --------  --------  --------  ----
1990          1992        50        50     0    --50 - 50  = 0
1992          1993        50        52     2    --52 - 50  = 2
1993          1994        52        55     3    --55 - 52  = 3
1994          1997        55        55     0    --55 - 55  = 0
```

从执行结果可以发现，这条 SQL 语句无法获取到最早年份 1990 年的数据。这是因为，表里没有比 1990 年更早的年份，所以在进行内连接的时候 1990 年的数据就被排除掉了。如果想让结果里出现 1990 年的数据，可以使用"自外连接"来实现。

```
-- 求每一年与过去最临近的年份之间的营业额之差 (2)：使用自外连接。结果里包含最早的年份
SELECT S2.year AS pre_year, S1.year AS now_year,
       S2.sale AS pre_sale, S1.sale AS now_sale,
       S1.sale - S2.sale AS diff
  FROM Sales2 S1 LEFT OUTER JOIN Sales2 S2
    ON S2.year = (SELECT MAX(year)
                    FROM Sales2 S3
                   WHERE S1.year > S3.year)
 ORDER BY now_year;
```

■ 执行结果

```
pre_year  now_year  pre_sale  now_sale  diff
--------  --------  --------  --------  -----
          1990                50                  --1990 年也会出现
1990      1992      50        50        0
1992      1993      50        52        2
1993      1994      52        55        3
1994      1997      55        55        0
```

　　将表 Sales2 作为主表进行外连接后，所有年份就都出现在表侧栏里了。在 1-2 节里计算位次时，我们也曾使用过这个技巧。本例同时使用了自连接、外连接以及非等值连接，是非常高超的技巧。

　　这条 SQL 语句能与过去与其（这里指某一年）最近的年份进行比较，因此即使年份有缺失也没有关系。而且，不只是数值，这条 SQL 语句还可以应用于字符类型、日期类型等具有顺序的列，通用性比较高。但是，因为使用极值函数时会发生排序，所以与上一部分中的实现方法相比，这个方法在性能方面稍微逊色（如果极值函数的参数是主键，有时也是可以使用索引的）。

　　请根据具体需求并权衡通用性和性能，选择合适的方法。

■ 移动累计值和移动平均值

　　我们把截止到某个时间点且按时间记录的数值累加而得出来的数值称为累计值。例如下面有一张银行账户存取款历史记录表 Accounts，现在我们思考一下如何求出累计值。

Accounts

prc_date（处理日期）	prc_amt（处理金额）
2006-10-26	12 000
2006-10-28	2 500
2006-10-31	-15 000
2006-11-03	34 000
2006-11-04	-5 000
2006-11-06	7 200
2006-11-11	11 000

处理金额为正数代表存钱，为负数代表取钱。然后，求截止到某个处理日期的处理金额的累计值，实际上就是求截止到那个时间点的账户余额。我们首先可以使用窗口函数来实现。

```
-- 求累计值：使用窗口函数
SELECT prc_date, prc_amt,
       SUM(prc_amt) OVER (ORDER BY prc_date) AS onhand_amt
  FROM Accounts;
```

引入窗口函数的目的原本就是解决这类问题，因此这里的代码非常简洁，而且从性能方面来看，表的扫描和数据排序也都只进行了一次。但是很遗憾，这种实现方法还是依赖于具体的数据库的。而如果使用标准SQL-92，我们可以像下面这样写 SQL 语句。

```
-- 求累计值：使用冯·诺依曼型递归集合
SELECT prc_date, A1.prc_amt,
      (SELECT SUM(prc_amt)
         FROM Accounts A2
        WHERE A1.prc_date >= A2.prc_date ) AS onhand_amt
  FROM Accounts A1
 ORDER BY prc_date;
```

■ 执行结果

```
prc_date     prc_amt   onhand_amt
----------   -------   ----------
2006-10-26    12000        12000  -- 12000
2006-10-28     2500        14500  -- 12000 + 2500
2006-10-31   -15000         -500  -- 12000 + 2500 + (-15000)
2006-11-03    34000        33500  -- 12000 + 2500 + (-15000) + 34000
2006-11-04    -5000        28500  -- 下同
2006-11-06     7200        35700  --    :
2006-11-11    11000        46700  --    :
```

这里不加说明就直接给出了答案，多少会让人觉得有点突然。但是，对于这个查询，大家不觉得似曾相识吗？其实，这是与 1-2 节里计算位次的方法属于同种类型的查询语句。这里只是将 COUNT 替换成了 SUM 而已。因此，冯·诺依曼型递归集合也是可以用来求累计值的，大家注意到了吗？

到目前为止，本节主要是复习以前学过的旧知识，从现在开始，我们就要进入正题了。刚才的例题并没有指定要求的累计值的时间区间，因此我们计算的是从最早的数据开始的累计值。接下来，我们考虑一下如何以 3 次处理为单位求累计值，即移动累计值。所谓移动，指的是将累计的数据行数固定（本例中为 3 行），一行一行地偏移，如下表所示。

■ 目标区间一行一行地偏移

prc_date（处理日期）	prc_amt（处理金额）
2006-10-26	12 000
2006-10-28	2 500
2006-10-31	-15 000
2006-11-03	34 000
2006-11-04	-5 000
2006-11-06	7 200
2006-11-11	11 000

区间 1：-500
区间 2：21 500
区间 3：14 000
区间 4：36 200
区间 5：13 200

这里的思路是，往刚才的求累计值的 SQL 语句里加上这样一个条件：A2 的处理日期与 A1 的处理日期之间的记录在 3 行以内。如果使用窗口函数，可以像下面这样通过指定 ROWS 关键字来指定数据行数。

```
-- 求移动累计值 (1)：使用窗口函数
SELECT prc_date, prc_amt,
       SUM(prc_amt) OVER (ORDER BY prc_date
                          ROWS 2 PRECEDING) AS onhand_amt
  FROM Accounts;
```

如果使用关联子查询，我们还可以像下面这样用标量子查询来计算行数。

```
-- 求移动累计值 (2)：不满 3 行的时间区间也输出
SELECT prc_date, A1.prc_amt,
      (SELECT SUM(prc_amt)
         FROM Accounts A2
        WHERE A1.prc_date >= A2.prc_date
          AND (SELECT COUNT(*)
                 FROM Accounts A3
                WHERE A3.prc_date
                  BETWEEN A2.prc_date AND A1.prc_date  ) <= 3 )
              AS mvg_sum
  FROM Accounts A1
 ORDER BY prc_date;
```

■ 执行结果

```
prc_date     prc_amt   mvg_sum
----------   -------   -------
2006-10-26    12000     12000    --12000
2006-10-28     2500     14500    --12000 + 2500
2006-10-31   -15000      -500    --12000 + 2500 + (-15000)
2006-11-03    34000     21500    --2500 + (-15000) + 34000
2006-11-04    -5000     14000    -- 下同
2006-11-06     7200     36200    --   :
2006-11-11    11000     13200    --   :
```

这条语句的要点是，A3.prc_date 在以 A2.prc_date 为起点，以 A1.prc_date 为终点的区间内移动，请思考一下。通过修改 "<= 3" 里的数字，我们可以以任意行数为单位来进行偏移，比如以 4 行或 5 行为单位。在处理前 2 行时，即使数据不满 3 行，这条 SQL 语句还是计算出了相应的累计值。其实，我们还可以将这样的情况作为无效来处理。例如，下面这种做法就是使用 HAVING 子句找出元素数刚好为 3 行的集合（仅将 "<= 3" 这个条件改为 "= 3" 是不行的，你知道为什么吗）。

```
-- 移动累计值 (3)：不满 3 行的区间按无效处理
SELECT prc_date, A1.prc_amt,
  (SELECT SUM(prc_amt)
     FROM Accounts A2
    WHERE A1.prc_date >= A2.prc_date
      AND (SELECT COUNT(*)
             FROM Accounts A3
            WHERE A3.prc_date
              BETWEEN A2.prc_date AND A1.prc_date  ) <= 3
   HAVING COUNT(*) =3) AS mvg_sum  -- 不满 3 行数据的不显示
  FROM Accounts A1
 ORDER BY prc_date;
```

■ 执行结果

```
prc_date     prc_amt   mvg_sum
----------   -------   -------
2006-10-26    12000              -- 不满 3 行数据，所以不显示
2006-10-28     2500              -- 不满 3 行数据，所以不显示
2006-10-31   -15000      -500    -- 凑够了 3 行，所以输出
2006-11-03    34000     21500
2006-11-04    -5000     14000
2006-11-06     7200     36200
2006-11-11    11000     13200
```

如果觉得这条 SQL 语句的处理过程难以理解，我们可以输出去掉聚合后的明细数据来看一下，这样应该会好理解。

```
-- 去掉聚合并输出
SELECT A1.prc_date AS A1_date,
       A2.prc_date AS A2_date,
       A2.prc_amt AS amt
  FROM Accounts A1,  Accounts A2
 WHERE A1.prc_date >= A2.prc_date
   AND (SELECT COUNT(*)
          FROM Accounts A3
         WHERE A3.prc_date BETWEEN A2.prc_date  AND A1.prc_date ) <= 3
 ORDER BY A1_date, A2_date;
```

■ 执行结果

```
A1_date     A2_date     amt
----------  ----------  -------
2006-10-26  2006-10-26   12000

2006-10-28  2006-10-26   12000
2006-10-28  2006-10-28    2500

2006-10-31  2006-10-26   12000
2006-10-31  2006-10-28    2500      ⋯S1：-500
2006-10-31  2006-10-31  -15000

2006-11-03  2006-10-28    2500
2006-11-03  2006-10-31  -15000      ⋯S2：21500
2006-11-03  2006-11-03   34000

2006-11-04  2006-10-31  -15000
2006-11-04  2006-11-03   34000      ⋯S3：14000
2006-11-04  2006-11-04   -5000

2006-11-06  2006-11-03   34000
2006-11-06  2006-11-04   -5000      ⋯S4：36200
2006-11-06  2006-11-06    7200

2006-11-11  2006-11-04   -5000
2006-11-11  2006-11-06    7200      ⋯S5：13200
2006-11-11  2006-11-11   11000
```

像上面这样展开后，我们发现，这里的思路与冯·诺依曼型递归集合一样，生成了几个集合。只不过，这些集合间的关系不是嵌套，而是存在交集，又有一点"偏移"。而且，集合 S3 刚好与所有集合都有交集。

■ 存在部分交集的集合簇

通过将这个集合簇与冯·诺依曼型同心圆式嵌套集合进行对比，我们可以明白，集合的生成方式是多种多样的，也是非常有趣的。如果自连接的关键字是"嵌套（递归）"，那么这里的关键字可以暂定为"偏移"。

还有，到目前为止，我们主要思考了累计值的求法，所以使用的是 SUM 函数。如果求移动平均值（moving average），那么将 SUM 函数改写成 AVG 函数就可以了。

查询重叠的时间区间

假设有下面这样一张表 Reservations，记录了酒店或者旅馆的预约情况。

Reservations

reserver（入住客人）	start_date（入住日期）	end_date（离店日期）
木村	2006-10-26	2006-10-27
荒木	2006-10-28	2006-10-31
堀	2006-10-31	2006-11-01
山本	2006-11-03	2006-11-04
内田	2006-11-03	2006-11-05
水谷	2006-11-06	2006-11-06

这张表里没有房间编号，请把表中数据当成是某一房间在某段期间内的预约情况。那么，正常情况下，每天只能有一组客人在该房间住宿。从表中数据可以看出，这里存在重叠的预定日期。为了让大家看得更清晰，我们把表中数据转换成了柱状图。

显然，这样会有问题，必须马上重新分配房间。我们面对的问题是如何查出住宿日期重叠的客人并列表显示。

下面，我们给重叠的住宿日期分类，可知一共有下面三种类型。

■ 日期的重叠类型

(1) 自己的入住日期在他人的住宿期间内　　自己　　他人

(2) 自己的离店日期在他人的住宿期间内　　自己　　他人

(3) 自己的入住日期和离店日期都在他人的住宿期间内　　自己　　他人

例如，在堀看来，荒木是属于类型 (1) 的；相反，在荒木看来，堀是属于类型 (2) 的。而山本的住宿期间完全在内田的住宿期间内，所以在山本看来，内田是属于类型 (3) 的。因此，我们只要找出满足这三种类型中任意一种的客人就可以了。但是，稍微考虑一下我们就会发现，其实类型 (3) 的情况忽略掉也没有问题。原因是，满足 (3) 和同时满足 (1)、(2) 是等价的。

因此，充要条件是满足类型 (1) 和类型 (2) 中至少一个条件，解答如下所示。

```
-- 求重叠的住宿期间
SELECT reserver, start_date, end_date
  FROM Reservations R1
 WHERE EXISTS
       (SELECT *
```

```
    FROM Reservations R2
   WHERE R1.reserver <> R2.reserver  -- 与自己以外的客人进行比较
    AND ( R1.start_date BETWEEN R2.start_date AND R2.end_date
              -- 条件 (1)：自己的入住日期在他人的住宿期间内
     OR R1.end_date  BETWEEN R2.start_date AND R2.end_date));
              -- 条件 (2)：自己的离店日期在他人的住宿期间内
```

■ 执行结果

reserver	start_date	end_date
荒木	2006-10-28	2006-10-31
堀	2006-10-31	2006-11-01
山本	2006-11-03	2006-11-04
内田	2006-11-03	2006-11-05

请注意，因为自己和自己在住宿期间上肯定是重叠的，所以如果没有 R1.reserver <> R2.reserver 这个条件，所有人都会出现在结果列表里。相反，如果想求"与任何住宿期间都不重叠的日期"，我们只需要把 EXISTS 谓词改写成 NOT EXISTS 谓词就可以了。

下面继续分析上面的 SQL 语句。如果山本的入住日期不是 11 月 3 号，而是推迟了一天，即 11 月 4 号，那么查询结果里将不会出现内田。这是因为，内田的入住日期和离店日期都不再与任何人重叠，于是条件 (1) 和条件 (2) 就都不满足了。换句话说，像内田这种自己的住宿期间完全包含了他人的住宿期间的情况，会被这条 SQL 语句排除掉。

如果想把这样的住宿期间也输出，我们需要追加条件。

```
-- 升级版：把完全包含别人的住宿期间的情况也输出
SELECT reserver, start_date, end_date
 FROM Reservations R1
WHERE EXISTS
      (SELECT *
        FROM Reservations R2
       WHERE R1.reserver <> R2.reserver
        AND ( (    R1.start_date BETWEEN R2.start_date
                                 AND R2.end_date
               OR R1.end_date   BETWEEN R2.start_date
                                 AND R2.end_date)
          OR (    R2.start_date BETWEEN R1.start_date
                                 AND R1.end_date
              AND R2.end_date   BETWEEN R1.start_date
                                 AND R1.end_date)));
```

这里追加的条件是把前面的条件中的 OR 改写成了 AND，R1 改写成了 R2，刚好相反。

本节小结

通过本节的例题，相信你已经明白了关联子查询是一种非常强大的运算。在这里，我们也公正地介绍一些它的缺点。第一个缺点是代码的可读性不好。可能也是因为还不太习惯使用关联子查询，所以使用了关联子查询的 SQL 语句一般都不能让人一眼就看明白。特别是在计算累计值和移动平均值的例题里，与聚合一起使用后，其内部处理过程非常难理解。第二个缺点是性能不好。特别是在 SELECT 子句里使用标量子查询时，性能可能会变差，需要注意一下。借用 Joe Celko 的话来说就是，程序员和查询优化者都很难读懂关联子查询。

无论使用什么语言和什么技术，都没有万能的银弹 ❶。我们掌握的任何一样东西，都像一把双刃剑，有着好和坏两面。关联子查询这样的具有强大威力的武器也有着与其能力相当的缺点。希望大家明白这一点，然后运用智慧合理地利用它。

下面是本节要点。

1. 作为面向集合语言，SQL 在比较多行数据时，不进行排序和循环。

2. SQL 的做法是添加比较对象数据的集合，通过关联子查询（或者自连接）一行一行地偏移处理。如果选用的数据库支持窗口函数，也可以考虑使用窗口函数。

3. 求累计值和移动平均值的基本思路是使用冯·诺依曼型递归集合。

4. 关联子查询的缺点是性能及代码可读性不好。

5. 人生中不可能所有的事情都一帆风顺。

如果大家想了解更多关于关联子查询的内容，请参考下面的资料。

1. Joe Celko，《SQL 权威指南（第 4 版）》（人民邮电出版社，2013 年）
　关于累计值的求法，请参考该书 31.6 节"累积统计"。

注 ❶
即银色子弹，在传说中，银色子弹往往被描绘成具有驱魔功效的武器，现在多被比喻为具有极端有效性的解决方法，相当于杀手锏、最强杀招、王牌等。
——编者注

注❶
裘宗燕译，机械工业出版社，
2000年。——编者注

2. Joe Celko，《SQL 编程风格》(人民邮电出版社，2008 年)

该书可以说是 Brian W. Kernighan 和 Rob Pike 的著作《程序设计实践》❶ 的
SQL 版，是一本值得细细品味的书。 6.9 节 "避免使用关联子查询" 从
代码可读性和性能的角度讲解了为什么要避免滥用关联子查询。

3. Joe Celko，《SQL 解惑（第 2 版)》(人民邮电出版社，2008 年)

关于累计值的计算，请参考 "谜题 35 库存调整"；关于移动平均值的求
法，请参考 "谜题 37 移动平均数"；关于查询重叠的时间区间，请参考 "谜
题 6 预约旅馆房间" 和 "谜题 47 连号的座位"。

4. 明智重藏——求移动平均值

（http://oraclesqlpuzzle.hp.infoseek.co.jp/8-5.html）

文中分别介绍了使用窗口函数和关联子查询求移动平均值的方法。其中，
使用关联子查询的实现方法用到了 BETWEEN 谓词，非常简洁。

练习题

●练习题 1–6–1 : 简化多行数据的比较

在 "用列表展示与上一年的比较结果" 部分，我们比较了企业每年的
营业额与上一年相比是否增加。其实，第一条 SQL 的性能还有改善的余地。
在三个 WHEN 子句里，同样的子查询执行了三次，有点多余，所以请把它
们整合在一个 WHEN 子句里。

●练习题 1–6–2 : 使用 OVERLAPS 查询重叠的时间区间

很多人都不知道，SQL-92 提供了 OVERLAPS 谓词（Oracle 和 PostgreSQL
已支持），目的正是用来查询重叠的时间区间。这个谓词的用法如下所示。

（开始日期 1, 结束日期 1）OVERLAPS（开始日期 2, 结束日期 2）

请使用这个函数改写 "查询重叠的时间区间" 部分里的 SQL（P.108），
并对比一下执行结果。正文中使用的是 BETWEEN，而这里是 OVERLAPS，
这两种方法的执行结果稍微有点不同。理解其区别在哪儿就是这道练习题
的目的。

●练习题 1-6-3：SUM 函数可以计算出累计值，那么 MAX、MIN、AVG 可以计算出什么？

"移动累计值和移动平均值"部分介绍了求累计值的 SQL 语句。如果把 SQL 语句里的 SUM 函数改成 MAX 函数，结果会怎样呢？结果值的意义又是什么呢？

```sql
-- 窗口函数版
SELECT prc_date, prc_amt,
       MAX(prc_amt) OVER (ORDER BY prc_date) AS onhand_max
  FROM Accounts;

-- 关联子查询版版
SELECT prc_date, A1.prc_amt,
      (SELECT MAX(prc_amt)
         FROM Accounts A2
        WHERE A1.prc_date >= A2.prc_date ) AS onhand_max
  FROM Accounts A1
 ORDER BY prc_date;
```

■ 执行结果

```
prc_date      prc_amt    onhand_max
----------    -------    -----------
2006-10-26     12000
2006-10-28      2500
2006-10-31    -15000
2006-11-03     34000        这里的值
2006-11-04     -5000         是？
2006-11-06      7200
2006-11-11     11000
```

用 MAX 函数计算之后，也请再用 MIN 函数和 AVG 函数计算一下。实际执行之前，请先思考一下，然后再确认执行结果与设想是否一样。

1-7 用 SQL 进行集合运算

▶ SQL 和集合论

SQL 语言的基础之一是集合论。但是，很长一段时间内，由于 SQL 没能很好地支持集合运算，所以相关功能并没有被人们充分地利用。过去这些年，SQL 凑齐了大部分基础的集合运算，人们终于可以真正地使用它了。本节，我们将学习一些使用了集合运算的技术，并深入思考一下它们背后的思想。

写在前面

集合论是 SQL 语言的根基——这是贯穿全书的主题之一。因为它的这个特性，SQL 也被称为面向集合语言。笔者认为，只有从集合的角度来思考，才能明白 SQL 的强大威力。但是，实际上这一点长期以来都被很多人忽略了。

造成这种状况，SQL 本身也是要负一定责任的。其实，在很长一段时间内，SQL 连我们在高中学习过的基础的集合运算符都没有。UNION 是 SQL-86 标准开始加入的，还算比较早，而 INTERSECT 和 EXCEPT 都是 SQL-92 标准才加入的。至于关系除法运算（DIVIDE BY），更是至今还没有被标准化，这个前面也提到过。有人以此来批评 SQL 作为一种语言来说并不完整。这种看法也不是没有道理的。

但是，今天的标准 SQL 已经包含了大部分基础的集合运算符，各大数据库提供商也紧随其后给出了相关功能的实现，人们终于可以真正地使用它了。本节将介绍一些使用了集合运算的好用的 SQL，解释一下它们的思路，并从不同角度来深入了解 SQL 的本质。

导入篇：集合运算的几个注意事项

顾名思义，集合运算符的参数是集合，从数据库实现层面上来说就是表或者视图。因为和高中学过的集合代数很像，所以理解起来相对比较容易。但是，SQL 还是有几个特别的地方需要注意一下。

注意事项 1：SQL 能操作具有重复行的集合，可以通过可选项 ALL 来支持

一般的集合论是不允许集合里存在重复元素的，因此集合 {1, 1, 2, 3, 3, 3} 和集合 {1, 2, 3} 被视为相同的集合。但是关系数据库里的表允许存在重复的行，称为多重集合（multiset, bag）。

因此，SQL 的集合运算符也提供了允许重复和不允许重复的两种用法。如果直接使用 UNION 或 INTERSECT，结果里就不会出现重复的行。如果想在结果里留下重复行，可以加上可选项 ALL，写作 UNION ALL。ALL 的作用和 SELECT 子句里的 DISTINCT 可选项刚好相反。但是，不知道为什么，SQL 并不支持 UNION DISTINCT 这样的写法。

除了运算结果以外，这两种用法还有一个不同。集合运算符为了排除掉重复行，默认地会发生排序，而加上可选项 ALL 之后，就不会再排序，所以性能会有提升。这是非常有效的用于优化查询性能的方法，所以如果不关心结果是否存在重复行，或者确定结果里不会产生重复行，加上可选项 ALL 会更好些。

注意事项 2：集合运算符有优先级

标准 SQL 规定，INTERSECT 比 UNION 和 EXCEPT 优先级更高。因此，当同时使用 UNION 和 INTERSECT，又想让 UNION 优先执行时，必须用括号明确地指定运算顺序（本节最后有一道练习题是关于这个知识点的，可以练习一下）。

注意事项 3：各个 DBMS 提供商在集合运算的实现程度上参差不齐

前面说过，早期的 SQL 对集合运算的支持程度不是很高。受到这一点影响，各个数据库提供商的实现程度也参差不齐。SQL Server 从 2005 版开始支持 INTERSECT 和 EXCEPT，而 MySQL 还都不支持（包含在"中长期计划"里）。还有像 Oracle 这样，实现了 EXCEPT 功能但却命名为 MINUS 的数据库。这一点比较麻烦，因为 Oracle 用户需要在使用时将 EXCEPT 全部改写成 MINUS。

注意事项 4：除法运算没有标准定义

四则运算里的和（UNION）、差（EXCEPT）、积（CROSS JOIN）都被引

入了标准 SQL。但是很遗憾，商（DIVIDE BY）因为各种原因迟迟没能标准化（具体原因请参考 1-4 节里的解释）。因此，现阶段我们需要自己写 SQL 语句来实现除法运算。

■ 比较表和表：检查集合相等性之基础篇

接下来，我们来看看集合运算的实际应用。

在迁移数据库的时候，或者需要比较备份数据和最新数据的时候，我们需要调查两张表是否是相等的。这里说的"相等"指的是行数和列数以及内容都相同，即"是同一个集合"的意思。例如，下面的表 tbl_A 和 tbl_B，虽然名称不同，但是是同一个集合。

■ 名字不同但内容相同的两张表

tbl_A

key	col_1	col_2	col_3
A	2	3	4
B	0	7	9
C	5	1	6

tbl_B

key	col_1	col_2	col_3
A	2	3	4
B	0	7	9
C	5	1	6

有没有什么办法能让我们像比较文件一样来比较两张表是相等还是不相等呢？如果像上面这两张表一样，只有几行数据，那么用眼睛就能看清楚。但是，如果是几百列或者几千万行，就不可能用眼睛看清楚了。

此时做法有两种。我们先看一个简单的，只用 UNION 就能实现的方法。这里先假设已经事先确认了表 tbl_A 和表 tbl_B 的行数是一样的（如果行数不一样，那就不需要比较其他的了）。

这两张表的行数都是 3。如果下面这条 SQL 语句的执行结果是 3，则说明两张表是相等的。相反，如果结果大于 3，则说明两张表不相等。

■ 如果这个查询的结果与 tbl_A 及 tbl_B 的行数一致，则两张表是相等的

```
SELECT COUNT(*) AS row_cnt
  FROM ( SELECT *
           FROM tbl_A
         UNION
         SELECT *
           FROM tbl_B ) TMP;
```

■ 执行结果

```
row_cnt
-------
      3
```

这种做法的原理是什么呢？请回忆一下"导入篇"里的注意事项 1。如果集合运算符里不加上可选项 ALL，那么重复行就会被排除掉。因此，如果表 tbl_A 和表 tbl_B 是相等的，**排除掉重复行后，两个集合是完全重合的。**

如果像下面这样，两张表有一行数据不一样，结果就会变成 4。这是因为，如果某一行数据不同，那么排除掉重复行后这一行也还会存在，两张表没办法完全重合。

■ key 列为 B 的一行数据不同：结果会变为 4

tbl_A

key	col_1	col_2	col_3
A	2	3	4
B	0	7	9
C	5	1	6

tbl_B

key	col_1	col_2	col_3
A	2	3	4
B	0	7	8
C	5	1	6

前面的 SQL 语句可以用于包含 NULL 数据的表，而且不需要指定列数、列名和数据类型等就能使用，还是很方便的。此外，因为这条 SQL 语句只使用了 UNION，所以在 MySQL 数据库里也可以使用。当然，我们也可以只比较表里的一部分列或者一部分行。只需要指定一下想要比较的列的名称，或者在 WHERE 子句里加入过滤条件就可以比较了。

从上面的例题看出，对于任意的表 S，都有下面的公式成立。

$$S \ \text{UNION} \ S = S$$

这是 UNION 的一个非常重要的性质，在数学上我们称之为幂等性（idempotency）。幂等性原本是抽象代数里群论等理论中的概念，有多种意思，与本节内容在意思上相近的一种是"二目运算符 * 对任意 S，都有 S * S = S 成立"。如果按这个意思理解，UNION 运算是幂等的。

在编程领域，一般把这个意思扩展成"同一个程序无论执行多少次结果都是一样的"来使用 ❶。举一个常见的例子，C 语言头文件的设计就是满足幂等性的。同一个文件无论被引用多少次，都与只引用一次的效果相同。同理，HTTP 的 GET 方法也是幂等的。同样的请求无论进行多少次，都是安全的。幂等性在用户界面设计方面有非常重要的作用。例如，保证按钮无论被点击多次，都与被点击一次时的效果完全相同——这是我们在设计交互界面时对于安全方面的基本要求。

对于集合运算里的 UNION，如果将 S UNION S 看作一个执行单元，那么因为无论执行多少次结果都是相同的，所以 S UNION S 也是幂等的。由此，我们可以把它用在比较三张以上的表是否相等。

■ 同一个集合无论加多少次结果都相同

$$S \ \text{UNION} \ S \ \text{UNION} \ S \ \text{UNION} \ S \ \cdots\cdots \ \text{UNION} \ S = S$$

有一点需要注意的是，如果改成对 S 执行多次 UNION ALL 操作，那么每次结果都会有变化，所以说 UNION ALL 不具有幂等性。类似地，如果对拥有重复行的表进行 UNION 操作，也会失去幂等性。换句话说，UNION 的这个优雅而强大的幂等性只适用于数学意义上的集合，对 SQL 中有重复数据的多重集合是不适用的。由此，我们应该明白主键对表来说是多么地重要。

在开始继续学习之前，这里先提一个问题：除了 UNION 以外，还有哪个集合运算符具有幂等性？下面我们将会使用它。

注❶

从这个意义上来讲，如果把软件的安装和卸载看成一个整体的运算，那么它也是幂等的。这是因为，卸载后，系统环境会回到安装之前的状态。如果将这个运算记作 IU，将系统环境记作 E，那么相当于 IU(E) = E。当然，无论执行多少次结果都是不变的，所以 IU(IU(IU(E))) = E。

比较表和表：检查集合相等性之进阶篇

在前面的解法中，在比较两张表之前，我们需要先要查一下两张表里数据的行数。虽然这点准备工作也不算麻烦，但我们还是改进一下这条SQL 语句，让它能直接比较两张表吧。这里还使用表 tbl_A 和表 tbl_B 来演示。

在集合论里，判定两个集合是否相等时，一般使用下面两种方法。

1. $(A \subset B)$ 且 $(A \supset B) \Leftrightarrow (A = B)$
2. $(A \cup B) = (A \cap B) \Leftrightarrow (A = B)$

第一种方法利用两个集合的包含关系来判定其相等性，意思是 "如果集合 A 包含集合 B，且集合 B 包含集合 A，则集合 A 和集合 B 相等"。这个办法可行，只是有点麻烦（这种方法在稍后的例题中有涉及）。

第二种方法利用两个集合的并集和交集来判定其相等性。如果用 SQL 语言描述，那就是 "如果 A UNION B = A INTERSECT B，则集合 A 和集合 B 相等"。这种方法写起来更简单。

如果集合 A 和集合 B 相等，那么 A UNION B = A = B 以及 A INTERSECT B = A = B 都是成立的。没错，除了 UNION 之外，另一个具有幂等性的运算符就是 INTERSECT。

相反，如果 A ≠ B，UNION 和 INTERSECT 的结果就不相同了。**UNION 的运算结果行数肯定会变多**。下面的图描述了两个不相同的集合 A 和 B 之间的差异逐渐变小、相互接近的动画，请大家想象一下这个过程，这样应该更好理解 UNION 和 INTERSECT 的区别。

如果A = B，刚好完全重合

A UNION B   A INTERSECT B

剩下的问题是，对 A 和 B 分别进行 UNION 运算和 INTERSECT 运算后，如何比较这两个结果。目前我们已经明白了下面这一点。

$$(\text{A INTERSECT B}) \subseteq (\text{A UNION B})$$

因此，只需要判定 (A UNION B) EXCEPT (A INTERSECT B) 的结果集是不是空集就可以了。如果 A = B，则这个结果集是空集，否则，这个结果集里肯定有数据。

```sql
-- 两张表相等时返回"相等"，否则返回"不相等"
SELECT CASE WHEN COUNT(*) = 0
            THEN '相等'
            ELSE '不相等' END AS result
  FROM ((SELECT * FROM  tbl_A
         UNION
         SELECT * FROM  tbl_B)
         EXCEPT
        (SELECT * FROM  tbl_A
         INTERSECT
         SELECT * FROM  tbl_B)) TMP;
```

这条 SQL 语句与上一部分中的 SQL 语句具有同样的优点，也不需要知道列名和列数，还可以用于包含 NULL 的表，而且，这个改进版连事先查询两张表的行数这种准备工作也不需要了。但是，虽然功能改进了，却也带来了一些缺陷。由于这里需要进行 4 次排序（3 次集合运算加上 1 次 DISTINCT），所以性能会有所下降（不过这条 SQL 语句也不需要频繁执行，所以这点缺陷也不是不能容忍）。此外，因为这里使用了 INTERSECT 和 EXCEPT，所以目前这条 SQL 语句不能在 MySQL 里执行。请综合考虑一下两者的优势和缺陷，选择使用这条或者前一部分里的 SQL 语句。

那么，既然我们知道了两张表的数据有差异，接下来就把不同的行输出来看一看吧。diff 命令是用来比较文件的，而这里的 SQL 语句就相当于 diff，只不过是用来比较表的。我们只需要求出两个集合的异或集就可以了，代码如下所示。

```sql
-- 用于比较表与表的 diff
(SELECT * FROM  tbl_A
 EXCEPT
 SELECT * FROM  tbl_B)
UNION ALL
(SELECT * FROM  tbl_B
 EXCEPT
 SELECT * FROM  tbl_A);
```

■ 执行结果

```
key   col_1   col_2   col_3
---   -----   -----   -----
B       0       7       9
B       0       7       8
```

因为 A－B 和 B－A 之间不可能有交集，所以合并这两个结果时使用 UNION ALL 也没有关系。在 A 和 B 一方包含另一方时，这条 SQL 语句也是成立的（这时 A－B 或者 B－A 有一个会是空集）。需要注意的是，在 SQL 中，括号决定了运算的先后顺序，非常重要，如果去掉括号，结果就会不正确。

用差集实现关系除法运算

在本节开头的"导入篇"里我们说过，SQL 里还没有能直接进行关系除法运算的运算符。因此，为了进行除法运算，必须自己实现。方法比较多，其中具有代表性的是下面这三个。

1. 嵌套使用 NOT EXISTS。
2. 使用 HAVING 子句转换成一对一关系。
3. 把除法变成减法。

本节将介绍一下第三种方法。

集合论里的减法指的是差集运算。1-5 节在介绍用外连接求差集的方法时候留了一个问题，解法就是上面的方法 3，现在我们来解答一下。

关于示例数据，我们选用的是下面这两张员工技术信息管理表。

Skills

skill（技术）
Oracle
UNIX
Java

EmpSkills

emp（员工）	skill（技术）
相田	Oracle
相田	UNIX
相田	Java
相田	C#
神崎	Oracle
神崎	UNIX
神崎	Java
平井	UNIX
平井	Oracle
平井	PHP
平井	Perl
平井	C++
若田部	Perl
渡来	Oracle

这里的问题是，从表 EmpSkills 中找出精通表 Skills 中所有技术的员工。也就是说，答案是相田和神崎。平井很可惜，会的技术很多，但是不会 Java，所以落选了。

我们即将学习的方法的思路跟面向过程语言非常像，所以可能比使用 HAVING 子句的方法更好理解一些。那么我们先看一下答案吧。

```
-- 用求差集的方法进行关系除法运算（有余数）
SELECT DISTINCT emp
  FROM EmpSkills ES1
 WHERE NOT EXISTS
        (SELECT skill
           FROM Skills
         EXCEPT
         SELECT skill
           FROM EmpSkills ES2
          WHERE ES1.emp = ES2.emp);
```

■ 执行结果

```
emp
---
相田
神崎
```

理解这段代码的要点在于 EXCEPT 运算符和关联子查询。关联子查询建立在表 EmpSkills 上，这是因为，我们要针对每个员工进行集合运算。即从需求的技术的集合中减去每个员工自己的技术的集合，如果结果是空集，则说明该员工具备所有的需求的技术，否则说明该员工不具备某些需求的技术。

例如，我们先看一下相田。可以看到，集合运算的结果是空集，所以符号条件。

需求的技术　　　　**相田具备的技术**

| Oracle |
| UNIX |
| Java |

−

| Oracle |
| UNIX |
| Java |
| C# |

=　　φ　　空集！

下面再看一下平井的情况。

需求的技术　　　　**平井具备的技术**　　　　剩下一行

| Oracle |
| UNIX |
| Java |

−

| UNIX |
| Oracle |
| PHP |
| Perl |
| C++ |

=

| Java |

结果里剩下了 Java 这一行，所以平井不符合条件。也就是说，这里的解题思路是先把处理的单位分割成了以员工为单位，然后将除法运算还原成了更加简单的减法运算。这个解法与"将困难分解"[1] 这句格言的思想一致，还是很巧妙的。

下面再看一下解题过程吧。有没有想到些什么呢？没错，其实这条 SQL 语句的处理方法与面向过程语言里的循环、中断控制处理很像。请试着想象一下把这两张表当成是两个文件，然后一行一行循环处理的过程。针对某一个员工循环判断各种技术的掌握情况，如果存在企业需求的技术，就进行减法运算；如果不存在就终止该员工的循环，继续对下一个员工执行同样的处理。

注❶

其实在设计之初，SQL 就有意摆脱循环、赋值等面向过程的方法。关于这一点，大家可以参考 2-6 节。

众所周知，关联子查询是为了使 SQL 能够实现类似面向过程语言中循环的功能而引入的 ❶。前面之所以说可能这种解法相对更好理解，也是这个原因。

"原来如此。本来是除法（division），但这里将问题分割（divide）了一下，用减法来解答了啊。"

好了，这一节就到这里。下面我们学习其他内容。

寻找相等的子集

下面这个谜题是由 C.J. Date 于 1993 年提出的，一直非常有名。这里也沿用他当时使用的表示"供应商 – 零件"关系的表作为示例数据，即展示各个供应商及其经营的零件的表 ❷。

注❷

当然，这里也存在"供应商"和"零件"两张表。这里的表SupParts 是一张关系表。关于这张表的更多信息，请参考 C.J.Date 的著作《深度探索关系数据库：实践者的关系理论》。

SupParts

sup（供应商）	part（零件）
A	螺丝
A	螺母
A	管子
B	螺丝
B	管子
C	螺丝
C	螺母
C	管子
D	螺丝
D	管子
E	保险丝
E	螺母
E	管子
F	保险丝

A = C

B = D

我们需要求的是，经营的零件在种类数和种类上都完全相同的供应商组合。由上面的表格我们可以看出，答案是 A-C 和 B-D 这两组。A 和 E 虽然经营的零件种类数都是 3，但是零件的种类却不完全相同，所以不符合要求。F 则在种类数和种类上跟其他供应商都不相同，所以也不考虑。

这个问题看起来很简单，为什么会成为谜题呢？原因是，SQL 并没有提供任何用于检查集合的包含关系或者相等性的谓词。IN 谓词只能用来检查元素是否属于某个集合（∈），而不能检查集合是否是某个集合的子集（⊂）。据说，IBM 过去研制的第一个关系数据库实验系统——System R 曾经实现了用 CONTAINS 这一谓词来检查集合间的包含关系，但是后来因为性能原因被删除掉了，直到现在也没有恢复。所以，我们不妨称它为"传说中的谓词"。

这个问题的特点在于比较的对象是集合。这一点与前面的关系除法运算很相似。但是，在关系除法运算中，比较对象的一方是固定的（例如前面例题里的表 Skills），而这次比较的双方都不固定。这时，我们需要比较所有子集的全部组合，所以这个问题更具有普遍性。

首先，我们来生成供应商的全部组合。方法是我们已经非常习惯了的非等值连接。使用聚合只是为了去除重复。

```
-- 生成供应商的全部组合
SELECT SP1.sup AS s1, SP2.sup AS s2
  FROM SupParts SP1, SupParts SP2
 WHERE SP1.sup < SP2.sup
 GROUP BY SP1.sup, SP2.sup;
```

■ 执行结果

```
s1   s2
---- ----
A    B
A    C
A    D
  :
  :
  :
D    E
E    F
```

接下来，我们检查一下这些供应组合是否满足以下公式：（A ⊆ B）且（A ⊇ B）=>（A = B）。这个公式等价于下面两个条件。

- 条件 1：两个供应商都经营同种类型的零件
- 条件 2：两个供应商经营的零件种类数相同（即存在一一映射）

条件 1 只需要简单地按照"零件"列进行连接，而条件 2 需要用
COUNT 函数来描述。

```
SELECT SP1.sup AS s1, SP2.sup AS s2
  FROM SupParts SP1, SupParts SP2
 WHERE SP1.sup < SP2.sup              -- 生成供应商的全部组合
   AND SP1.part = SP2.part            -- 条件 1：经营同种类型的零件
 GROUP BY SP1.sup, SP2.sup
HAVING COUNT(*) = (SELECT COUNT(*)    -- 条件 2：经营的零件种类数相同
                     FROM SupParts SP3
                    WHERE SP3.sup = SP1.sup)
   AND COUNT(*) = (SELECT COUNT(*)
                     FROM SupParts SP4
                    WHERE SP4.sup = SP2.sup);
```

■ 执行结果

```
s1    s2
----  ----
A     C
B     D
```

如果我们把 HAVING 子句里的两个条件当成精确关系除法运算，就
会很好理解。加上这两个条件后，我们就能保证集合 A 和集合 B 的元
素个数一致，不会出现不足或者过剩（即存在一一映射）。而且，条件 1
又保证了经营的零件类型也都是完全相同的。这样就满足了本题的全部
条件。

对于这个谜题，人们提出了各种各样的解法。本例介绍的方法对关系
除法运算进行了一般化，充分运用了 SQL 的面向集合的特性，是一种比
较巧妙的解法。这种解法告诉我们，SQL 在比较两个集合时，并不是以行
为单位来比较的，而是把集合当作整体来处理的。

最后稍微说点题外话。刚才我们把 CONTAINS 谓词称作了传说中的谓
词，但是如果它可以使用，我们就可以像下面这样写 [1]。

注[1]
关于 CONTAINS 谓词的语法，请
参考 Joe Celko 的著作 Joe Celko's
SQL for Smarties: Advanced SQL
Programming, Third Edition 中的
"27.3 The CONTAINS Operators"。

```
SELECT 'A CONTAINS B'
  FROM SupParts
 WHERE (SELECT part
          FROM SupParts
         WHERE  sup = 'A')
          CONTAINS
```

```
(SELECT part
    FROM SupParts
   WHERE  sup = 'B')
```

这里解释一下，A ⊃ B 即"供应商 B 经营的所有商品供应商 A 也都经营"。如果存在这样的供应商组合，则返回 A CONTAINS B 这个字符串。怎么样，如果真的能用，是不是很方便呢？现在或许能解决性能的问题了，所以或许不久以后这个功能就可以复活了呢。

用于删除重复行的高效 SQL

最后，我们通过关于"删除重复行"的例题来练习一下如何应用集合运算。关于这个问题，在 1-2 节我们也曾练习过。我们再看一下当时用过的没有主键的恐怖的表。

name（商品名）	price（价格）
苹果	50
橘子	100
橘子	100
橘子	100
香蕉	80

重复！

删除重复行

name（商品名）	price（价格）
苹果	50
橘子	100
香蕉	80

当时介绍的解法是使用关联子查询，代码非常简单。

```
-- 删除重复行：使用关联子查询
DELETE FROM Products
 WHERE rowid < ( SELECT MAX(P2.rowid)
                   FROM Products P2
                  WHERE Products.name  = P2. name
                    AND Products.price = P2.price ) ;
```

这种做法不算太差，只是关联子查询的性能问题是难点（光是 DELETE 处理就比较耗时了）。因此，这里我们思考一下如何不用关联子查询也能实现同样的功能。

上面这条语句的思路是，按照"商品名，价格"的组合汇总后，求出每个组合的最大 rowid，然后把其余的行都删除掉。直接求删除哪些行比较困难，所以这里先求出了要留下的行，然后将它们从全部组合中提取出来除掉，把剩下的删除——这就是补集的思想。使用关联子查询的这种方法是以"商品名，价格"组合为单位来处理的（面向过程语言的循环、中断控制）。接下来，我们在子查询里直接求出要删除的 rowid。

我们假设表中加上了"rowid"列，如下所示。

rowid（行 ID）	name（商品名）	price（价格）
1	苹果	50
2	橘子	100
3	橘子	100
4	橘子	100
5	香蕉	80

"使用极值函数让每组只留下一个 rowid"这一点与之前的做法一样。不同的是，这次我们需要把要留下的集合从表 Products 这个集合中减掉。SQL 语句如下所示。

```
-- 用于删除重复行的高效 SQL 语句 (1)：通过 EXCEPT 求补集
DELETE FROM Products
 WHERE rowid IN ( SELECT rowid            -- 全部 rowid
                    FROM Products
                  EXCEPT                   -- 减去
                  SELECT MAX(rowid)        -- 要留下的 rowid
                    FROM Products
                  GROUP BY name, price) ;
```

非相关的子查询返回结果是常数列表"2，3"。其中，使用 EXCEPT 求补集的逻辑如下面的图表所示。

全部 rowid		要留下的 rowid		要删除的 rowid
1		1		2
2	−	4	=	3
3		5		
4				
5				

使用 EXCEPT 后，我们就可以轻松求得补集。这个方法想必大家已经非常明白了。此外，把 EXCEPT 改写成 NOT IN 也是可以实现的。代码如下所示。

```
-- 删除重复行的高效 SQL 语句 (2)：通过 NOT IN 求补集
DELETE FROM Products
 WHERE rowid NOT IN ( SELECT MAX(rowid)
                        FROM Products
                      GROUP BY name, price);
```

这两种方法的性能优劣主要取决于表的规模，以及删除的行数与留下的行数之间的比率。不过，第二种方法有一个优点，那就是不支持 EXCEPT 的数据库也可以使用。

像这样实现了行 ID 的数据库只有 Oracle 和 PostgreSQL。PostgreSQL 里的相应名字是 oid，如果要使用，需要事先在 CREATE TABLE 的时候指定可选项 WITH OIDS。如果其他数据库想要使用这些 SQL，则需要在表中创建类似的具有唯一性的 "id" 列。

本节小结

本节，我们学习了集合运算的使用方法。本节开头的序文里说过，关于集合运算，SQL 的标准化进行得比较缓慢，所以尽管集合运算可以用来解决很多问题，但是很多人并不知道。除了本节提到的内容以外，大家可以再思考一些有趣的 SQL。

下面是是本节要点。

1. 在集合运算方面，SQL 的标准化进行得比较缓慢，直到现在也是实现状况因数据库不同而参差不齐，因此使用的时候需要注意。

2. 如果集合运算符不指定 ALL 可选项，重复行会被排除掉，而且，这种情况下还会发生排序，所以性能方面不够好。

3. UNION 和 INTERSECT 都具有幂等性这一重要性质，而 EXCEPT 不具有幂等性。

4. 标准 SQL 没有关系除法的运算符，需要自己实现。

5. 判断两个集合是否相等时，可以通过幂等性或一一映射两种方法。

6. 使用 EXCEPT 可以很简单地求得补集。

如果大家想了解更多关于关联子查询的内容，请参考下面的资料。

1. Joe Celko，《SQL 权威指南（第 4 版）》（人民邮电出版社，2013 年）

关于排除重复行，请参考 15.1.14 节 "在相同表内进行删除"；关于使用差集运算进行关系除法运算，请参考 27.2.6 节 "用集合操作符进行除法"。需要注意的是，Joe Celko 在判断集合是否为空集时使用了 IS NULL，但按照目前大多数数据库的实现状况来说，当子查询返回多个值时程序会出错。根据标准 SQL，IS NULL 的参数允许是多个值的列表，因此该书里的写法不算错，但是目前大多数数据库都还没有实现这个功能。

2. Joe Celko，《SQL 解惑（第 2 版）》（人民邮电出版社，2008 年）

关于寻找相等的集合，请参考 "谜题 27 找出相等集合"。正文中提到的 System R 的故事也请参考这一章。

3. C.J. Date，*Relational Database Writings 1991-1994*（Addison–Wesley，1995 年）

Expression Transformation（Part 1 of 2）讲解了 UNION 和 INTERSECT 拥有幂等性是多么地重要。还有，前面提到的关于 "寻找相等的集合" 的谜题出自该书 A Matter of Intergrity（Part 2 of 3）部分。

练习题

●练习题 1-7-1：改进"只使用 UNION 的比较"

在"比较表和表：检查集合相等性之基础篇"部分，我们学习了只使用了 UNION 的 SQL 语句。当时我们提到，在使用这条 SQL 语句之前需要事先查一下两张表的行数是否相等。实际上，我们稍微修改一下，就可以不需要判断行数也能直接执行。请考虑一下该如何修改。

●练习题 1-7-2：精确关系除法运算

在"用差集实现关系除法运算"部分，我们学习了将除法还原成减法来运算的方法。请将这条 SQL 语句修改一下，实现"精确关系除法运算"（还记得"精确关系除法运算"的定义吗?）不过，这回我们要选择的是刚好拥有全部技术的员工，结果只有神崎一人。

1-8 EXISTS 谓词的用法

▶ **SQL 中的谓词逻辑**

支撑 SQL 的基础理论有两个：一个是我们之前花大篇幅介绍过的集合论，另一个是作为现代逻辑学标准的谓词逻辑。本节主要介绍谓词逻辑，尤其是用于在 SQL 中表示量化的重要谓词 **EXISTS** 的特性，这里将通过介绍它的一些用途来加深我们对 SQL 的理解。

写在前面

支撑 SQL 和关系数据库的基础理论主要有两个：一个是数学领域的集合论，另一个是作为现代逻辑学标准体系的谓词逻辑（predicate logic），准确地说是"一阶谓词逻辑"。本书到目前为止着重介绍了 SQL 中与集合论相关的内容。本节换个角度，介绍一下另一个重要内容——谓词逻辑。

本节将重点介绍 EXISTS 谓词。EXISTS 不仅可以将多行数据作为整体来表达高级的条件，而且使用关联子查询时性能仍然非常好，这对 SQL 来说是不可或缺的功能。但是引入这个谓词的目的是什么，它的机制又是什么，很多人都不太了解。

先说一下结论，EXISTS 是为了实现谓词逻辑中"量化"（quantification）这一强大功能而被引入 SQL 的。如果能理解这个概念并且能灵活运用 EXISTS 谓词，数据库工程师的能力会提升许多。

本节前半部分将简单介绍一下与谓词逻辑和 EXISTS 相关的理论知识，后半部分则介绍一下实际的应用。如果觉得边看例题边理解更容易，也可以从后半部分开始阅读，根据需要适当地参考前半部分的内容。

理论篇

什么是谓词

SQL 的保留字中，有很多都被归为谓词一类。例如，"=、<、>"等比较谓词，以及 BETWEEN、LIKE、IN、IS NULL 等。在写 SQL 语句时我们几乎离不开这些谓词，那么到底什么是谓词呢？几乎每天都在用，但是突然被问起来时却答不上来的人应该不少吧。当然，我们说的谓词和主语 / 谓语中的谓语，以及英语中的动词是不一样的。

在前面几节，我们多次用到了谓词这个说法，现在给出它的定义。用一句话来说，谓词就是函数。当然，谓词与 SUM 或 AVG 这样的函数并不一样，否则就无需再分出谓词这一类，而是统一都叫作函数了。

实际上，谓词是一种特殊的函数，返回值是真值。前面提到的每个谓词，返回值都是 **true**、**false** 或者 **unknown**（一般的谓词逻辑里没有 **unknown**，但是 SQL 采用的是三值逻辑，因此具有三种真值）。

谓词逻辑提供谓词是为了判断命题（可以理解成陈述句）的真假。例如，我们假设存在 "x 是男的" 这样的谓词，那么我们只要指定 x 为 "小明" 或者 "小红"，就能判断命题 "小明是男的" "小红是男的" 是真命题还是假命题。在谓词逻辑出现之前，命题逻辑中并没有像这样能够深入调查命题内部的工具。谓词逻辑的出现具有划时代的意义，原因就在于为命题分析提供了函数式的方法。

在关系数据库里，表中的一行数据可以看作是一个命题。

Tbl_A

name(姓名)	sex（性别）	age(年龄)
田中	男	28
铃木	女	21
山田	男	32

例如，这张表里第一行数据就可以认为表示这样一个命题：田中性别是男，而且年龄是 28 岁。表常常被认为是行的集合，但从谓词逻辑的观点看，也可以认为是命题的集合（＝陈述句的集合）。C.J. Date 曾经这样调侃过：数据库这种叫法有点名不副实，它存储的与其说是数据，还不如说是命题 ❶。

同样，我们平时使用的 WHERE 子句，其实也可以看成是由多个谓词组合而成的新谓词。只有能让 WHERE 子句的返回值为真的命题，才能从表（命题的集合）中查询到。

实体的阶层

同样是谓词，但是与 =、BETWEEN 等相比，EXISTS 的用法还是大不相同的。概括来说，区别在于"谓词的参数可以取什么值"。

"x = y"或"x BETWEEN y"等谓词可以取的参数是像"13"或者"本田"这样的单一值，我们称之为标量值。而 EXISTS 可以取的参数究竟是什么呢？从下面这条 SQL 语句来看，EXISTS 的参数不像是单一值。

```
SELECT id
  FROM Foo F
 WHERE EXISTS
        (SELECT *
           FROM Bar B
          WHERE F.id=B.id );
```

不过，看不出来也不用苦恼。因为如果有人问 SUM() 函数的参数是什么，我们只要看一下括号里的内容就知道了。同样地，看一下 EXISTS() 的括号中的内容，我们就能知道它的参数是什么。现在再看上面的 SQL 语句，就能知道它的参数是下面这样一条 SELECT 子句。

```
SELECT *
  FROM Bar B
 WHERE A.id = T2.id
```

换言之，参数是行数据的集合。之所以这么说，是因为无论子查询中选择什么样的列，对于 EXISTS 来说都是一样的。在 EXISTS 的子查询里，SELECT 子句的列表可以有下面这三种写法。

1. 通配符：SELECT *
2. 常量：SELECT '这里的内容任意'
3. 列名：SELECT col

但是，不管采用上面这三种写法中的哪一种，得到的结果都是一样的。

EXISTS以外的谓词的输入值是一行数据

EXISTS的输入值是行数据的集合

从上面的图表我们可以知道，EXISTS 的特殊性在于输入值的阶数（输出值和其他谓词一样，都是真值）。谓词逻辑中，根据输入值的阶数对谓词进行分类。= 或者 BETWEEEN 等输入值为一行的谓词叫作"一阶谓词"，而像 EXISTS 这样输入值为行的集合的谓词叫作"二阶谓词"。阶（order）是用来区分集合或谓词的阶数的概念。

三阶谓词 = 输入值为"集合的集合"的谓词
四阶谓词 = 输入值为"集合的集合的集合"的谓词
……

我们可以像上面这样无限地扩展阶数，但是 SQL 里并不会出现三阶以上的情况，所以不用太在意。

使用过 List、Haskell 等函数式语言或者 Java 的读者可能知道"高阶函数"这一概念。它指的是不以一般的原子性的值为参数，而以函数为参数的函数。这里说的"阶"和谓词逻辑里的"阶"是一个意思（"阶"的概念原本就源于集合论和谓词逻辑）。EXISTS 因接受的参数是集合这样的一阶实体而被称为二阶谓词，但是谓词也是函数的一种，因此我们也可以说 EXISTS 是高阶函数。

关系数据库中实体的阶层

2阶：表的集合

1阶：表（行的集合）

0阶：行

在本节开头我们说过，SQL 中采用的是狭义的"一阶谓词逻辑"，这是因为 SQL 里的 EXISTS 谓词最高只能接受一阶的实体作为参数。如果想要支持二阶、三阶等更高阶的实体，SQL 必须提供相应的支持。理论上这也是可以做到的❶，只是目前还没有实现。

如果将来 SQL 能支持二阶谓词逻辑，那么我们就能对表进行量化。正如 C.J. Date 所说，现在的 SQL 只能进行"是否存在包含供应商 S1 的行？"这样的查询，而如果能支持二阶谓词逻辑，那么就能够表达更复杂的查询，比如"是否存在包含供应商 S1 的表？"这样一来，SQL 的查询能力就能提升一个等级。到那时 SQL 作为一门编程语言将有质的飞跃。

全称量化和存在量化

从这些我们可以知道，形式语言没必要同时显式地支持 EXISTS 和 FORALL 两者。但是实际上，我们希望同时支持这两者，因为有些问题适合使用 EXISTS 来解决，而有的问题适合使用 FORALL。例如，SQL 支持 EXISTS，不支持 FORALL。于是会有一些查询只能选择用 EXISTS，那么代码写起来就会非常麻烦。❷

——C.J. Date

谓词逻辑中有量词（限量词、数量词）这类特殊的谓词。我们可以用它们来表达一些这样的命题："所有的 x 都满足条件 P"或者"存在（至少

注❶
其实，1969 年 Codd 在开始思考关系模型时，曾经考虑过以二阶谓词逻辑作为基础，但是在次年的 1970 年又及时地修改成了以一阶谓词逻辑为基础。详情请参考本书 2-1 节。

注❷
Database in Depth: Relational Theory for Practitioners，O'Reilly Media，2005。

一个）满足条件 P 的 *x*"。前者称为"全称量词"，后者称为"存在量词"，分别记作 ∀、∃。这两个符号看起来很奇怪。其实，全称量词的符号其实是将字母 A 上下颠倒而形成的，存在量词则是将字母 E 左右颠倒而形成的。"对于所有的 *x*，……"的英语是"for All *x*, ..."，而"存在满足……的 *x*"的英语是"there Exists *x* that..."，这就是这两个符号的由来。

也许大家已经明白了，SQL 中的 EXISTS 谓词实现了谓词逻辑中的存在量词。然而遗憾的是，对于与本节核心内容有关的另一个全称量词，SQL 却并没有予以实现。C.J. Date 在自己的书里写了 FORALL 谓词，但实际上 SQL 里并没有这个实现。

但是没有全称量词并不算是 SQL 的致命缺陷。因为全称量词和存在量词只要定义了一个，另一个就可以被推导出来。具体可以参考下面这个等价改写的规则（德·摩根定律）。

$$\forall\ xPx = \neg\ \exists\ x\neg P$$
（所有的 *x* 都满足条件 P ＝不存在不满足条件 P 的 *x*）
$$\exists\ xPx = \neg\ \forall\ x\neg Px$$
（存在 *x* 满足条件 P ＝ 并非所有的 *x* 都不满足条件 P）

因此在 SQL 中，为了表达全称量化，需要将"所有的行都满足条件 P"这样的命题转换成"不存在不满足条件 P 的行"。就像 C.J. Date 所说，虽然 SQL 里有全称量词会很方便，但是既然 SQL 并没有实现它，我们也就没有办法了。

到此为止，本节简要介绍了 SQL 基础理论中的谓词逻辑，特别是量化相关的理论知识。接下来的"实践篇"将通过具体的例题介绍一下量化在 SQL 中是如何使用的。

实践篇

查询表中"不"存在的数据

一般来说，我们从数据库中查询数据时，都是从表里存在的数据中选出满足某些条件的数据。但是在有些情况下，我们不得不从表中查找出"不存在的数据"。这听起来可能很奇怪，但是这种需求并不算少。例如下面这样的情况，大家是不是遇到过呢？

Meetings

meeting（会议）	person（出席者）
第1次	伊藤
第1次	水岛
第1次	坂东
第2次	伊藤
第2次	宫田
第3次	坂东
第3次	水岛
第3次	宫田

显然，从这张表中求出"参加了某次会议的人"是很容易的。但是，如果反过来求"没有参加某次会议的人"，该怎么做呢？例如，伊藤参加了第1次会议和第2次会议，但是没有参加第3次会议；坂东没有参加第2次会议。也就是说，目标结果如下所示，是各次会议缺席者的列表。

```
meeting          person
----------       --------
第1次              宫田
第2次              坂东
第2次              水岛
第3次              伊藤
```

我们并不是要根据存在的数据查询"满足这样那样条件"的数据，而是要查询"数据是否存在"。从阶层上来说，这是更高一阶的问题，即所谓的"二阶查询"。这种时候正是 EXISTS 谓词大显身手的好时机。思路是先假设所有人都参加了全部会议，并以此生成一个集合，然后从中减去实际参加会议的人。这样就能得到缺席会议的人。

所有人都参加了全部会议的集合可以通过下面这样的交叉连接来求得。

```
SELECT DISTINCT M1.meeting, M2.person
  FROM Meetings M1 CROSS JOIN Meetings M2;
```

所有人都参加了全部会议时

meeting（会议）	person（出席者）
第 1 次	伊藤
第 1 次	宫田
第 1 次	坂东
第 1 次	水岛
第 2 次	伊藤
第 2 次	宫田
第 2 次	坂东
第 2 次	水岛
第 3 次	伊藤
第 3 次	宫田
第 3 次	坂东
第 3 次	水岛

　　结果是 3 次 ×4 人，一共 12 行数据。然后我们从这张表中减掉实际参会者的集合，即表 Meetings 中存在的组合即可。

```
-- 求出缺席者的 SQL 语句 (1)：存在量化的应用
SELECT DISTINCT M1.meeting, M2.person
  FROM Meetings M1 CROSS JOIN Meetings M2
 WHERE NOT EXISTS
        (SELECT *
           FROM Meetings M3
          WHERE M1.meeting = M3.meeting
            AND M2.person = M3.person);
```

　　如上所示，我们的需求被直接翻译成了 SQL 语句，意思很好理解。这道例题还可以用集合论的方法来解答，即像下面这样使用差集运算。

```
---- 求出缺席者的 SQL 语句 (2)：使用差集运算
SELECT M1.meeting, M2.person
  FROM Meetings M1, Meetings M2
EXCEPT
SELECT meeting, person
  FROM Meetings;
```

　　通过以上两条 SQL 语句的比较我们可以明白，NOT EXISTS 直接具备了差集运算的功能。

全称量化 (1)：习惯"肯定 ⇔ 双重否定"之间的转换

接下来我们练习一下如何使用 EXISTS 谓词来表达全称量化，这是 EXISTS 的用法中很具有代表性的一个用法。通过这一部分内容的学习，希望大家能习惯从全称量化"所有的行都××"到其双重否定"不 ×× 的行一行都不存在"的转换。

这里使用下面这样一张存储了学生考试成绩的表为例进行讲解。

TestScores

student_id（学生 ID）	subject（教科）	score（点数）
100	数学	100
100	语文	80
100	理化	80
200	数学	80
200	语文	95
300	数学	40
300	语文	90
300	社会	55
400	数学	80

我们先来看一个简单的问题：请查询出"所有科目分数都在 50 分以上的学生"。答案是学号分别为 100、200、400 的 3 人。学号为 300 的学生语文和社会两科目都在 50 分以上，但是数学考了 40 分，所以不符合条件。

解法是，将查询条件"所有科目分数都在 50 分以上"转换成它的双重否定"没有一个科目分数不满 50 分"，然后用 NOT EXISTS 来表示转换后的命题。

```sql
SELECT DISTINCT student_id
  FROM TestScores TS1
 WHERE NOT EXISTS                      -- 不存在满足以下条件的行
        (SELECT *
           FROM TestScores TS2
          WHERE TS2.student_id = TS1.student_id
            AND TS2.score < 50);     -- 分数不满 50 分的科目
```

■ 执行结果

```
student_id
-----------
        100
        200
        400
```

怎么样,是不是很简单呢?

接下来我们把条件改得复杂一些再试试。请思考一下如何查询出满足下列条件的学生。

1. 数学的分数在 80 分以上。
2. 语文的分数在 50 分以上。

结果应该是学号分别为 100、200、400 的学生。这里,学号为 400 的学生没有语文分数的数据,但是也需要包含在结果里。像这样的需求,我们在实际业务中应该会经常遇到,但是乍一看可能会觉得不太像是全称量化的条件。

如果改成下面这样的说法,可能我们一下子就能明白它是全称量化的命题了。

"某个学生的所有行数据中,如果科目是数学,则分数在 80 分以上;如果科目是语文,则分数在 50 分以上。"

没错,这其实是针对同一个集合内的行数据进行了条件分支后的全称量化。SQL 语句本身是支持根据不同行表示条件分支的,例如可以通过下面这个具有两个条件分支的 CASE 表达式来表示条件分支。

```
CASE WHEN subject = '数学' AND score >= 80 THEN 1
     WHEN subject = '语文' AND score >= 50 THEN 1
     ELSE 0 END
```

这条 SQL 语句表达的正是 1-4 节介绍过的"特征函数"。对于满足条件的行,该 SQL 语句会返回 1,否则返回 0。然后,我们只需要像下面这样把语句里的条件反过来就可以了。

```
SELECT DISTINCT student_id
  FROM TestScores TS1
 WHERE subject IN ('数学', '语文')
   AND NOT EXISTS
        (SELECT *
           FROM TestScores TS2
          WHERE TS2.student_id = TS1.student_id
            AND 1 = CASE WHEN subject = '数学' AND score < 80 THEN 1
                         WHEN subject = '语文' AND score < 50 THEN 1
                         ELSE 0 END);
```

这里解释一下这段代码。首先，数学和语文之外的科目不在我们考虑范围之内，所以通过 IN 条件进行一下过滤。然后，通过子查询来描述"数学 80 分以上，语文 50 分以上"这个条件。

接下来，我们思考一下如何排除掉没有语文分数的学号为 400 的学生。这里，学生必须两门科目都有分数才行，所以我们可以加上用于判断行数的 HAVING 子句来实现。

```
SELECT student_id
  FROM TestScores TS1
 WHERE subject IN ('数学', '语文')
   AND NOT EXISTS
        (SELECT *
           FROM TestScores TS2
          WHERE TS2.student_id = TS1.student_id
            AND 1 = CASE WHEN subject = '数学' AND score < 80 THEN 1
                         WHEN subject = '语文' AND score < 50 THEN 1
                         ELSE 0 END)
 GROUP BY student_id
HAVING COUNT(*) = 2;    -- 必须两门科目都有分数

student_id
----------
       100
       200
```

像上面这样简单地修改一下就可以了。请注意，这里已经以学号为列进行了聚合，所以 SELECT 子句里的 DISTINCT 就不需要了。

全称量化 (2)：集合 VS 谓词——哪个更强大？

下面继续练习全称量化。EXISTS 和 HAVING 有一个地方很像，即都是以集合而不是个体为单位来操作数据。实际上，两者在很多情况下都是可以互换的，用其中一个写出的查询语句，大多时候也可以用另一个来写。接下来我们通过比较来了解一下它们各自的优点和缺点。

假设存在下面这样的项目工程管理表 **❶**。

注❶
这个问题改编自 Joe Celko 的著作《SQL 解惑（第 2 版）》的"谜题 11 工作顺序"。

Projects

project_id(项目 ID)	step_nbr（工程编号）	status（等待）
AA100	0	完成
AA100	1	等待
AA100	2	等待
B200	0	等待
B200	1	等待
CS300	0	完成
CS300	1	完成
CS300	2	等待
CS300	3	等待
DY400	0	完成
DY400	1	完成
DY400	2	完成

这张表的主键是"项目 ID, 工程编号"。工程编号从 0 开始，我们不妨认为 0 号是需求分析，1 号是基本设计……虽然这张表中的工程编号最大只到 3，但是有可能也会有 4 以后的编号。已经完成的工程其状态列的值是"完成"，等待上一个工程完成的工程其状态列的值是"等待"。

这里的问题是，从这张表中查询出哪些项目已经完成到了工程 1。可以明显地看出，只完成到工程 0 的项目 AA100 以及还没有开始的项目 B200 不符合条件，而项目 CS300 符合条件。项目 DY400 已经完成到了工程 2，是否符合条件有点微妙，我们先按它不符合条件来实现。

对于这个问题，Joe Celko 曾经借助 HAVING 子句用面向集合的方法进行过解答，代码如下所示。

```
-- 查询完成到了工程 1 的项目：面向集合的解法
SELECT project_id
  FROM Projects
 GROUP BY project_id
HAVING COUNT(*) = SUM(CASE WHEN step_nbr <= 1 AND status = '完成' THEN 1
                          WHEN step_nbr  > 1 AND status = '等待' THEN 1
                          ELSE 0 END);
```

■ 执行结果

```
project_id
-----------
CS300
```

　　因为这里的重点不是讲解 HAVING 子句，所以就不通过维恩图去分析了。下面简单地解释一下这段代码：针对每个项目，将工程编号为 1 以下且状态为"完成"的行数，和工程编号大于 1 且状态为"等待"的行数加在一起，如果和等于该项目数据的总行数，则该项目符合查询条件。

　　这道例题用谓词逻辑该如何解决呢？其实这道例题也能看作是全称量化的一个特例。与上一道例题相比，这道例题稍微复杂一点，但是思路是一样的。请把查询条件看作是下面这样的全称量化命题。

　　"某个项目的所有行数据中，如果工程编号是 1 以下，则该工程已完成；如果工程编号比 1 大，则该工程还在等待。"

　　这个条件仍然可以用 CASE 表达式来描述。

```
step_status = CASE WHEN step_nbr <= 1
                   THEN '完成'
                   ELSE '等待' END
```

　　最终的SQL语句会采用上面这个条件的否定形式，因此代码如下所示。

```
-- 查询完成到了工程 1 的项目：谓词逻辑的解法
SELECT *
  FROM Projects P1
 WHERE NOT EXISTS
        (SELECT status
           FROM Projects P2
          WHERE P1.project_id = P2. project_id     -- 以项目为单位进行条件判断
            AND status <> CASE WHEN step_nbr <= 1   -- 使用双重否定来表达全称量化命题
                               THEN '完成'
                               ELSE '等待' END);
```

■ 执行结果

project_id	step_nbr	status
CS300	0	完成
CS300	1	完成

CS300	2	等待
CS300	3	等待

虽然两者都能表达全称量化，但是与 HAVING 相比，使用了双重否定的 NOT EXISTS 代码看起来不是那么容易理解，这是它的缺点。但是这种写法也有优点。第一个优点是性能好。只要有一行满足条件，查询就会终止，不一定需要查询所有行的数据。而且还能通过连接条件使用"project_id"列的索引，这样查询起来会更快。第二个优点是结果里能包含的信息量更大。如果使用 HAVING，结果会被聚合，我们只能获取到项目 ID，而如果使用 EXISTS，则能把集合里的元素整体都获取到。

对列进行量化：查询全是 1 的行

不好的表在设计上一般都会存在一些典型的问题。例如没有主键且允许重复的行存在，或者是完全忽略掉列应该作为"属性"来定义的这个习惯，让某一列拥有了多个含义。还有一种是像下面这样只是单纯地存储了数组的表，对于这样的表，数据库工程师看到就会忍不住叹一口气："啊，怎么又来了!"

ArrayTbl

key	col1	col2	col3	col4	col5	col6	Col7	col8	col9	col10
A										
B	3									
C	1	1	1	1	1	1	1	1	1	
D			9							
E		3		1	9			9		

说这张表的设计不好的原因是，数组中的元素可以自由地增加或者减少,而表中的列却不能这样。即便只是增加或减少 1 列,都非常麻烦。相反,行的增加或者减少却对系统几乎没有什么影响 ❶。因此在设计表时有一条原则：让列具有一定的扩展性。数组中的元素不应该对应表中的列，而是应该对应行。

本来，如果理解表是对现实世界中实体（entity）的抽象这一关系模型理论，很自然就会明白这种思考方式。如果只是生成上面这样的表，那么使用 SQL-99 中引入的数组类型也不失为一个办法。

好了，就算我们盯着有问题的表发牢骚，它也不会变得好起来。如果不能改变表的结构，那么接受这一点并继续想其他办法才是有意义的。

在使用这种模拟数组的表时遇到的需求一般都是下面这两种形式。

1. 查询"都是 1"的行。
2. 查询"至少有一个 9"的行。

EXISTS 谓词主要用于进行"行方向"的量化，而对于这个问题，我们需要进行"列方向"的量化。虽然这里不能用 EXISTS，但是实际上可以像下面这样解答。

```
-- "列方向" 的全称量化 : 不优雅的解答
SELECT *
  FROM ArrayTbl
 WHERE col1 = 1
   AND col2 = 1
       .
       .
       .
   AND col10 = 1;
```

这种解法不是很优雅（但是也没有错），还可以改进。只有 10 列的话还可以忍受，如果增加到 50 列、100 列，那么这种 SQL 语句就会变得太长而让人难以阅读。但是不用担心，SQL 语言其实还准备了一个谓词，帮助我们进行"列方向"的量化。

注❶

此段代码在 PostgreSQL 中运行时会报错。要想成功运行，需将代码最后一行括号内的字符改为 "values(col1),(col2),(col3),(col4),(col5),(col6),(col7),(col8),(col9),(col10)"。

——译者注

```
-- "列方向" 的全称量化 : 优雅的解答 ❶
SELECT *
  FROM ArrayTbl
 WHERE 1 = ALL (col1, col2, col3, col4, col5, col6, col7, col8, col9, col10);
```

```
key  col1  col2  col3  col4  col5  col6  col7  col8  col9  col10
---  ----  ----  ----  ----  ----  ----  ----  ----  ----  -----
 C    1     1     1     1     1     1     1     1     1      1
```

这条 SQL 语句将"col1 ~ col10 的全部列都是 1"这个全称量化命题直接翻译成了 SQL 语句，既简洁又很好理解。

反过来，如果想表达"至少有一个 9"这样的存在量化命题，可以使用 ALL 的反义谓词 ANY。

```
-- 列方向的存在量化 (1)❶
SELECT *
  FROM ArrayTbl
 WHERE 9 = ANY (col1, col2, col3, col4, col5, col6, col7, col8, col9, col10);
```

```
key  col1  col2  col3  col4  col5  col6  col7  col8  col9  col10
---  ----  ----  ----  ----  ----  ----  ----  ----  ----  -----
 D                 9
 E          3             1     9                 9
```

或者也可以使用 IN 谓词代替 ANY。

```
-- 列方向的存在量化 (2)
SELECT *
  FROM ArrayTbl
 WHERE 9 IN (col1, col2, col3, col4, col5, col6, col7, col8, col9, col10);
```

我们一般都像 col1 IN (1, 2, 3) 这样来使用 IN 谓词,左边是列名,右边是值的列表。可能有人不太习惯上面这种左右颠倒了的写法,但是其实这种写法也是被允许的。

但是,如果左边不是具体值而是 NULL,这种写法就不行了。

```
-- 查询全是 NULL 的行 : 错误的解法 ❷
SELECT *
  FROM ArrayTbl
 WHERE NULL = ALL (col1, col2, col3, col4, col5, col6, col7, col8, col9, col10);
```

不管表里的数据是什么样的,这条 SQL 语句的查询结果都是空。这是因为,ALL 谓词会被解释成 col1 = NULL AND col2 = NULL AND ……col10 = NULL❸。这种情况下,我们需要使用 COALESCE 函数。

```
-- 查询全是 NULL 的行 : 正确的解法
SELECT *
  FROM ArrayTbl
 WHERE COALESCE(col1, col2, col3, col4, col5, col6, col7, col8, col9, col10) IS NULL;
```

```
key  col1  col2  col3  col4  col5  col6  col7  col8  col9  col10
---  ----  ----  ----  ----  ----  ----  ----  ----  ----  -----
 A
```

这样,"列方向"的量化也就不足为惧了。

本节小结

从集合论的角度来看，SQL 具备的能力配得上它面向集合语言的称号。而从谓词逻辑的角度来看，我们又能发现它作为一种函数式语言的特点。

在函数式语言中，高阶函数发挥着很大的作用。同样，在 SQL 中，EXISTS 谓词也是很重要的。如果能灵活运用 EXISTS，那么可以说就突破了中级水平关卡中的一个。下一节准备了很多会用到 EXISTS 的例题，到时请结合本节学习到的基础知识挑战一下。

下面是本节要点。

1. SQL 中的谓词指的是返回真值的函数。

2. EXISTS 与其他谓词不同，接受的参数是集合。

3. 因此 EXISTS 可以看成是一种高阶函数。

4. SQL 中没有与全称量词相当的谓词，可以使用 NOT EXISTS 代替。

如果大家想了解更多关于 EXISTS 谓词的内容，请参考下面的资料。

1. Joe Celko，《SQL 解惑（第 2 版）》（人民邮电出版社，2008 年）

该书收录了很多关于 EXISTS 和 NOT EXISTS 的应用例题。例如，关于 EXISTS 的标准用法，请参考"谜题 18 广告信件"；关于使用 NOT EXISTS 表达全称量化，请参考"谜题 20 测验结果"和"谜题 21 飞机与飞行员"；关于 EXISTS 在差集运算中的应用，请参考"谜题 57 间隔——版本 1"。

2. C.J. Date，《深度探索关系数据库：实践者的关系理论》（电子工业出版社，2007 年）

关于 SQL 中量词的内容参考该书附录 A.5。

3. 户田山和久，《逻辑学的创立》（名古屋大学出版会，2000 年）❶

关于谓词逻辑的量词，请参考第 5 章"扩展逻辑学的对象语言"。

注❶
原书名为『論理学をつくる』，尚无中文版。——译者注

练习题

●练习题 1-8-1：数组表——行结构表的情况

在"对列进行量化：查询全是 1 的行"部分，我们讨论了对模拟数组

的表按"列方向"量化的方法。接下来我们将正文中的表改成行结构的表，并通过这张表来练习一下。"i"列表示数组的下标,因此主键是"key，i"。

ArrayTbl2

key	i	val
A	1	
A	2	
A	3	
· · ·		
A	10	
B	1	3
B	2	
B	3	
· · ·		
B	10	
C	1	1
C	2	1
C	3	1
· · ·		
C	10	1

　　一个实体对应 10 行数据,所以上面的表省略了一部分以方便显示。A、B、C 的元素和正文中是一样的。key 为 A 的行 val 全都是 NULL，key 为 B 的行中只有 i=1 的行 val 是 3，其他的都是 NULL，key 为 C 的行 val 全部都是 1。

　　请思考一下如何从这张表中选出 val 全是 1 的 key。答案是 C。这次,我们要按"行方向"进行全称量化，所以使用 EXISTS 谓词。严格来说，这个问题还是相当复杂的，如果能注意到问题在哪里，那你就是高级水平了。

　　在使用 EXISTS 解答之后，请再试试看有没有别的解法。这个问题有很多种解法，非常有趣。

● **练习题 1-8-2：使用 ALL 谓词表达全称量化**

全称量化除了可以用 NOT EXISTS 表达，也可以用 ALL 谓词。如果使用 ALL 谓词，那么不借助双重否定也可以，所以写出来的代码会更简洁。请用 ALL 谓词改写"全称量化 (2)：集合 VS 谓词——哪个更强大？"部分的 SQL 语句。

● **练习题 1-8-3：求质数**

最后再练习一个有趣的数学谜题。质数是自然数的一种，我们在学校里都学过。它的定义如下。

除了 1 和它自身之外不存在正约数（也就是说，除了 1 和它自身之外不能被任何自然数除尽）且大于 1 的自然数

虽然质数的定义很简单，但是由于它有很多有趣的性质，所以长期以来都吸引着很多人来研究。

那么请用 SQL 求一下质数。因为质数有无限多个，所以这里把范围限定在 100 以内。我们先准备一张存储了 1 ～ 100 的所有自然数的表 Numbers（这张表的简单生成方法将在下一节介绍）。

Numbers

num
1
2
3
·
·
·
98
99
100

如果把 100 以内的质数从小到大排列出来，那么就是下面这些。请用 SQL 求出它们。

2, 3, 5, 7, 11, 13, 17, …, 83, 89, 97

1-9 用 SQL 处理数列

▶灵活使用谓词逻辑

　　SQL 语言在处理数据时默认地都不考虑顺序。因此，如果遇到了需要考虑数据顺序的情况，处理方法与面向过程语言及文件系统的处理方法很不一样。本节将以数列为例介绍一下 SQL 的处理方法，并且挖掘出隐藏在背后的基本原理。

写在前面

　　关系模型的数据结构里，并没有"顺序"这一概念。因此，基于它实现的关系数据库中的表和视图的行和列也必然没有顺序。同样地，处理有序集合也并非 SQL 的直接用途。

　　因此，SQL 处理有序集合的方法，与原本就以处理顺序为目的的面向过程语言及文件系统的处理方法在性质上是不同的。尽管性质不同，但其背后都有坚实的理论基础。用一句话概括就是，集合和谓词——特别是前一节介绍过的特殊谓词"量词"（quantifier）的使用方法是关键。

　　本节将介绍使用 SQL 处理数列或日期等有序数据的方法。我们不只会列举出解决问题的 Tips，还会尽可能地挖掘出各个解法背后共同的基本原理，从而整理出能够用来解决新问题的一般性的方法。

生成连续编号

　　我们来思考一下如何使用 SQL 生成连续编号。目前很多数据库实现都包含了序列对象（sequence object），如果要按照顺序一个一个地获取连续编号，可以使用这个方法。但是，如何只用一条 SQL 就能生成任意长的连续编号序列呢？例如生成 0 ～ 99 这 100 个连续编号。有一些依赖数据库实现的方法，比如 CONNECT BY（Oracle）、WITH 子句（DB2、SQL Server），但是这里要求必须使用不依赖数据库实现的方法来实现。

　　在思考这道例题之前，请先思考下面这样一道谜题。

谜题：00 ~ 99 的 100 个数中，0, 1, 2, …, 9 这 10 个数字分别出现了多少次?

对于只有一位的数字，我们在前面加上 0，比如 01、07。请不要使用纸笔，只在脑海中思考一下。开始吧。

算出来了吗? 正确答案是，每个数字都出现了 20 次。例如，我们数一下出现在十位和个位上的数字 1 一共有多少个。我们会发现，十位上的数字 1 有 10 个，个位上的数字 1 也有 10 个。11 的十位和个位都是 1，但是 11 本来就包括两个 1，所以数字 1 并没有被重复计数。

■ 00 ~ 99 的数中，数字 0 ~ 9 各出现了 20 次

00	01	02	03	04	05	06	07	08	09
10	11	12	13	14	15	16	17	18	19
20	21	22	23	24	25	26	27	28	29
30	31	32	33	34	35	36	37	38	39
40	41	42	43	44	45	46	47	48	49
50	51	52	53	54	55	56	57	58	59
60	61	62	63	64	65	66	67	68	69
70	71	72	73	74	75	76	77	78	79
80	81	82	83	84	85	86	87	88	89
90	91	92	93	94	95	96	97	98	99

通过这个谜题想让大家明白的是，如果把数看成字符串，其实它就是由各个数位上的数字组成的集合。谜题我们就分析到这里。

接下来回到正题。首先我们生成一张存储了各个数位上数字的表"数字表"。这张表只有 10 行，我们只用来读取数据。我们都知道，无论多大的数，都可以由这张表中的 10 个数字组合而成。

Digits

digit(数字)
0
1
2
3
4
5
6
7
8
9

　　这样，我们就可以通过对两个 Digits 集合求笛卡儿积而得出 0 ～ 99 的数字。

```
-- 求连续编号 (1)：求 0~99 的数
SELECT D1.digit + (D2.digit * 10)  AS seq
  FROM Digits D1 CROSS JOIN Digits D2
 ORDER BY seq;
```

■ 执行结果

```
seq
---
  0
  1
  2
  :
  :
  :
 98
 99
```

　　这段代码中，D1 代表个位数字的集合，D2 代表十位数字的集合。在 1-2 节中，我们已经学习了通过对同一张表进行交叉连接求笛卡儿积的方法。这里我们再回顾一下，交叉连接可以得到两个集合中元素的"所有可能的组合"，像下面这样。

■ 笛卡儿积：得到所有可能的组合

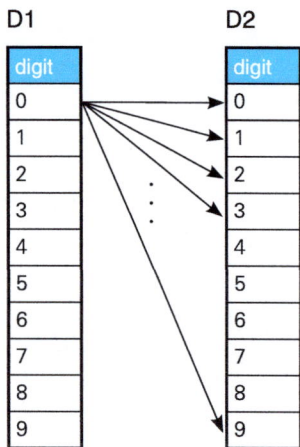

同样地，通过追加 D3、D4 等集合，不论多少位的数都可以生成。而且，如果只想生成从 1 开始，或者到 542 结束的数，只需在 WHERE 子句中加入过滤条件就可以了。

```
-- 求连续编号 (2)：求1~542的数
SELECT D1.digit + (D2.digit * 10) + (D3.digit * 100) AS seq
  FROM Digits D1 CROSS JOIN Digits D2
         CROSS JOIN Digits D3
 WHERE D1.digit + (D2.digit * 10)
                + (D3.digit * 100) BETWEEN 1 AND 542
ORDER BY seq;
```

也许大家已经注意到了，这种生成连续编号的方法，完全忽略了数的"顺序"这一属性。将这个解法和本书多次介绍过的冯·诺依曼型有序数的定义进行比较，可以很容易发现它们的区别 ❶。冯·诺依曼的方法使用递归集合定义自然数，先定义 0 然后得到 1，定义 1 然后得到 2，是有先后顺序的（因此这种方法适用于解决位次、累计值等与顺序相关的问题）。

而这里的解法完全丢掉了顺序这一概念，仅把数看成是数字的组合。这种解法更能体现出 SQL 语言的特色。

通过将这个查询的结果存储在视图里，就可以在需要连续编号时通过简单的 SELECT 来获取需要的编号。

注❶

关于冯·诺依曼型递归集合，请参考 1-2 节以及 2-7 节。

```
-- 生成序列视图（包含 0~999）
CREATE VIEW Sequence (seq)
AS SELECT D1.digit + (D2.digit * 10) + (D3.digit * 100)
     FROM Digits D1 CROSS JOIN Digits D2
           CROSS JOIN Digits D3;
```

```
-- 从序列视图中获取 1~100
SELECT seq
  FROM Sequence
 WHERE seq BETWEEN 1 AND 100
 ORDER BY seq;
```

这个视图可以用于多种目的，非常方便，因此事先生成一个后，它就可以在很多场景发挥作用。

求全部的缺失编号

1-4 节介绍了查找连续编号中的缺失编号的方法。当时的解法是，如果缺失编号有多个，只取其中最小的一个。但是，也许有些人看完那个解法后不能满足，想要知道如何求出全部的缺失编号吧。

没问题。如果使用前一道例题里的序列视图，很容易就可以满足上面的要求。因为我们可以任意地生成 $0 \sim n$ 的自然数集合，所以只需要和比较的对象表进行差集运算就可以了。通过 SQL 求差集的方法有很多种。如果数据库支持 EXCEPT，那么我们可以直接使用它。我们还可以使用 NOT EXISTS 或 NOT IN，甚至外连接的方法。

作为示例，我们假设存在下面这样一张编号有缺失的表。

Seqtbl

seq（连续编号）
1
2
4
5
6
7
8
11
12

因为表中最小的值是 1，最大的值是 12，所以我们可以根据这个范围从序列视图中获取数。下面两条 SQL 语句都会返回缺失的编号 3、9、10。

```
--EXCEPT 版
SELECT seq
  FROM Sequence
 WHERE seq BETWEEN 1 AND 12
EXCEPT
SELECT seq FROM SeqTbl;
```

```
--NOT IN 版
SELECT seq
  FROM Sequence
 WHERE seq BETWEEN 1 AND 12
   AND seq NOT IN (SELECT seq FROM SeqTbl);
```

■ 执行结果

```
seq
---
  3
  9
 10
```

不满足于之前解法的人看到这里的新解法应该可以满足了。

这里补充一些内容。可能像下面这么做性能会有所下降，但是通过扩展 BETWEEN 谓词的参数，我们可以动态地指定目标表的最大值和最小值。代码如下所示。

```
-- 动态地指定连续编号范围的 SQL 语句
SELECT seq
  FROM Sequence
 WHERE seq BETWEEN (SELECT MIN(seq) FROM SeqTbl)
               AND (SELECT MAX(seq) FROM SeqTbl)
EXCEPT
SELECT seq FROM SeqTbl;
```

这种写法在查询上限和下限未必固定的表时非常方便。两个子查询没有相关性，而且只会执行一次。如果在“seq”列上建立索引，那么极值函数的运行可以变得更快速。

三个人能坐得下吗

和朋友们一起去旅行，预约火车票或机票时，却发现没有能让所有人挨着坐的空位，于是某个人不得不和大家分开坐——这样不爽的事情可能不少人都遭遇过吧。接下来我们思考几道与连座相关的例题。

我们假设存在下面这样一张存储了火车座位预订情况的表。

Seats

seat（座位）	status（状态）
1	已预订
2	已预订
3	未预订
4	未预订
5	未预订
6	已预订
7	未预订
8	未预订
9	未预订
10	未预订
11	未预订
12	已预订
13	已预订
14	未预订
15	未预订

我们假设一共3个人一起去旅行，准备预订这列火车的车票。问题是，从1～15的座位编号中，找出连续3个空位的全部组合。我们把由连续的整数构成的集合，也就是连续编号的集合称为"序列"。 这样序列中就不能出现缺失编号。

我们希望得到的结果是下面四种。

- 3 ~ 5
- 7 ~ 9
- 8 ~ 10
- 9 ~ 11

(7, 8, 9, 10, 11) 这个序列中，包含 3 个子序列 (7, 8, 9)、(8, 9, 10)、(9, 10, 11)，我们也把它们当成不同的序列。还有，通常火车的一排只有几个座位，所以可能我们表里的座位会分布在几排里，但我们暂时忽略掉这个问题，假设所有的座位排成了一条直线。

■ 7 ~ 11 的序列包含 3 个子序列

借助上面的图表我们可以知道，需要满足的条件是，以 n 为起点、$n+(3-1)$ 为终点的座位全部都是未预订状态（请注意如果不减 1，会多取一个座位）。我们的解法如下所示。

```
-- 找出需要的空位 (1)：不考虑座位的换排
SELECT S1.seat   AS start_seat, '~', S2.seat AS end_seat
  FROM Seats S1, Seats S2
 WHERE S2.seat = S1.seat + (:head_cnt -1)   -- 决定起点和终点
   AND NOT EXISTS
          (SELECT *
             FROM Seats S3
            WHERE S3.seat BETWEEN S1.seat AND S2.seat
              AND S3.status <> '未预订' );
```

其中，":head_cnt" 是表示需要的空位个数的参数。通过往这个参数里赋具体值，可以应对任意多个人的预约。

这条查询语句充分体现了 SQL 在处理有序集合时的原理，这里详细地解说一下。对于这个查询的要点，我们分成两个步骤来理解更容易一些。

第一步：通过自连接生成起点和终点的组合

就这条 SQL 语句而言，具体指的是 S2.seat = S1.seat + (:head_cnt-1) 的部分。这个条件排除掉了像 1 ~ 8、2 ~ 3 这样长度不是 3 的组合，从而保证结果中出现的只有从起点到终点刚好包含 3 个空位的序列。

第二步：描述起点到终点之间所有的点需要满足的条件

决定了起点和终点以后，我们需要描述一下内部各个点需要满足的条件。为此，我们增加一个在起点和终点之间移动的所有点的集合（即以上

SQL 中的 S3）。限定移动范围时使用 BETWEEN 谓词很方便。

在本例中，序列内的点需要满足的条件"所有座位的状态都是'未预订'"。

这种形式的条件我们在前面已经见过了。这是谓词逻辑里的一种被称为全称量化的命题。但是，我们在 SQL 中不能直接表达这个条件。在 SQL 中遇到需要全称量化的问题时，一般的思路都是把"所有行都满足条件 P"转换成它的双重否定——不存在不满足条件 P 的行。

因此，子查询里的条件也不是"S3.status = '未预订'"，而是它的否定形式"S3.status <> '未预订'"。

接下来我们看一下这道例题的升级版，即发生换排的情况。假设这列火车每一排有 5 个座位。我们在表中加上表示行编号"row_id"列。

Seats2

seat(座位)	row_id(行编号 ID)	status(状态)
1	A	已预定
2	A	已预定
3	A	未预定
4	A	未预定
5	A	未预定
6	B	已预定
7	B	已预定
8	B	未预定
9	B	未预定
10	B	未预定
11	C	未预定
12	C	未预定
13	C	未预定
14	C	已预定
15	C	未预定

这种情况的话，即使不考虑换排，属于连续编号的序列 (9, 10, 11) 也不符合条件。这是因为，坐在 11 号座位的人其实已经是自己一个人坐在另一排了。

因为发生换排，所以 9~11 的序列不符合条件

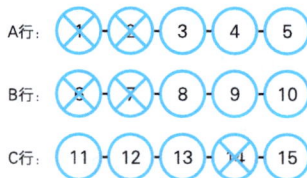

要想解决换排的问题，除了要求序列内的所有座位全部都是空位，还需要加入"全部都在一排"这样一个条件。稍微修改一下就可以实现，请看下面的 SQL 语句。

```
-- 找出需要的空位 (2)：考虑座位的换排
SELECT S1.seat   AS start_seat, '~' , S2.seat AS end_seat
  FROM Seats2 S1, Seats2 S2
 WHERE S2.seat = S1.seat + (:head_cnt -1)   -- 决定起点和终点
   AND NOT EXISTS
          (SELECT *
             FROM Seats2 S3
            WHERE S3.seat BETWEEN S1.seat AND S2.seat
              AND (    S3.status <> '未预订'
                    OR S3.row_id <> S1.row_id));
```

■ 执行结果

```
start_seat '~'  end_seat
---------- ---  --------
         3  ~        5
         8  ~       10
        11  ~       13
```

序列内的点需要满足的条件是，"所有座位的状态都是'未预订'，且行编号相同"。这里新加的条件是"行编号相同"，等价于"与起点的行编号相同"（当然，与终点的行编号相同也可以）。把这个条件直接写成 SQL 语句的话，就是像下面这样。

```
S3.status = '未预订' AND S3.row_id = S1.row_id
```

但是前面也说了，由于 SQL 中不存在全称量词，所以我们必须使用这个条件的否定，即改成下面这样的否定形式。

```
    NOT (S3.status = '未预订' AND S3.row_id = S1.row_id)
  = S3.status <> '未预订' OR S3.row_id <> S1.row_id
```

"肯定 ⇔ 双重否定"之间的等价转换是使用 SQL 进行全称量化时的
必备技巧，请一定熟练掌握。

最多能坐下多少人

接下来的例题和上一道刚好相反。这次要查询的是"按现在的空位状
况，最多能坐下多少人"。换句话说，要求的是最长的序列。我们使用下
面这张表 Seats3。

Seats3

seat(座位)	status(状态)
1	已预订
2	未预订
3	未预订
4	未预订
5	未预订
6	已预订
7	未预订
8	已预订
9	未预订
10	未预订

就这张表而言，长度为 4 的序列"2 ~ 5"就是我们的答案。为了便
于解答这道例题，我们可以先生成一张存储了所有可能序列的视图。有了
这个视图之后，我们只需从中查找出最长的序列就可以了。

针对表 Seats3 中的数据，要想保证从座位 A 到另一个座位 B 是一个
序列，则下面的 3 个条件必须全部都满足。

- 条件 1：起点到终点之间的所有座位状态都是"未预订"。
- 条件 2：起点之前的座位状态不是"未预订"。
- 条件 3：终点之后的座位状态不是"未预订"。

例如从条件 1 来说，如果像下面这样中间出现了"已预订"的座位，
那么很显然，这个区间已经不符合序列的条件了。

■ 不符合条件 1 的情况

起点　　　　　　　　　　终点

（未预订）—（未预订）—（已预订）　（未预订）

序列中途断了

同样，对于起点和终点还能继续延伸的区间，我们也要排除掉（因为由延伸后的起点和终点构成的区间更符合条件）。

■ 不符合条件 2 的情况

起点

（未预订）—（未预订）——

起点还能往前延伸

■ 不符合条件 3 的情况

终点

——（未预订）—（未预订）

终点还能往后延伸

这里也与前面的例题一样，分两个步骤来解决。我们可以先生成一张下面这样的视图。

```sql
-- 第一阶段：生成存储了所有序列的视图
CREATE VIEW Sequences (start_seat, end_seat, seat_cnt) AS
SELECT S1.seat  AS start_seat,
       S2.seat  AS end_seat,
       S2.seat - S1.seat + 1 AS seat_cnt
  FROM Seats3 S1, Seats3 S2
 WHERE S1.seat <= S2.seat   -- 第一步：生成起点和终点的组合
```

```
AND NOT EXISTS      -- 第二步：描述序列内所有点需要满足的条件
    (SELECT *
      FROM Seats3 S3
     WHERE (     S3.seat BETWEEN S1.seat AND S2.seat
             AND S3.status <> '未预订')   -- 条件 1 的否定
        OR  (S3.seat = S2.seat + 1 AND S3.status = '未预订')
                                            -- 条件 2 的否定
        OR  (S3.seat = S1.seat - 1 AND S3.status = '未预订'));
                                            -- 条件 3 的否定
```

这个视图包含以下的内容。

```
start_seat      end_seat    seat_cnt
-----------     ----------  ----------
          2              5           4
          7              7           1
          9             10           2
```

把长度为 1 的 "7 ～ 7" 称为序列（连续编号）可能会有点语义上的矛盾，但是我们暂时还是保留这种情况（如果想要去除，请去掉 WHERE 子句里 S1.seat<= S2.seat 中的等号）。

生成这个视图后，剩余的工作就简单了。我们从这个视图中找出座位数（seat_cnt）最大的一行数据。

```
-- 第二阶段：求最长的序列
SELECT start_seat, '~', end_seat, seat_cnt
  FROM Sequences
 WHERE seat_cnt = (SELECT MAX(seat_cnt) FROM Sequences);
```

这道例题也一样，首先根据第一步，通过自连接 "S1.seat <= S2.seat" 求出起点和终点的组合。这种用法在 1-2 节也出现过。

在决定了起点和终点之后，为了描述起点和终点之间的点都必须满足的条件，我们追加了在起点和终点之间移动的点的集合 S3，然后使用存在量化的否定形式来表达了全称量化，这些都和前面例题的解法完全相同（只不过这里的 S3 中起点和终点都往外延伸了一个点）。

这两个步骤是使用 SQL 处理有序集合的基本方法。因此在阅读下文时，请回忆起这两个步骤。下面的例题可以看成是本例题的扩展，我们会用到 "第四个集合"。

单调递增和单调递减

假设存在下面这样一张反映了某公司股价动态的表。

MyStock

deal_date（交易日期）	price（股价）
2007-01-06	1000
2007-01-08	1050
2007-01-09	1050
2007-01-12	900
2007-01-13	880
2007-01-14	870
2007-01-16	920
2007-01-17	1000

之前的例题与有序集合相关，都是关于"数"的。其实，"日期"也是有顺序的。这里，我们求一下股价单调递增的时间区间。从上表来看，目标结果是下面两个。

- 2007-01-06 ～ 2007-01-08
- 2007-01-14 ～ 2007-01-17

这里需要先排除掉像 2007-01-08 ～ 2007-01-09 这样股价持平的区间，然后按照前面讲过的基本方法，首先进行第一步——通过自连接生成起点和终点的组合。

```
-- 生成起点和终点的组合的 SQL 语句
SELECT S1.deal_date  AS start_date,
       S2.deal_date  AS end_date
  FROM MyStock S1, MyStock S2
 WHERE S1.deal_date < S2.deal_date;
```

结果的行数较多，一共有 28 个组合，因此这里不再展示。接下来我们排除掉不符合条件的组合，即进行第二步——描述起点和终点之间的所有点需要满足的条件。

能够保证某个时间区间内股价单调递增的充分条件是，对于区间内的任意两个时间点，命题"较晚时间的股价高于较早时间的股价"都成立。

然后，我们将这个条件反过来，得到需要的条件——区间内不存在两个时间点使得较早时间的股价高于较晚时间的股价。

例如，如果第一步的结果里包括"2007-01-12"=900、"2007-01-13"=880 这样的组合，那么这个区间就不是单调递增的。因此，我们可以像下面这样解答。

```
-- 求单调递增的区间的 SQL 语句：子集也输出
SELECT S1.deal_date   AS start_date,
       S2.deal_date   AS end_date
  FROM MyStock S1, MyStock S2
 WHERE S1.deal_date < S2.deal_date   -- 第一步：生成起点和终点的组合
   AND  NOT EXISTS
            ( SELECT *   -- 第二步：描述区间内所有日期需要满足的条件
                FROM MyStock S3, MyStock S4
               WHERE S3.deal_date BETWEEN S1.deal_date AND S2.deal_date
                 AND S4.deal_date BETWEEN S1.deal_date AND S2.deal_date
                 AND S3.deal_date < S4.deal_date
                 AND S3.price >= S4.price);
```

■ 执行结果

```
start_date      end_date
------------    -------------
2007-01-06      2007-01-08
2007-01-14      2007-01-16
2007-01-14      2007-01-17
2007-01-16      2007-01-17
```

因为我们需要取区间内的两个点，所以需要相应地增加两个集合，即 S3 和 S4。子查询里的两个 BETWEEN 谓词用于保证 S3 和 S4 的移动范围在区间内（处理有序集合的时候 BETWEEN 谓词真的很好用）。后面的 S3.deal_date < S4.deal_date 描述了 S4 里的日期比 S3 里的日期晚的条件。最后的 S3.price >= S4.price 描述了过去的股价更高（或者持平）的条件。通过这样的分析，我们可以明白虽然上面这条 SQL 语句看起来比较长，但是每个谓词都具有明确的意义。

顺便说一下，这个查询的结果里包含像 2007-01-14 ~ 2007-01-17 或 2007-01-16 ~ 2007-01-17 这样的子集。最后，我们要把这些不需要的子集排除掉。使用极值函数很容易就能实现。

```
-- 排除掉子集，只取最长的时间区间
SELECT MIN(start_date) AS start_date,        -- 最大限度地向前延伸起点
       end_date
  FROM (SELECT S1.deal_date AS start_date,
               MAX(S2.deal_date) AS end_date   -- 最大限度地向后延伸终点
          FROM MyStock S1, MyStock S2
         WHERE S1.deal_date < S2.deal_date
           AND NOT EXISTS
             (SELECT *
                FROM MyStock S3, MyStock S4
               WHERE S3.deal_date BETWEEN S1.deal_date AND S2.deal_date
                 AND S4.deal_date BETWEEN S1.deal_date AND S2.deal_date
                 AND S3.deal_date < S4.deal_date
                 AND S3.price >= S4.price)
         GROUP BY S1.deal_date) TMP
 GROUP BY end_date;
```

■ 执行结果

```
start_date     end_date
------------   -------------
2007-01-06     2007-01-08
2007-01-14     2007-01-17
```

这段代码的关键在于最大限度地延伸起点和终点。如果想包含持平（广义的单调递增）的区间，只需去掉子查询里 S3.price >= S4.price 里的等号就可以了。因为子查询里是相反的条件，所以结果里想要包含持平区间时，要反过来把等号从条件里去掉。

▦ 本节小结

本节主要介绍了以数列为代表的有序集合的处理方法，不只列举出了解决问题的 Tips，还试着挖掘出了隐藏在解法背后的 SQL 的原理。

如果之前从来没有想过所有的问题都能用集合论和谓词逻辑的方法来解决，那么本节的内容可能会让人感觉到有点不可思议。这是因为我们对这两个相对较新的概念（两个都才诞生了 100 年多一点）还不是很了解，还不能灵活地掌握。可能也是因为相对较新，所以我们在学校里也并没有认真地学习，这进一步导致了对它们理解的匮乏。但是，熟练掌握这两个概念的用法，对于提升 SQL 技能来说是必不可少的。

下面是本节要点。

1. SQL 处理数据的方法有两种。

2. 第一种是把数据看成忽略了顺序的集合。

3. 第二种是把数据看成有序的集合，此时的基本方法如下。

　　a. 首先用自连接生成起点和终点的组合

　　b. 其次在子查询中描述内部的各个元素之间必须满足的关系

4. 要在 SQL 中表达全称量化时，需要将全称量化命题转换成存在量化命题的否定形式，并使用 NOT EXISTS 谓词。这是因为 SQL 只实现了谓词逻辑中的存在量词。

如果大家想了解更多关于用 SQL 处理数列或有序集合的方法，请参考下面的资料。

1. Joe Celko,《SQL 权威指南（第 4 版）》（人民邮电出版社，2013 年）

用 SQL 处理数列的方法请参考第 32 章"子序列、区域、顺串、间隙及岛屿"。本节中的问题很多都源于这里。

2. Joe Celko,《SQL 解惑（第 2 版）》（人民邮电出版社，2008 年）

使用序列视图求缺失编号的方法请参考"谜题 57 间隔——版本 1"。Joe Celko 假定两张表中都没有重复的数据，从而使用 EXCEPT ALL 来提高性能。这种做法是不错，但是几乎没有数据库支持这种写法，所以本书中只是简单地使用了 EXCEPT[1]。

练习题

●练习题 1-9-1：求所有的缺失编号——NOT EXIST 和外连接

正文中提到过，SQL 里有很多方法可以实现差集运算。正文里介绍了使用 EXCEPT 和 NOT IN 实现的方法。请思考一下使用 NOT EXISTS 和外连接实现的方法。

● **练习题 1-9-2：求序列——面向集合的思想**

在 "三个人能坐得下吗" 部分，我们用 NOT EXISTS 表达了全称量化，进而求出了序列。请思考一下如何使用 HAVING 子句来解决这个问题。

在解决了不考虑换排的情况之后，请再思考一下考虑换排的情况。

● **练习题 1-9-3：求所有的序列——面向集合的思想**

这里练习用集合论的方法去完成与谓词逻辑同样的功能。在 "最多能坐下多少人" 部分，我们使用 NOT EXISTS 求出了所有的序列，并将它们存储在了视图里。请将那条 SQL 语句用 HAVING 子句改写。思路和练习题 1-9-2 大致相同，只不过特征函数的条件稍微复杂一些。

1-10 HAVING 子句又回来了

▶再也不要叫它配角了!

HAVING 子句是 SQL 中的重要功能之一。在 1-4 节中，我们学习了它的一部分强大功能。在本节中，我们将继续学习 HAVING 子句的应用技巧,这些技巧充分体现了 HAVING 子句"调查集合自身性质"的特长。

我在教 SQL 课程的时候，最重要的课题之一是让学生们暂时忘掉（unlearn）他们已经习惯了的面向过程语言。我使用的方法是强调 SQL 的处理单位不是记录，而是集合。❶

——Joe Celko

注❶

Joe Celko, *Thinking in Aggregates*, 2005 年。

写在前面

在前面章节中我们曾多次说过，学习 SQL 时最大的阻碍就是我们已经习惯了的面向过程语言的思考方式（排序、循环、条件分支、赋值等）。为了深入理解 SQL 的本质，我们必须暂时摒弃已有观念，返璞归真——这就是 Joe Celko 说的 unlearn 的意思。Joe Celko 本人最初是从 Fortran 开始程序员职业生涯的，然后接触了 C、Algol、Pascal 等面向过程语言之后才学习的 SQL，所以他的话应该是有感而发。

不过说起来容易做起来难。放弃掉长期以来习惯了的思考方式，恐怕对任何人来说都不是一件简单的事情。笔者认为，学习 HAVING 子句的用法是帮助我们顺利地忘掉面向过程语言的思考方式并理解 SQL 面向集合特性的最为有效的方法。这是因为，HAVING 子句的处理对象是集合而不是记录，所以只有习惯了面向集合的思考方式，才能真正地学好它。

好了，接下来我们再来感受一下"HAVING 子句的力量"吧。这回也要画很多维恩图，大家准备好纸和笔了吗？

各队，全体点名

首先恭喜你被任命为了消防队（或地球保卫队）总负责人。现在你收到了来自司令部的出勤指示。

你需要做的是查出现在可以出勤的队伍。可以出勤即队伍里所有队员都处于"待命"状态。我们使用的是下面这张表。

Teams

member（队员）	team_id（队伍编号 ID）	status（状态）
乔	1	待命
肯	1	出勤中
米克	1	待命
卡伦	2	出勤中
凯斯	2	休息
简	3	待命
哈特	3	待命
迪克	3	待命
贝斯	4	待命
阿伦	5	出勤中
罗伯特	5	休息
卡根	5	待命

这张示例表中，可以出勤的队伍是3队和4队。4队里虽然只有贝斯1人，但是确实也是全队都集齐了。我们来思考一下求可以出勤的队伍的SQL语句。

"所有队员都处于'待命'状态"这个条件是全称量化命题，所以可以用 NOT EXISTS 来表达。

```sql
-- 用谓词表达全称量化命题
SELECT team_id, member
  FROM Teams T1
 WHERE NOT EXISTS
       (SELECT *
          FROM Teams T2
         WHERE T1.team_id = T2.team_id
           AND status <> '待命' );
```

■ 执行结果

```
team_id    member
-------    ------
      3    简
      3    哈特
      3    迪克
      4    贝斯
```

这条 SQL 语句使用了下面这样的全称量化和存在量化之间的转换 ❶。

"所有队员都处于待命状态" = "不存在不处于待命状态的队员"

这个查询性能很好，而且结果中能体现出队员信息，这些是它好的地
方。但是因为使用了双重否定，所以理解起来不是很容易。而如果使用
HAVING 子句，写起来就非常简单了，像下面这样。

```
-- 用集合表达全称量化命题 (1)
SELECT team_id
  FROM Teams
 GROUP BY team_id
HAVING COUNT(*) = SUM(CASE WHEN status = '待命'
                           THEN 1
                           ELSE 0 END);
```

■ 执行结果

```
team_id
-------
      3
      4
```

上面这条 SQL 语句是一个肯定句，理解起来更直观，而且代码很简洁。
接下来我们仔细看一下这条 SQL 语句具体做了些什么。第一步还是使用
GROUP BY 子句将 Teams 集合以队伍为单位划分成几个子集。

S：Teams

目标集合是队员全部处于待命状态的S3和S4

目标集合是 S3 和 S4，那么只有这两个集合拥有而其他集合没有的特征是什么呢？答案是，处于"待命"状态的数据行数与集合中数据总行数相等。这个条件可以用 CASE 表达式来表达，状态为"待命"的情况下返回 1，其他情况下返回 0。也许大家已经注意到了，这里使用的是特征函数的方法。

根据是否满足条件分别为表里的每一行数据加上标记 1 或 0，这样更好理解一些，如下表所示。

member（队员）	team_id（队伍编号 ID）	status（状态）	特征函数标记
乔	1	待命	1
肯	1	出勤中	0
米克	1	待命	1
卡伦	2	出勤中	0
凯斯	2	休息	0
简	3	待命	1
哈特	3	待命	1
迪克	3	待命	1
贝斯	4	待命	1
阿伦	5	出勤中	0
罗伯特	5	休息	0
卡根	5	待命	1

顺便说一下，HAVING 子句中的条件还可以像下面这样写。

```
-- 用集合表达全称量化命题 (2)
SELECT team_id
  FROM Teams
 GROUP BY team_id
HAVING MAX(status) = '待命'
   AND MIN(status) = '待命';
```

　　这条 SQL 语句的意思大家明白吗？某个集合中，如果元素最大值和最小值相等，那么这个集合中肯定只有一种值。因为如果包含多种值，最大值和最小值肯定不会相等。极值函数可以使用参数字段的索引，所以这种写法性能更好（当然本例中只有 3 种值，建立索引也并没有太大的意义）。

　　当然也可以把条件放在 SELECT 子句里，以列表形式显示出各个队伍是否所有队员都在待命，这样的结果更加一目了然。

```
-- 列表显示各个队伍是否所有队员都在待命
SELECT team_id,
       CASE WHEN MAX(status) = '待命' AND MIN(status) = '待命'
            THEN '全都在待命'
            ELSE '队长! 人手不够' END AS status
  FROM Teams
 GROUP BY team_id;
```

```
team_id    status
-------    -------------------------
      1    队长! 人手不够
      2    队长! 人手不够
      3    全都在待命
      4    全都在待命
      5    队长! 人手不够
```

　　需要注意的是，条件移到 SELECT 子句后，查询可能就不会被数据库优化了，所以性能上相比 HAVING 子句的写法会差一些。至于选择哪种写法，需要根据我们对信息量和性能的具体需求来判断。

单重集合与多重集合

　　在 1-7 节中我们也说过，关系数据库中的集合是允许重复数据存在的多重集合。与之相反，通常意义的集合论中的集合不允许数据重复，被称为"单重集合"（这是笔者自己造的词，并非公认的术语）。

　　允许循环插入和频繁读写的表中有可能产生重复数据。在定义表时加入唯一性约束可以预防表中产生重复数据，但是有些情况下根据具体的业务需求不同，产生重复数据也是合理的。

例如，有下面这样一张管理各个生产地的材料库存的表。

Materials

center（生产地）	receive_date（入库日期）	material（材料）
东京	2007－4－01	锡
东京	2007－4－12	锌
东京	2007－5－17	铝
东京	2007－5－20	锌
大阪	2007－4－20	铜
大阪	2007－4－22	镍
大阪	2007－4－29	铅
名古屋	2007－3－15	钛
名古屋	2007－4－01	钢
名古屋	2007－4－24	钢
名古屋	2007－5－02	镁
名古屋	2007－5－10	钛
福冈	2007－5－10	锌
福冈	2007－5－28	锡

各生产地每天都会入库一批材料，然后使用材料生产各种各样的产品。但是，有时材料不能按原定计划在一天内消耗完，会出现重复。这时，为了在各生产地之间调整重复的材料，我们需要调查出存在重复材料的生产地。

先来分析一下满足条件的生产地具有哪些特征。从表中我们可以看到，一个生产地对应着多条数据，因此"生产地"这一实体在表中是以集合的形式，而不是以元素的形式存在的。处理这种情况的基本方法就是使用 GROUP BY 子句将集合划分为若干个子集，像下面这样。

目标集合是锌重复的东京，以及钛和钢重复的名古屋。那么这两个集合满足而其他集合不满足的条件是什么呢？

这个条件是，"排除掉重复元素后和排除掉重复元素前元素个数不相同"。这是因为，如果不存在重复的元素，不管是否加上 DISTINCT 可选项，COUNT 的结果都是相同的。

```
-- 选中材料存在重复的生产地
SELECT center
  FROM Materials
 GROUP BY center
HAVING COUNT(material) <> COUNT(DISTINCT material);
```

■ 执行结果

```
center
------
东京
名古屋
```

虽然我们无法通过这条 SQL 语句知道重复的材料具体是哪一种，但是通过在 WHERE 子句中加上具体的材料作为参数，可以查出某种材料存在重复的生产地。而且，和前面一样，我们可以把条件移到 SELECT 子句中，这样就能在结果中清晰地看到各个生产地是否存在重复材料了。

```
SELECT center,
       CASE WHEN COUNT(material) <> COUNT(DISTINCT material) THEN '存在重复'
            ELSE '不存在重复' END AS status
  FROM Materials
 GROUP BY center;
```

```
center          status
----------      ----------
大阪            不存在重复
东京            存在重复
福冈            不存在重复
名古屋          存在重复
```

从 1-4 节开始我们进行了许多与 HAVING 子句相关的练习，所以对于使用 GROUP BY 将原来的表划分为子集的思考方式，大家已经非常习惯了吧。接下来针对我们一直在使用的"子集"的说法，稍微补充一点理论方面的知识。在数学中，通过 GROUP BY 生成的子集有一个对应的名字，叫作划分（partition）。它是集合论和群论中的重要概念，指的是将某个集合按照某种规则进行分割后得到的子集。这些子集相互之间没有重复的元素，而且它们的并集就是原来的集合。这样的分割操作被称为划分操作。SQL 中的 GROUP BY，其实就是针对集合的划分操作的具体实现（关于划分和划分操作的更多内容，可以参考本书 2-5 节）。

　　顺便说一下，这个问题也可以通过将 HAVING 改写成 EXISTS 的方式来解决。

```
-- 存在重复的集合：使用 EXISTS
SELECT center, material
  FROM Materials M1
 WHERE EXISTS
        (SELECT *
           FROM Materials M2
         WHERE M1.center = M2.center
           AND M1.receive_date <> M2.receive_date
           AND M1.material = M2.material);
```

```
center  material
------- ---------
东京     锌
东京     锌
名古屋   钛
名古屋   钢
名古屋   钢
名古屋   钛
```

　　用 EXISTS 改写后的 SQL 语句也能够查出重复的具体是哪一种材料，而且使用 EXISTS 后性能也很好。相反地，如果想要查出不存在重复材料的生产地有哪些，只需要把 EXISTS 改写为 NOT EXISTS 就可以了。

寻找缺失的编号：升级版

1-4 节介绍过下面这样一条查询数列的缺失编号的查询语句，大家还记得吗？

```sql
-- 如果有查询结果，说明存在缺失的编号
SELECT '存在缺失的编号' AS gap
  FROM SeqTbl
HAVING COUNT(*) <> MAX(seq);
```

这条 SQL 语句有一个前提条件，即数列的起始值必须是 1。大部分情况下这样是没有问题的，但是我们还是放宽这个限制条件，思考一下不管数列的最小值是多少，都能用来判断该数列是否连续的 SQL 语句。对新的 SQL 语句来说，下面 4 种情况中，(3) 是连续的，而 (4) 存在数据缺失。然而对前面的 SQL 语句来说，这里 (3) 的起始值不是 1，所以是不连续的。

(1) 不存在缺失编号（起始值 = 1）　　**(2) 存在缺失编号（起始值 = 1）**

Seq（连续编号）
1
2
3
4
5

Seq（连续编号）
1
2
4
5
8

(3) 不存在缺失编号（起始值 <>1）　　**(4) 存在缺失编号（起始值 <>1）**

Seq（连续编号）
3
4
5
6
7

Seq（连续编号）
3
4
7
8
10

解决这个问题的基本思路和之前是一样的,即将表整体看作一个集合,使用 COUNT(*) 来获得其中的元素个数。上面 4 种情况的话,每张表都满足 COUNT(*)=5。而且,如果数列的最小值和最大值之间没有缺失的编号,它们之间包含的元素的个数应该是 "最大值−最小值+1"。因此,我们像下面这样写比较条件就可以了。

```
-- 如果有查询结果,说明存在缺失的编号:只调查数列的连续性
SELECT '存在缺失的编号'  AS gap
  FROM SeqTbl
HAVING COUNT(*) <> MAX(seq) - MIN(seq) + 1 ;
```

这条 SQL 语句将情况 (1) 和 (3) 看成是连续的。如果不论是否存在缺失的编号,都想要返回结果,那么只需要像下面这样把条件写到 SELECT 里就可以了。

```
-- 不论是否存在缺失的编号都返回一行结果
SELECT CASE WHEN COUNT(*) = 0
            THEN '表为空'
            WHEN COUNT(*) <> MAX(seq) - MIN(seq) + 1
            THEN '存在缺失的编号'
            ELSE '连续' END AS gap
  FROM SeqTbl;
```

这条 SQL 语句中稍微多做了一点处理,即表为空的时候当作异常情况处理,返回 "表为空" 的结果(即使是表为空的时候,前面那条使用了 HAVING 的 SQL 语句也会认为编号是连续的)。像这样表达详细的条件分支正是 CASE 表达式的魅力所在。

接下来我们也顺便改进一下查找最小的缺失编号的 SQL 语句,去掉起始值必须是 1 的限制。对于之前的简单版的 SQL 语句来说,情况 (4) 会把 5 当成最小的缺失编号来返回。因为表中并没有 1 和 2,所以简单版的 SQL 语句根本不会去检查它们的下一个数是否存在。对于像这样表中原本就不存在 1 的情况,我们追加一个条件分支让它返回 1,即像下面这样来写 SQL 语句。

```
-- 查找最小的缺失编号:表中没有1时返回1
SELECT CASE WHEN COUNT(*) = 0 OR MIN(seq) > 1   -- 最小值不是1时→返回1
            THEN 1
```

```
            ELSE (SELECT MIN(seq +1)              -- 最小值是1时→返回最小的缺失编号
                  FROM SeqTbl S1
                  WHERE NOT EXISTS
                        (SELECT *
                          FROM SeqTbl S2
                          WHERE S2.seq = S1.seq + 1))  END
FROM SeqTbl;
```

可以看到，简单版的 SQL 语句以标量子查询的方式整体地嵌入到了 CASE 表达式的返回结果块里。考虑到表可能为空，所以这里加上了 COUNT(*) = 0 这个条件。而且相比简单版，NOT IN 也改写成了 NOT EXISTS，这样写是为了处理值为 NULL 的情况，以及略微优化一下性能。特别是如果在 "seq" 列上建立了索引，那么使用 NOT EXISTS 能明显改善性能。这条 SQL 语句会返回下面这样的结果。

- 情况 (1)：6（没有缺失的编号，所以返回最大值 5 的下一个数）
- 情况 (2)：3（最小的缺失编号）
- 情况 (3)：1（因为表中没有 1）
- 情况 (4)：1（因为表中没有 1）

在面向过程语言中，条件分支是通过 IF 语句或者 CASE 语句等进行的。但是在 SQL 语言中，所有的条件分支都是通过"表达式（函数）"进行的。在这一点上，SQL 语言跟函数式语言非常相似。

为集合设置详细的条件

最后，我们再练习一些使用 CASE 表达式来描述特征函数的方法。熟练掌握这些方法之后，不管多么复杂的条件都能轻松地表达出来（不是夸张，是真的）。

这里以下面这张记录了学生考试成绩的表为例进行讲解。

TestResults

student_id（学号ID）	class（班级）	sex（性别）	score（分数）
001	A	男	100
002	A	女	100
003	A	女	49
004	A	男	30
005	B	女	100
006	B	男	92
007	B	男	80
008	B	男	80
009	B	女	10
010	C	男	92
011	C	男	80
012	C	女	21
013	D	女	100
014	D	女	0
015	D	女	0

请根据这张表回答后面几个问题。这次笔者不会给大家画出维恩图了，如果需要的话请自己画一下。

好了，我们先看一个简单的。

第 1 题：请查询出 75% 以上的学生分数都在 80 分以上的班级。

班级里的总人数可以通过 COUNT(*) 查到，80 分以上的学生人数可以通过特征函数来统计，因此答案如下所示。

```
   SELECT class
     FROM TestResults
 GROUP BY class
   HAVING COUNT(*) * 0.75
          <= SUM(CASE WHEN score >= 80
                      THEN 1
                      ELSE 0 END) ;
```

■ 执行结果

```
class
-------
    B
```

怎么样，是不是很简单？我们继续看下一题。

第 2 题：请查询出分数在 50 分以上的男生的人数比分数在 50 分以上的女生的人数多的班级。

这次，两个条件都可以用特征函数来描述。

```
  SELECT class
    FROM TestResults
GROUP BY class
  HAVING SUM(CASE WHEN score >= 50 AND sex = '男'
                  THEN 1
                  ELSE 0 END)
     > SUM(CASE WHEN score >= 50 AND sex = '女'
                  THEN 1
                  ELSE 0 END) ;
```

■ 执行结果

```
class
-------
    B
    C
```

好了，接下来是最后一题。这个问题有些地方有点棘手，大家知道是哪里吗？

第 3 题：请查询出女生平均分比男生平均分高的班级。

按照和前两题一样的思路，像下面这样写的人应该不少吧。

```
-- 比较男生和女生平均分的 SQL 语句 (1)：对空集使用 AVG 后返回 0
  SELECT class
    FROM TestResults
GROUP BY class
  HAVING AVG(CASE WHEN sex = '男'
                  THEN score
                  ELSE 0 END)
     < AVG(CASE WHEN sex = '女'
                  THEN score
                  ELSE 0 END) ;
```

■ 执行结果

```
class
-------
    A
    D
```

结果里出现了 A 班，没有什么问题。因为 A 班男生的平均分是（100 ＋ 30）/2 ＝ 65，女生的平均分是（100 ＋ 49）/2 ＝ 74.5，确实女生的平均分更高。这里，有问题的是 D 班。

从表中的数据我们可以发现，D 班全是女生。在上面的解答中，用于判断男生的 CASE 表达式里分支 ELSE　0 生效了，于是男生的平均分就成了 0 分。对于女生的平均分约为 33.3 的 D 班，条件 0 < 33.3 也成立，所以 D 班也出现在查询结果里了。

这种处理方法看起来好像也没什么问题。但是，如果学号 013 的学生分数刚好也是 0 分，结果会怎么样呢？这种情况下，女生的平均分会变为 0 分，所以 D 班不会被查询出来。

男生和女生的平均分都是 0，但是两个 0 的意义完全不同。女生的平均分是正常计算出来的，而男生的平均分本来就无法计算，只是强行赋值为 0 而已。真正合理的处理方法是，保证对空集求平均的结果是"未定义"，就像除以 0 的结果是未定义一样。

根据标准 SQL 的定义，对空集使用 AVG 函数时，结果会返回 NULL（用 NULL 来代替未定义这种做法本身也有问题，但是在这里我们不深究，详细内容可以参考 1-3 节）。下面我们看一下修改后的 SQL 语句。

```
-- 比较男生和女生平均分的 SQL 语句 (2)：对空集求平均值后返回 NULL
   SELECT class
     FROM TestResults
  GROUP BY class
   HAVING AVG(CASE WHEN sex = '男'
                   THEN score
                   ELSE NULL END)
        < AVG(CASE WHEN sex = '女'
                   THEN score
                   ELSE NULL END) ;
```

这回 D 班男生的平均分是 NULL。因此不管女生的平均分多少，D 班都会被排除在查询结果之外。这种处理方法和 AVG 函数的处理逻辑也是一致的。

关注集合的性质，反过来说其实就是忽略掉单个元素的特征。在解答上面几道例题时，我们考虑的也是班级整体具有的特点和趋势，至于个人得了多少分，并没有关注。

这种确保成员隐秘性的同时研究集体趋势的思考方式与统计学的方法论不谋而合。最近几年，利用关系数据库进行的统计分析（特别是在美国）非常流行，考虑到 SQL 面向集合的特性与统计学之间的相似之处，这种情况就一点都不奇怪了。在今后的日本，应该也会越来越多地将数据库当作统计分析的工具来使用吧。

📘 本节小结

在本节中，我们学习了 HAVING 子句的一些稍微高级点的用法。对于 HAVING 子句（和 GROUP BY）的用法，相信大家已经很熟悉了。

用一句话概括使用 HAVING 子句时的要点，就是要搞清楚将什么东西抽象成集合。前面我们看过的例题，其实都是把各种各样的实体当作集合来处理了。其中有像数列、班级、队伍这样本身就容易看作是集合的实体，也有像店铺、生产地这样本身是原子性元素的实体，这些都被当作集合来处理了。

需要理解的是，在 SQL 中一件东西能否抽象成集合，和它在现实世界中的实际意义无关，只取决于它在表中的存在形式。根据需要，我们可以把实体抽象成集合，也可以把它抽象成集合中的元素。

如果实体对应的是表中的一行数据，那么该实体应该被看作集合中的元素，因此指定查询条件时应该使用 WHERE 子句。如果实体对应的是表中的多行数据，那么该实体应该被看作集合，因此指定查询条件时应该使用 HAVING 子句。

最后，我们整理一下在调查集合性质时经常用到的条件。这些条件可以在 HAVING 子句中使用，也可以通过 SELECT 子句写在 CASE 表达式里使用，需要的时候可以参考一下。

■ 用于调查集合性质的常用条件及其用途

No	条件表达式	用途
1	COUNT (DISTINCT col) = COUNT (col)	col 列没有重复的值
2	COUNT(*) = COUNT(col)	col 列不存在 NULL
3	COUNT(*) = MAX(col)	col 列是连续的编号（起始值是 1）
4	COUNT(*) = MAX(col) – MIN(col) + 1	col 列是连续的编号（起始值是任意整数）
5	MIN(col) = MAX(col)	col 列都是相同值，或者是 NULL
6	MIN(col) * MAX(col) > 0	col 列全是正数或全是负数
7	MIN(col) * MAX(col) < 0	col 列的最大值是正数，最小值是负数
8	MIN(ABS(col)) = 0	col 列最少有一个是 0
9	MIN(col – 常量) = – MAX(col – 常量)	col 列的最大值和最小值与指定常量等距

上面的 1、4 和 5 我们在本节中已经练习过了，2 和 3 在 1-4 节中也使用过了（4 是将 3 一般化而得到的）。不仅限于这些简单的条件，如果使用 CASE 表达式来生成特征函数，那么无论多么复杂且通用的条件，我们都可以描述，在这里就不再详细解释了。

下面是本节要点。

1. 在 SQL 中指定搜索条件时，最重要的是搞清楚搜索的实体是集合还是集合的元素。

2. 如果一个实体对应着一行数据 → 那么就是元素，所以使用 WHERE 子句。

3. 如果一个实体对应着多行数据 → 那么就是集合，所以使用 HAVING 子句。

4. HAVING 子句可以通过聚合函数（特别是极值函数）针对集合指定各种条件。

5. 如果通过 CASE 表达式生成特征函数，那么无论多么复杂的条件都可以描述。

6. HAVING 子句很强大。

下面是参考资料。

1. Joe Celko，《SQL 解惑（第 2 版）》（人民邮电出版社，2008 年）

关于数列缺失编号的检查，请参考"谜题 57 间隔——版本 1"。Joe Celko 在求缺失的最小编号时采用了 NOT IN，但是为了解决 NULL 的问题并且改善性能，本书中的例子改用了 NOT EXISTS。还有，关于使用 CASE 表达式生成特征函数的相关技术，可以参考"谜题 11 工作顺序"。

2. Joe Celko，*Thinking in Aggregates*（DBAzine.com，2005 年）

（http://www.dbazine.com/ofinterest/oi-articles/celko18）

这篇文章是主张通过 HAVING 子句来理解 SQL 的面向集合思想的名作，笔者也从中受到了不少启发。前面提到的一些用于调查集合性质的常用条件都摘自这篇文章，笔者只是做了一些修改。本节开头引用的 Joe Celko 的话也摘自这篇文章。

3. 物理学的卷尾猫"划分操作"（2006 年 4 月）

（http://hooktail.sub.jp/algebra/Klassierung/）

物理学的卷尾猫是一个致力于以易懂的语言介绍物理学相关知识的项目。这篇文章介绍了集合中划分和划分操作的一些概念，极力避免了使用复杂的数学公式，非常容易理解。

练习题

● 练习题 1-10-1：单重集合与多重集合的一般化

在"单重集合与多重集合"部分，我们只针对 material 一个字段检查了集合中是否存在重复值。这次我们考虑一下推而广之，针对多个字段检查是否存在重复。

我们在原来的表中加上"原产国"这样一个字段，作为测试数据。

请从表中查出材料和原产国两个字段都重复的生产地。答案只有（锌，泰国）重复了的东京。对于名古屋，如果只看材料，那么"钢"有重复，但是因为产地分别是智利和阿根廷，所以应该被排除在外。

提示：不用想得很深。

Materials2

center(生产地)	receive_date（入库日期）	material（材料）	orgland(原产国)
东京	2007-04-01	锡	智利
东京	2007-04-12	锌	泰国
东京	2007-05-17	铝	巴西
东京	2007-05-20	锌	泰国
大阪	2007-04-20	铜	澳大利亚
大阪	2007-04-22	镍	南非
大阪	2007-04-29	铅	印度
名古屋	2007-03-15	钛	玻利维亚
名古屋	2007-04-01	钢	智利
名古屋	2007-04-24	钢	阿根廷
名古屋	2007-05-02	镁	智利
名古屋	2007-05-10	钛	泰国
福冈	2007-05-10	锌	美国
福冈	2007-05-28	锡	俄罗斯

●练习题 1-10-2：多个条件的特征函数

接下来再练习一下 CASE 表达式的特征函数和 HAVING 子句组合使用的技巧。做个稍微难点儿的题吧。

我们使用下面这样一张存储了测试成绩的表作为测试数据。这张表我们在 1-8 节中也用过。

TestScores

student_id（学号 ID）	subject（科目）	score（分数）
100	数学	100
100	语文	80
100	理科	80
200	数学	80
200	语文	95
300	数学	40
300	语文	90
300	社会	55
400	数学	80

这张表中每个学生存储了多门学科的成绩。在 1-8 节中，我们使用谓词逻辑的方法思考了查询满足下面条件的学生的 SQL 语句。

1. 数学的分数在 80 分以上。
2. 语文的分数在 50 分以上。

答案是学号为 100 和 200 的学生。这次我们排除掉没有语文成绩的学号为 400 的学生。

请试着用 HAVING 子句和特征函数的方法解答一下。

1-11 让 SQL 飞起来

▶简单的性能优化

性能优化对数据库工程师来说是一个重要的课题。本节将介绍一些只需调整 SQL 语句就能实现的通用的优化 Tips。

■ 写在前面

SQL 的性能优化是数据库工程师在实际工作中必须面对的重要课题之一。对于某些数据库工程师来说，它几乎是唯一的课题。实际上，在像 Web 服务这样需要快速响应的应用场景中，SQL 的性能直接决定了系统是否可以使用。

因此，本节不再像前面一样介绍 SQL 的各种功能的应用技巧，而是将重点转向 SQL 的优化方面，介绍一些使 SQL 执行速度更快、消耗内存更少的优化技巧。

严格地优化查询性能时，必须要了解所使用数据库的功能特点。此外，查询速度慢并不只是因为 SQL 语句本身，还可能是因为内存分配不佳、文件结构不合理等其他原因。因此本节即将介绍的优化 SQL 的方法未必能解决所有的性能问题，但是确实很多时候查询性能不好的原因还是 SQL 的写法不合理。

本节将尽量介绍一些不依赖具体数据库实现，而且简单易行的优化方法。若这些方法能使大家在平常工作中感觉到 SQL 执行速度慢时得到帮助，笔者将不胜荣幸。

■ 使用高效的查询

在 SQL 中，很多时候不同代码能够得出相同结果。从理论上来说，得到相同结果的不同代码应该有相同的性能，但遗憾的是，查询优化器生成的执行计划很大程度上要受到代码外部结构的影响。因此如果想优化查询性能，必须知道如何写代码才能使优化器的执行效率更高。

参数是子查询时，使用 EXISTS 代替 IN

IN 谓词非常方便，而且代码也容易理解，所以使用的频率很高。但是方便的同时，IN 谓词却有成为性能优化的瓶颈的危险。如果代码中大量用到了 IN 谓词，那么一般只对它们进行优化就能大幅度地提升性能。

如果 IN 的参数是"1，2，3"这样的数值列表，一般还不需要特别注意。但是如果参数是子查询，那么就需要注意了。

在大多时候，[NOT] IN 和 [NOT] EXISTS 返回的结果是相同的。但是两者用于子查询时，EXISTS 的速度会更快一些。

我们先看个例子。这里使用前面用过的两张用于管理员工学习过的培训课程的表作为测试数据。

Class_A

id(编号)	name(名字)
1	田中
2	铃木
3	伊集院

Class_B

id(编号)	name(名字)
1	田中
2	铃木
4	西园寺

我们试着从 Class_A 表中查出同时存在于 Class_B 表中的员工。下面两条 SQL 语句返回的结果是一样的，但是使用 EXISTS 的 SQL 语句更快一些。

```
-- 慢
SELECT *
  FROM Class_A
 WHERE id IN (SELECT id
                FROM Class_B);

-- 快
SELECT *
  FROM Class_A  A
 WHERE EXISTS
        (SELECT *
           FROM Class_B  B
          WHERE A.id = B.id);
```

■ 两个结果都如下所示

```
id name
-- ----
1  田中
2  铃木
```

使用 EXISTS 时更快的原因有以下两个。

- 如果连接列（id）上建立了索引，那么查询 Class_B 时不用查实际的表，只需查索引就可以了。
- 如果使用 EXISTS，那么只要查到一行数据满足条件就会终止查询，不用像使用 IN 时一样扫描全表。在这一点上 NOT EXISTS 也一样。

当 IN 的参数是子查询时，数据库首先会执行子查询，然后将结果存储在一张临时的工作表里（内联视图），然后扫描整个视图。很多情况下这种做法都非常耗费资源。使用 EXISTS 的话，数据库不会生成临时的工作表。

但是从代码的可读性上来看，IN 要比 EXISTS 好。使用 IN 时的代码看起来更加一目了然，易于理解。因此，如果确信使用 IN 也能快速获取结果，就没有必要非得改成 EXISTS 了。

而且，最近有很多数据库也尝试着改善了 IN 的性能 ❶。也许未来的某一天，无论在哪个数据库上，IN 都能具备与 EXISTS 一样的性能。

注❶

例如，在 Oracle 数据库中，如果我们使用了建有索引的列，那么即使使用 IN 也会先扫描索引。此外，PostgreSQL 从版本 7.4 起也改善了使用子查询作为 IN 谓词参数时的查询速度。

参数是子查询时，使用连接代替 IN

要想改善 IN 的性能，除了使用 EXISTS，还可以使用连接。前面的查询语句就可以像下面这样"扁平化"。

```
-- 使用连接代替 IN
SELECT A.id, A.name
  FROM Class_A A INNER JOIN Class_B B
    ON A.id = B.id;
```

这种写法至少能用到一张表的"id"列上的索引。而且，因为没有了子查询，所以数据库也不会生成中间表。我们很难说与 EXISTS 相比哪个更好，但是如果没有索引，那么与连接相比，可能 EXISTS 会略胜一筹。而且，从本节后面的很多例题也可以看出，有些情况下使用 EXISTS 比使用连接更合适。

避免排序

与面向过程语言不同，在 SQL 语言中，用户不能显式地命令数据库进行排序操作。对用户隐藏这样的操作正是 SQL 的设计思想。

但是，这样并不意味着在数据库内部也不能进行排序。其实正好相反，在数据库内部频繁地进行着暗中的排序。因此最终对于用户来说，了解都有哪些运算会进行排序很有必要（从这个意义上讲，"隐藏操作"这个目标的实现似乎还任重道远）。

会进行排序的代表性的运算有下面这些。

- GROUP BY 子句
- ORDER BY 子句
- 聚合函数（SUM、COUNT、AVG、MAX、MIN）
- DISTINCT
- 集合运算符（UNION、INTERSECT、EXCEPT）
- 窗口函数（RANK、ROW_NUMBER 等）

排序如果只在内存中进行，那么还好；但是如果内存不足因而需要在硬盘上排序，那么伴随着"呲啦呲啦"的硬盘访问声，排序的性能也会急剧恶化（下面的数据可能不太准确……据说硬盘的访问速度比内存的要慢上 100 万倍）。因此，尽量避免（或减少）无谓的排序是我们的目标。

灵活使用集合运算符的 ALL 可选项

SQL 中有 UNION、INTERSECT、EXCEPT 三个集合运算符。

在默认的使用方式下，这些运算符会为了排除掉重复数据而进行排序。

```
SELECT * FROM Class_A
 UNION
SELECT * FROM Class_B;
```

```
id name
-- -----
1  田中
2  铃木
3  伊集院
4  西园寺
```

如果不在乎结果中是否有重复数据，或者事先知道不会有重复数据，请使用 UNION ALL 代替 UNION。这样就不会进行排序了。

```
SELECT * FROM Class_A
UNION ALL
SELECT * FROM Class_B;
```

```
id name
-- ------
1  田中
2  铃木
3  伊集院
1  田中          ◄────── 因为不排除重复数据所以也不需要进行排序
2  铃木
4  西园寺
```

对于 INTERSECT 和 EXCEPT 也是一样的，加上 ALL 可选项后就不会进行排序了。

加上 ALL 可选项是优化性能的一个非常有效的手段，但问题是各种数据库对它的实现情况参差不齐。下表中汇总了目前各种数据库的实现情况。

■ 集合运算符 ALL 可选项的实现情况

	Oracle	DB2	SQLServer	PostgreSQL	MySQL
UNION	○	○	○	○	○
INTERSECT	×	○	×	○	－
EXCEPT	×	○	×	○	－

1. Oracle使用MINUS代替EXCEPT

2. MySQL连INTERSECT和EXCEPT运算本身还没有实现

上面这张表从侧面展现出了各个数据库厂商对标准 SQL 的遵从程度，很有意思。DB2 果然忠实地实现了全部功能。而 PostgreSQL 虽然是开源软件，但是也兼顾到了所有细节，很符合学院派的作风。MySQL 和 SQL Server 稍微差一些，Oracle 很重视自己的个性。人们很容易想当然地以为所有的数据库都支持 ALL 可选项，但事实并非如此，请注意一下。

使用 EXISTS 代替 DISTINCT

为了排除重复数据，DISTINCT 也会进行排序。如果需要对两张表的连接结果进行去重，可以考虑使用 EXISTS 代替 DISTINCT，以避免排序。

Items

item_no	item
10	FD
20	CD-R
30	MO
40	DVD

SalesHistory

sale_date	item_no	quantity
2007-10-01	10	4
2007-10-01	20	10
2007-10-01	30	3
2007-10-03	10	32
2007-10-0	30	12
2007-10-04	20	22
2007-10-04	30	7

我们思考一下如何从上面的商品表 Items 中找出同时存在于销售记录表 SalesHistory 中的商品。简而言之，就是找出有销售记录的商品。

使用 IN 是一种做法。但是前面我们说过，当 IN 的参数是子查询时，使用连接要比使用 IN 更好。因此我们像下面这样使用"item_no"列对两张表进行连接。

```
SELECT I.item_no
  FROM Items I INNER JOIN SalesHistory SH
    ON I. item_no = SH. item_no;


item_no
-------
     10
     10
     20
     20
     30
     30
     30
```

因为是一对多的连接，所以"item_no"列中会出现重复数据。为了排除重复数据，我们需要使用 DISTINCT。

```
SELECT DISTINCT I.item_no
  FROM Items I INNER JOIN SalesHistory SH
    ON I. item_no = SH. item_no;
```

```
item_no
-------
     10
     20
     30
```

但是，其实更好的做法是使用 EXISTS。

```
SELECT item_no
  FROM Items I
 WHERE EXISTS
          (SELECT *
             FROM SalesHistory SH
            WHERE I.item_no = SH.item_no);
```

这条语句在执行过程中不会进行排序。而且使用 EXISTS 和使用连接一样高效。

在极值函数中使用索引（MAX/MIN）

SQL 语言里有 MAX 和 MIN 两个极值函数。

使用这两个函数时都会进行排序。但是如果参数字段上建有索引，则只需要扫描索引，不需要扫描整张表。以刚才的表 Items 为例来说，SQL 语句可以像下面这样写。

```
-- 这样写需要扫描全表
SELECT MAX(item)
  FROM Items;
```

```
-- 这样写能用到索引
SELECT MAX(item_no)
  FROM Items;
```

因为 item_no 是表 Items 的唯一索引，所以效果更好。对于联合索引，只要查询条件是联合索引的第一个字段，索引就是有效的，所以也可以对表 SalesHistory 的 sale_date 字段使用极值函数。

这种方法并不是去掉了排序这一过程，而是优化了排序前的查找速度，从而减弱排序对整体性能的影响。

能写在 WHERE 子句里的条件不要写在 HAVING 子句里

例如，下面两条 SQL 语句返回的结果是一样的。

```sql
-- 聚合后使用HAVING 子句过滤
SELECT sale_date, SUM(quantity)
  FROM SalesHistory
 GROUP BY sale_date
HAVING sale_date = '2007-10-01';
```

```sql
-- 聚合前使用WHERE 子句过滤
SELECT sale_date, SUM(quantity)
  FROM SalesHistory
 WHERE sale_date = '2007-10-01'
 GROUP BY sale_date;
```

```
sale_date          sum(quantity)
-------------      --------------
'2007-10-01'                  17
```

但是从性能上来看，第二条语句写法效率更高。原因通常有两个。第一个是在使用 GROUP BY 子句聚合时会进行排序，如果事先通过 WHERE 子句筛选出一部分行，就能够减轻排序的负担。第二个是在 WHERE 子句的条件里可以使用索引。HAVING 子句是针对聚合后生成的视图进行筛选的，但是**很多时候聚合后的视图都没有继承原表的索引结构**。

在 GROUP BY 子句和 ORDER BY 子句中使用索引

一般来说，GROUP BY 子句和 ORDER BY 子句都会进行排序，来对行进行排列和替换。不过，通过指定带索引的列作为 GROUP BY 和 ORDER BY 的列，可以实现高速查询。特别是，在一些数据库中，如果操作对象的列上建立的是唯一索引，那么排序过程本身都会被省略掉。如果各位有兴趣，可以确认一下自己使用的数据库是否支持这个功能。

真的用到索引了吗

一般情况下，我们都会对数据量相对较大的表建立索引。简单理解起来，索引的工作原理与 C 语言中指针数组是一样的。即相比查找复杂对象的数组，查找轻量的指针会更高效。而且最流行的 B 树索引还进行了一些优化，以使用二分查找来提升查询的速度。

假设我们在一个叫作 col_1 的列上建立了索引，然后来看一看下面这条 SQL 语句。这条 SQL 语句本来是想使用索引，但实际上执行时却进行了全表扫描。很多时候，大家是否也在无意识间就这么写了呢？

在索引字段上进行运算

```
SELECT *
  FROM SomeTable
 WHERE col_1 * 1.1 > 100;
```

人们普遍认为，SQL 语言的主要目的不是进行运算。但是实际上，数据库引擎连这种程度的转换也不会为我们做。

把运算的表达式放到查询条件的右侧，就能用到索引了，像下面这样写就 OK 了。

```
WHERE col_1 > 100 / 1.1
```

同样，在查询条件的左侧使用函数时，也不能用到索引。

```
SELECT *
  FROM SomeTable
 WHERE SUBSTR(col_1, 1, 1) = 'a';
```

如果无法避免在左侧进行运算，那么使用函数索引也是一种办法，但是不太推荐随意这么做。

使用索引时，条件表达式的左侧应该是原始字段

请牢记，这一点是在优化索引时首要关注的地方。

使用 IS NULL 谓词

通常，索引字段是不存在 NULL 的，所以指定 IS NULL 和 IS NOT NULL 的话会使得索引无法使用，进而导致查询性能低下。

```
SELECT *
  FROM  SomeTable
 WHERE  col_1 IS NULL;
```

关于索引字段不存在 NULL 的原因，简单来说是 NULL 并不是值。非值不会被包含在值的集合中（详情请参考 1-3 节）❶。

然而，如果需要使用类似 IS NOT NULL 的功能，又想用到索引，那么可以使用下面的方法，假设"col_1"列的最小值是 1。

```
--IS NOT NULL 的代替方案
SELECT *
  FROM  SomeTable
 WHERE  col_1 > 0;
```

原理很简单，只要使用不等号并指定一个比最小值还小的数，就可以选出 col_1 中所有的值。因为 col_1 > NULL 的执行结果是 **unknown**，所以当"col_1"列的值为 NULL 的行不会被选择。不过，如果要选择"非NULL 的行"，正确的做法还是使用 IS NOT NULL。上面这种写法意思有些容易混淆，所以笔者也不太推荐，请只在应急的情况下使用。

使用否定形式

下面这几种否定形式不能用到索引。

- <>
- !=
- NOT IN

因此，下面的 SQL 语句也会进行全表扫描。

```
SELECT *
  FROM  SomeTable
 WHERE  col_1 <> 100;
```

使用 OR

在 col_1 和 col_2 上分别建立了不同的索引，或者建立了（col_1, col_2）这样的联合索引时，如果使用 OR 连接条件，那么要么用不到索引，要么用到了但是效率比 AND 要差很多。

```
SELECT *
  FROM  SomeTable
 WHERE  col_1 > 100
    OR  col_2 = 'abc';
```

如果无论如何都要使用 OR，那么有一种办法是位图索引。但是这种索引的话更新数据时的性能开销会增大，所以使用之前需要权衡一下利弊。

使用联合索引时，列的顺序错误

假设存在这样顺序的一个联合索引 "col_1, col_2, col_3"。

这时，指定条件的顺序就很重要。

```
○   SELECT * FROM SomeTable WHERE col_1 = 10 AND col_2 = 100 AND col_3 = 500;
○   SELECT * FROM SomeTable WHERE col_1 = 10 AND col_2 = 100 ;
×   SELECT * FROM SomeTable WHERE col_1 = 10 AND col_3 = 500 ;
×   SELECT * FROM SomeTable WHERE col_2 = 100 AND col_3 = 500 ;
×   SELECT * FROM SomeTable WHERE col_2 = 100 AND col_1 = 10 ;
```

联合索引中的第一列（col_1）必须写在查询条件的开头，而且索引中列的顺序不能颠倒。有些数据库里顺序颠倒后也能使用索引，但是性能还是比顺序正确时差一些。

如果无法保证查询条件里列的顺序与索引一致，可以考虑将联合索引拆分为多个索引。

使用 LIKE 谓词进行后方一致或中间一致的匹配

使用 LIKE 谓词时，只有前方一致的匹配才能用到索引。

```
×   SELECT  *   FROM  SomeTable  WHERE  col_1  LIKE '%a';
×   SELECT  *   FROM  SomeTable  WHERE  col_1  LIKE '%a%';
○   SELECT  *   FROM  SomeTable  WHERE  col_1  LIKE 'a%';
```

进行默认的类型转换

■ 对 char 类型的 "col_1" 列指定条件的示例

```
×   SELECT * FROM SomeTable WHERE col_1 = 10;
○   SELECT * FROM SomeTable WHERE col_1 = '10';
○   SELECT * FROM SomeTable WHERE col_1 = CAST(10, AS CHAR(2));
```

默认的类型转换不仅会增加额外的性能开销，还会导致索引不可用，可以说是有百害而无一利。虽然这样写还不至于出错，但还是不要嫌麻烦，在需要类型转换时显式地进行类型转换吧（别忘了转换要写在条件表达式的右边）。

减少中间表

在 SQL 中，子查询的结果会被看成一张新表，这张新表与原始表一样，可以通过代码进行操作。这种高度的相似性使得 SQL 编程具有非常强的灵活性，但是如果不加限制地大量使用中间表，会导致查询性能下降。

频繁使用中间表会带来两个问题，一是展开数据需要耗费内存资源，二是原始表中的索引不容易使用到（特别是聚合时）。因此，尽量减少中间表的使用也是提升性能的一个重要方法。

灵活使用 HAVING 子句

对聚合结果指定筛选条件时，使用 HAVING 子句是基本原则。不习惯使用 HAVING 子句的数据库工程师可能会倾向于像下面这样先生成一张中间表，然后在 WHERE 子句中指定筛选条件。

```
SELECT *
  FROM (SELECT sale_date, MAX(quantity) AS max_qty
          FROM SalesHistory
         GROUP BY sale_date) TMP  ◄——— 没用的中间表
 WHERE max_qty >= 10;


sale_date       tot_qty
-----------     ---------
07-10-01              10
07-10-03              32
07-10-04              22
```

然而，对聚合结果指定筛选条件时不需要专门生成中间表，像下面这样使用 HAVING 子句就可以。

```
  SELECT sale_date, MAX(quantity)
    FROM SalesHistory
   GROUP BY sale_date
  HAVING MAX(quantity) >= 10;
```

HAVING 子句和聚合操作是同时执行的，所以比起生成中间表后再执行的 WHERE 子句，效率会更高一些，而且代码看起来也更简洁。

需要对多个字段使用 IN 谓词时，将它们汇总到一处

SQL-92 中加入了行与行比较的功能。这样一来，比较谓词 =、<、>
和 IN 谓词的参数就不能是标量值，而应是值列表了。

我们来看一下下面这道例题。这里对多个字段使用了 IN 谓词，"id"
列是主键。

```
SELECT id, state, city
  FROM Addresses1 A1
 WHERE state IN (SELECT state
                   FROM Addresses2 A2
                  WHERE A1.id = A2.id)
   AND city  IN (SELECT city
                   FROM Addresses2 A2
                  WHERE A1.id = A2.id);
```

这段代码中用到了两个子查询。但是，如果像下面这样把字段连接在
一起，那么就能把逻辑写在一处了。

```
SELECT *
  FROM Addresses1 A1
 WHERE id || state || city
   IN (SELECT id || state|| city
         FROM Addresses2 A2);
```

这样一来，子查询不用考虑关联性，而且只执行一次就可以。此外，
如果所用的数据库实现了行与行的比较，那么我们也可以像下面这样，在
IN 中写多个字段的组合。

```
SELECT *
  FROM Addresses1 A1
 WHERE (id, state, city)
   IN (SELECT id, state, city
         FROM Addresses2 A2);
```

这种方法与前面的连接字段的方法相比有两个优点。一是不用担心连
接字段时出现的类型转换问题，二是这种方法不会对字段进行加工，因此
可以使用索引。

先进行连接再进行聚合

1-5 节提到过，连接和聚合同时使用时，先进行连接操作可以避免产生中间表。原因是，从集合运算的角度来看，连接做的是"乘法运算"。连接表双方是一对一、一对多的关系时，连接运算后数据的行数不会增加。而且，因为在很多设计中多对多的关系都可以分解成两个一对多的关系，因此这个技巧在大部分情况下都可以使用。

合理地使用视图

视图是非常方便的工具，相信日常工作中很多人都在频繁地使用。但是，如果没有经过深入思考就定义复杂的视图，可能会带来巨大的性能问题。特别是视图的定义语句中包含以下运算的时候，SQL 会非常低效，执行速度也会变得非常慢。

- 聚合函数（AVG、COUNT、SUM、MIN、MAX）
- 集合运算符（UNION、INTERSECT、EXCEPT 等）

一般来说，**要格外注意避免在视图中进行聚合操作后需要特别注意**。最近越来越多的数据库为了解决视图的这个缺点，实现了物化视图（materialized view）等技术。当视图的定义变得复杂时，可以考虑使用一下。

本节小结

本节重点介绍了 SQL 性能优化方面的一些注意事项。虽然这里列举了几个要点，但其实优化的核心思想只有一个，那就是找出性能瓶颈所在，重点解决它。

其实不只是数据库和 SQL，计算机世界里容易成为性能瓶颈的也是对硬盘，也就是文件系统的访问（因此个人计算机还可以通过增加内存，或者使用访问速度更快的硬盘等方法来提升性能）。不管是减少排序还是使用索引，抑或是避免中间表的使用，都是为了减少对硬盘的访问。请务必理解这一本质。

下面是本节要点。

1. 参数是子查询时，使用 EXISTS 或者连接代替 IN。

2. 使用索引时，条件表达式的左侧应该是原始字段。

3. 在 SQL 中排序无法显式地指定，但是请注意很多运算都会暗中进行排序。

4. 尽量减少没用的中间表。

如果想了解关于性能优化的更高级的内容，请参考下面的资料。

1. Joe Celko，《SQL 权威指南（第 4 版）》（人民邮电出版社，2013 年）

在第 39 章 "优化 SQL" 里，该书针对不依赖具体数据库实现的 SQL 优化方法，从基本思想到高级技巧进行了全面的介绍。

2. 后藤孝宪、名和满、五岛和彦、井原秀树，《系统工程师的 Oracle 性能优化指南》[1]（SoftBank Publishing，2003 年）

这是一本全面总结性能优化要点的好书。虽然书名中有 Oracle，但也包含了许多不依赖具体数据库实现的通用的观点和技巧，强烈推荐。

注[1]

原书名为『SE のための Oracle チューニングハンドブック』，尚无中文版。——编者注

1-12 SQL 编程方法

▶确立 SQL 的编程风格

在 SQL 中，标准的编程风格还不成熟，也没有确立统一的编程方针。本节将面向未来，思考真正合理的 SQL 编程风格，并提出笔者个人的想法，望有抛砖引玉之效。

代码要清晰，不要为了"效率"牺牲可读性。

——Kernighan & Plauger,《编程格调》[1]

注[1]

高博、徐张宁译，人民邮电出版社，2015 年。

■ 写在前面

在编程的世界里，有很多追求各种高超技巧的研究领域。但是除此之外，还有重视代码的可读性，从提高开发效率的角度研究编程风格的领域。

随着编程语言从注重"更容易让机器理解"的低级语言（如机器语言或者汇编语言等）向"更容易让人类理解"的高级语言发展，人们对"编程语言应该是一种人类可以读得懂、写得出的语言"这样的观点越来越认同，于是从认知心理学的角度研究编程风格的领域应运而生。认知心理学听起来很高深，但是通俗来讲，就是改变"能跑起来就行""效率才是一切"这样的偏执态度，去认真地思考如何写出任何人看了都觉得简单明了，而且错误很少的代码——这其实也是一种非常普遍的常识。应该有不少人听说过 KISS 这一非常有名的标语吧[2]。

我们举个简单的例子：下面两张卡片上各画了几个圆圈，哪个更容易数清楚呢？

注[2]

英文 Keep It Sweet & Simple 的缩写，也有人认为是 Keep It Simple, Stupid。

　　两者表达的信息都是"5 个圆圈"。但是，可能大多数人都认为右边的更容易数清楚。原因非常简单。因为我们通过小时候玩的扑克牌或者骰子（以及麻将）已经记住了"这个形状表示 5"。看到右边的卡片时，我们会不以数字而以图形的方式来进行模式识别。像这样通过图形来帮助识别的示例也被应用在了常见的各种交通标志，以及演讲资料等地方。

　　其实，确立统一的编程风格追求的也是相同的效果。特别是在大型项目中，由于经常需要阅读别人的代码，所以这时的编程行为就像是一种沟通方式。因此，对编程风格的研究也可以看成是对提高系统开发中沟通效率的方法的研究（因此在只有一个人编程的项目中，很难注意到代码风格的重要性）。

　　一方面，这个领域的研究为编程的世界带来了重要的启发。在主流的面向过程语言领域，出现了由 Kernighan 和 Pike 编写的《程序设计实践》，以及由 Kernighan 和 Plauger 编写的《编程格调》等经典名著。此外，编程风格的研究也在用户界面的领域也发挥着重要作用。

　　另一方面，数据库领域还远没有发展到开始关注编程风格的阶段。事实上，SQL 作为一种非过程式语言，一直以来都不被当成主流，因此不像面向过程语言一样有着丰富的积累，而且事实上，人们也尚未认识到应该对 SQL 这门语言进行那么深入的研究。

　　但是，最近几年 SQL 也实现了一些高级的功能，因而人们也渐渐注意到了它的强大实力。可以预见，未来 SQL 能实现的处理会越来越多、越来越复杂，与此同时代码也会变得越来越复杂。因此本节的目的在于抛砖引玉，为确立未来的数据库工程师可能会需要的编程风格而提出笔者个人的想法。

表的设计

名字和意义

　　概括地说，人类对"无意义"很容易感到不知所措。我们每天都想要从交谈、工作，乃至人生中找点什么意义出来。如果生活中到处充斥着各种无意义的事情，人的精神就会受到非常不良的影响。不善于处理无意义的事情（或者不确定的事情）正是人类的一个特点。

关系数据库在各类系统中获得广泛支持的最重要的原因，就在于它放弃了"地址"这一无意义的东西 ❶。放弃地址，留下了"名称"。名称既包括用来指代具体东西的固有名称，也包括用来指代概念或者集合的一般名称。就像代码和标记（flag）一样，乍一看不像是名称的东西，从指代概念或者集合的意义上来讲也属于一般名称的范畴。例如指代"男""女"这种集合的性别标记，指代"感冒""蛀牙"等概念的疾病编号，都是一般名称。与此相反，地址没有指代任何具有实际意义的概念或者事物。

注❶

关于这部分内容，请参考 2-4 节。

既然好不容易构建了所有名字都有意义的数据库世界，就不会再犯独自引入无意义的符号这样愚蠢的错误了。对于列、表、索引，以及约束，命名时都请做到名副其实。绝对不要使用 A、AA，或者 idx_123 这样无意义的符号。特别需要注意的是，如果没有为索引和约束显式地指定名称，DBMS 就会自动为之分配随机的名称，这也是应该避免的。

还有人很认真地为真实的表命名，但是对代码中出现的内联视图命名却很随意。但是既然用到了内联视图，一般来说代码还是相当复杂的，所以也有必要认真地为内联视图命名。

命名时允许的字符有以下 3 种。

- 英文字母
- 阿拉伯数字
- 下划线"_"

这些并非由笔者个人决定的，而是由标准 SQL 定义的字符集合。除此之外，各个数据库实现中可能还加入了 $、#、@ 等特殊符号，以及汉字这样 2 字节的文字，但笔者认为最好不要使用。因为这样写出的代码可移植性不好，而且容易隐藏 Bug。还有，标准 SQL 中规定名称的第一个字符应该是英文字母，这一点我们应该遵守。如果像"Primary"这样用双引号扩起来，那么字符可以被当作 SQL 保留字来解析，但是这种写法也可能带来无谓的混乱，所以请尽量避免。

属性和列

我们时不时地会遇到一个列包含多个意义的表的设计。

例如，对于存储了"年份不同格式就不同的报表"这类值的表，格式切换的时间点不同，某一列中存储的值的意义就会发生变化。还有一类表，使用某一列去管理多种编号（都道府县编号或客户编号等），也属于这种设计。

这种设计的基础思想是"根据位置调用数据"，但是在关系数据库的世界中，这种设计是明确禁止的。在数据库中，列代表的是"属性"，因此应该具有一贯性。

有些时候指代的是年龄，有些时候指代的是体重，还有一些时候指代……像这种列的含义随条件发生变化的设计会给写代码增加困难，而且连列的名称都会很难起，所以最好不要这样做。

编程的方针

注释

注释是编程风格中一个比较有争议的话题。有些人极力主张必须要添加注释，相反也有人认为"注释只会使代码的可读性降低，因此努力方向应该是把代码写得不需要注释也能看懂"。

笔者认为，不管其他语言怎么样，就 SQL 而论，最好还是写注释。这样说主要有两个原因：一个是，SQL 是声明式语言，即使表达同样的处理过程，逻辑仍然比面向过程语言凝练得多；另一个是，SQL 很难进行分步的执行调试。分析代码时主要需要进行桌面调试。

注释的写法有以下两种。

```
-- 单行注释
-- 从 SomeTable 中查询 col_1
SELECT col_1
  FROM SomeTable;
```

```
/*
 多行注释
 从 SomeTable 中查询 col_1
*/
SELECT col_1
  FROM SomeTable;
```

很多人都知道"--"这种单行注释的写法,其实我们还能像 C 语言或 Java 语言一样通过"/* */"去写多行注释,不过这一点很多人都不知道。这种写法不仅可以用来添加真正的注释,也可以用来注释掉代码,非常方便,请灵活应用。

此外,SQL 语句中不能有空行,却可以像下面这样加入注释。

```
SELECT col_1
  FROM SomeTable
 WHERE col_1 = 'a'
   AND col_2 = 'b'
   -- 下面的条件用于指定 col_3 的值是'c'或者'd'
   AND col_3 IN ( 'c', 'd' );
```

需要把揉在一起难以阅读的条件分割成有意义的代码块时,比如必须往 WHERE 子句中写很多条件的时候,这种写法很方便。注释也可以与代码在同一行。

```
SELECT col_1     -- 从 SomeTable 中查询 col_1
  FROM SomeTable;
```

希望大家在编程过程中都能尽量详细地加上注释。

缩进

代码难以阅读的原因里,也许排在第一位的是没有进行缩进(排在第二位的是没有对长代码划分模块,所有的都揉在一起)。

特别是编程的初学者,他们不了解缩进的重要性,写出来的代码每一行都从行首开始。如果是练习用的小的程序,即使不缩进也不至于带来混乱,因此这样也没什么不可以。但是对于专业的工程师来说,如果写代码没有缩进意识就不能容忍了。下面是笔者觉得好和坏的示例。

```
-- √好的示例
SELECT col_1,
       col_2,
       col_3,
       COUNT(*)
  FROM tbl_A
 WHERE col_1 = 'a'
   AND col_2 = ( SELECT MAX(col_2)
```

```
                    FROM tbl_B
                    WHERE col_3 = 100 )
 GROUP BY col_1,
          col_2,
          col_3
```

```
--×坏的示例
SELECT col_1, col_2, col_3, COUNT(*)
FROM   tbl_A
WHERE  col_1 = 'a'
AND    col_2 = (
SELECT MAX(col_2)
FROM   tbl_B
WHERE  col_3 = 100
) GROUP BY col_1, col_2, col_3
```

从上面"好的示例"中我们首先可以看到,子查询的代码缩进了一层。请牢记这个规则。子查询这个名称的开头是"子",这就说明它是低一层的逻辑。

然后,在 SELECT 子句和 GROUP BY 子句中指定多列时,也需要缩进一层。缩进之后,"子句"的代码块就变得很清晰,更方便阅读。如果不想让代码的行数增加得太多,也可以每行写 3 列或 5 列,或者根据具体含义汇总多列进行换行。

在上面"坏的示例"中,GROUP BY 子句之前没有进行换行,这种写法也不太好。SQL 中 SELECT、FROM 等语句都有着明确的作用,请务必以这样的单位进行换行。这里再说点儿细节,笔者认为,比起①这种所有关键字都顶格左齐的写法,②这种让关键字右齐的写法更好。

①左齐

```
SELECT
FROM
WHERE
GROUP BY
HAVING
ORDER BY
```

②右齐

```
   SELECT
     FROM
```

```
    WHERE
    GROUP BY
  HAVING
    ORDER BY
```

　　原因是紧接着的列名或表名的位置也能对齐，代码更易读（这个完全看个人喜好，仅供参考）。

空格

　　不管用什么语言编程都一样，代码中需要适当地留一些空格。如果一点都不留，所有的代码都紧凑到一起，代码的逻辑单元就会不明确，也会给阅读的人带来额外负担。

```
-- √好的示例
SELECT  col_1
  FROM  tbl_A A, tbl_B B
 WHERE  ( A.col_1 >= 100 OR A.col_2 IN ( 'a', 'b' ) )
   AND  A.col_3 = B.col_3;
```

```
-- × 坏的示例
SELECT col_1
  FROM tbl_A A,tbl_B B
 WHERE (A.col_1>=100 OR A.col_2 IN ('a','b'))
   AND A.col_3=B.col_3;
```

　　从"坏的示例"中可以看出，因为没有添加空格，所以 A.col_1>=100 和 A.col_3=B.col_3 这样的语句看起来就像是一个要素，非常不易阅读。虽然不加空格也不会导致语法错误，但是适当地加入空格后，能够明确地区分出各个要素，读起来更加直观一些。添加空格的事情只要稍微留心一点就能做到，所以大家从平时就开始养成好习惯吧。

大小写

　　英文中需要强调某句重要的话时，一般会使用斜体或者大写字母。因此在编程中，也有重要的语句使用大写字母，不重要的语句使用小写字母的习惯。

　　在 SQL 里，关于应该如何区分使用大小写字母有着不成文的约定：关键字使用大写字母，列名和表名使用小写字母（也有一些人习惯只将单

注❶

例如像 PlayStation、McDonald 这样的写法，大写字母看起来就像骆驼的峰，因此也被称为驼峰命名法。这种写法的好处是不用空格也能区分单词，因此在计算机世界里很常用，例如 Java 语言中类的命名。

词的首字母大写 ❶）。很多图书也都是这样的。笔者经常看到有些人写出的 SQL 语句全部使用大写字母，或者全部使用小写字母，真心感觉不舒服。

```
-- √大小写有区分，易读
SELECT   col_1, col_2, col_3,
         COUNT(*)
  FROM   tbl_A
 WHERE   col_1 = 'a'
   AND   col_2 = ( SELECT MAX(col_2)
                        FROM tbl_B
                       WHERE col_3 = 100 )
 GROUP BY   col_1, col_2, col_3;
```

```
-- × 大小写没有区分，难读：全是小写
select   col_1,   col_2,   col_3,
         count(*)
  from   tbl_a
 where   col_1 = 'a'
   and   col_2 = ( select max(col_2)
                        from tbl_b
                       where col_3 = 100 )
 group by   col_1, col_2, col_3;
```

```
-- × 大小写没有区分，难读：全是大写
SELECT   COL_1,   COL_2,   COL_3,
             COUNT(*)
  FROM   TBL_A
 WHERE   COL_1 = 'A'
   AND   COL_2 = ( SELECT MAX(COL_2)
                        FROM TBL_B
                       WHERE COL_3 = 100 )
 GROUP BY   COL_1, COL_2, COL_3;
```

逗号

到底要不要说这个话题，笔者其实一度非常犹豫。但是既然本节的目的就是抛砖引玉，那么笔者愿意接受批评，下面就讲一下自己的观点。

在 SQL 中，分割列或表等要素时需要使用逗号。很多人都习惯把逗号写在要素的后面。例如写"col_1, col_2, col_3"时，先写 col_1，再在后面写逗号，然后写 col_2，再在后面写逗号……但是如果按照这种规则，就不能解释为什么 col_3 的后面没有写逗号。同时，也并不是说逗号得统一写在要素的前面，因为这样就不能解释为什么 col_1 的前面没

有写逗号了。正确的写法是把逗号写在要素和要素的中间。

这句话听起来没错，理所当然。如果基于这样的想法来思考，我们就能理解为什么要像下面这样写了。

```
SELECT    col_1
        , col_2
        , col_3
        , col_4
  FROM  tbl_A;
```

这里我们以逗号","为例，不过"+""-"等二元运算符，以及 AND 和 OR 与这里的逗号一样，起到的是连接要素的作用，一般都写在行的开头。

这种"前置逗号"的写法有两个好处。第一个是删掉最后一列"col_4"后执行也不会出错。如果按照一般的写法来写，那么删掉最后的 col_4 后，SELECT 子句的结尾会变成"col_3,"，执行会出错。为了防止出错，还必须手动地删除逗号才行。当然，"前置逗号"的写法在需要删除第一列时也会有同样的问题，但是一般来说需要添加或删掉的大多是最后一列。写在第一位的列很多时候都是重要的列，相对而言不会有很大的变动。

第二个好处是，每行中逗号都出现在同一列，因此使用 Emacs 等可以进行矩形区域选择的编辑器就会非常方便操作。如果将逗号写在列后面，那么逗号的列位置就会因列的长度不同而参差不齐。

除了这些好处，这种写法也有一个缺点，那就是可读性稍微差些。尤其是对初次见到这种写法的人来说，可能第一眼看到这段代码时会惊呼"这是什么!?"这难道不是与本节的主旨"追求可读性高的代码风格"背道而驰了吗？

是的，这句批评刚好触及了痛点❶。笔者能理解，改变已经习惯了的写法确实需要花费不少精力。也正因为如此，笔者才在本部分开头提及自己其实也一度非常犹豫要不要讲这个话题。但是为了让大家理解"前置逗号"写法真的有很多好处，所以还是决定说了。不知各位读者有何感想呢？

不使用通配符

使用通配符（*）指定所有列后，表的全部列都会被选中。虽然这种写法很方便，但最好还是不要这样做。使用通配符后查出的结果中会包含理论上来说并不需要的列，不仅会降低代码的可读性，也不利于需求变更。

注❶

在数据库学界，支持"后置写法"的代表可能是 Joe Celko。把逗号放置在每行的结尾而不是开头。逗号、分号、问号或句号从视觉上表示某个内容的结束而不是开始。——摘自《SQL 编程风格》（人民邮电出版社，2008年）第 28 页

这个观点正确与否我们暂且不管，至少它的论据是有问题的。原因是，Joe Celko 把连接符和终止符弄混了。确实分号或句号是表示语句结束的终止符，但是逗号是一种连接符，用于连接要素，从这一点来说，逗号的作用与 AND 或 OR 等是一样的。因此，将逗号写在行的开头也没什么奇怪的。

而且，因为结果的格式依赖于列的排列顺序，所以修改表中列的排列顺序，或者添加、修改列就会导致结果的格式发生变化。

```
× SELECT * FROM SomeTable;
√ SELECT col_1, col2, col3 ... FROM SomeTable;
```

所以，尽管有些麻烦，但大家还是只把需要的列写在 SELECT 子句里吧。

ORDER BY 中不使用列编号

在 ORDER BY 子句中，我们可以使用列的编号代替实际的列名，作为排序的列来使用。在动态生成 SQL 等情况下，这是很有用的功能，但是这样的代码可读性很不好。而且这个功能在 SQL-92 中已经被列为了"未来会被删除的功能"。因此保守一点来讲，最好不要使用它。和前面讲过的通配符一样，一般来说会受列的顺序和位置影响的写法都应该避免，这也是一条铁律。

```
× SELECT col_1, col2 FROM SomeTable ORDER BY 1, 2;
√ SELECT col_1, col2 FROM SomeTable ORDER BY col_1, col2;
```

SQL 编程方法

请说普通话

SQL 是一种有多种方言的语言，各种数据库实现都为我们做了各种扩展（不管是好的还是坏的）。SQL 官方其实已经制定了标准语法（当前最新的是 SQL:2003❶），但是并没能做出多少推动统一的努力。关于这一点，也有一些历史原因。过去的标准 SQL 很弱，并没有达到实用的程度，很多数据库厂商不得不自己扩展标准 SQL 中没有的功能。

但是，近年标准 SQL 越来越完善，也越来越实用了。如果还继续使用各种数据库的方言进行编程，就会出现很难像 PostgreSQL → Oracle、SQL Server → MySQL 这样在 DBMS 之间移植代码的情况，而且开发者换到不熟悉的 DBMS 后会很不习惯新的编程环境。

这些问题只需要稍微注意一下就可以避免，所以大家还是在日常开发中养成使用标准语法的习惯吧。下面列出了几个需要注意的地方。

注❶
这是本书写作时的最新版本，现在已更新至 SQL:2016。——译者注

1. 不使用依赖各种数据库实现的函数和运算符

很多依赖数据库实现的函数都是转换函数或字符串处理函数。不要使用这些函数：DECODE(Oracle)、IF(MySQL)、NVL(Oracle)、STUFF(SQL Server) 等。请使用 CASE 表达式或者 COALESCE、NULLIF 等标准函数代替它们。此外，像 SIGN 或 ABS、REPLACE 这些，虽然标准 SQL 没有定义它们，但是几乎所有的数据库都实现了它们，所以使用一下也没关系。

让人头疼的是标准 SQL 中有定义，但是各数据库实现情况不同的功能。例如日期函数 EXTRACT，以及用于字符串连接的运算符 "||" 或者 POSITION 函数。这些函数的使用频率都很高，但是请记住，使用它们会导致代码的可移植性变差（解决这个问题，我们就需要期待各数据库厂商的推动了）。

2. 连接操作使用标准语法

在 SQL 的语法中，依赖数据库实现最严重的是连接语句。在很早的时候，连接条件和普通的查询条件一样，都是写在 WHERE 子句里的。

```
SELECT *
  FROM Foo F, Bar B
 WHERE F.state = B.state
   AND F.city = '东京';
```

标准 SQL 使用 INNER 或 CROSS 等表明连接类型的关键字，连接条件可以使用 ON 子句分开写。

```
-- 内连接，而且一眼就能看明白连接条件是 F.state = B.state
SELECT *
  FROM Foo F INNER JOIN Bar B
    ON F.state = B.state
 WHERE F.city = '东京';
```

这样写的话，一眼就能看明白连接的类型和条件，代码可读性很好。

外连接请使用 LEFT OUTER JOIN、RIGHT OUTER JOIN 或者 FULL OUTER JOIN 来写。使用 (+) 运算符 (Oracle)、*= 运算符 (SQL Server) 等依赖数据库实现的写法会降低代码的可移植性，而且表达能力也有限，所以还是尽量避免吧。标准 SQL 中允许省略关键字 OUTER，但是这个关键字便于我们理解它是外连接而非内连接，所以还是写上吧。

"左连接" 和 "右连接"

外连接有左连接、右连接和全连接三种类型。其中，左连接和右连接的表达能力是一样的，理论上讲使用哪个都可以。

但是笔者认为，在代码风格方面，左连接有一个优势：一般情况下表头都出现在左边（笔者没遇见过表头出现在右边的情况）。使用左边的表作为主表的话，SQL 就能和执行结果在格式上保持一致。这样一来，在看到 SQL 语句时，我们很容易就能想象出执行结果的格式。事实上，看看其他介绍 SQL 的书也能发现，绝大多数示例都会选择使用左连接，大概作者们也是出于同样的考虑。

一般表头都在左边

	0 岁 ~ 4 岁	5 岁 ~ 9 岁	10 岁 ~ 14 岁	…
北海道 青森 秋田 新泻 · · ·				

表头在右边的话看起来有点奇怪

0 岁 ~ 4 岁	5 岁 ~ 9 岁	10 岁 ~ 14 岁	…	
				北海道 青森 秋田 新泻 · · ·

至于为什么表头一般都在左侧，笔者觉得原因可能是我们的眼睛一般都是从左上角开始浏览信息的（可以想象一下自己站在自动贩卖机前时的视线移动方向）❶。

从 FROM 子句开始写

这部分内容可能有点多余，如果大家觉得值得参考，那么可以试一下。

大家在写 SQL 语句时，是按照什么顺序写的呢？笔者想，大部分人都会说是从 SELECT 子句开始写的。他们可能会觉得"SELECT 子句在开头，难道不该从它开始写吗？"

当然，从 SELECT 子句开始写也没问题。比如对于一共 10 行左右的 SQL 语句，不管从哪里开始写都没太大的差别。但是以笔者的经验，如果

注❶

如果继续追问"为什么人的眼睛从左边而不从右边开始浏览呢"，那么可能就会没完没了，所以我们就到此为止吧。

SQL 语句很长或者很复杂，这种写法就会耗费很多时间，而且写出的代码很难阅读。

原因是 SELECT 子句是 SQL 语句中最后执行的部分，写的时候根本没有必要太在意。

SQL 中各部分的执行顺序是：FROM → WHERE → GROUP BY → HAVING → SELECT(→ ORDER BY)。严格地说，ORDER BY 并不是 SQL 语句的一部分，因此可以排除在外。这样一来，SELECT 就是最后才被执行的部分了 ❶。

SELECT 子句的主要作用是完成列的格式转换和计算，并没有做很多工作，用做菜来类比的话就像是最后添加调料的环节。因为它总是出现在最开始的位置，所以很容易引起人们的注意，但是在考虑具体逻辑的时候，我们完全可以先忽略它。相对而言，WHERE、GROUP BY 和 HAVING 等起到的作用更重要一些。

因此，如果需要写很复杂的 SQL 语句，可以考虑按照执行顺序从 FROM 子句开始写，这样添加逻辑时更加自然。即使不知道在 SELECT 子句里写什么，也肯定知道应该在 FROM 子句中写些什么（如果不知道，那么说明表的结构还没有确定，因此应该先完成表的设计，然后再考虑 SQL 语句）。

如果把从 SELECT 子句开始写的方法称为自顶向下法，那么从 FROM 子句开始写的方法就可以称为自底向上法。用 C 语言来类比的话，从 main 函数开始写，逐步完成各个模块的方法是自顶向下法，而先写各个模块，再组装到一起的方法就是自底向上法。虽然面向过程语言中的模块和 SQL 中的"子句"（clause）并不能完全对等，但是笔者认为这个道理大家应该能明白 ❷。

本节小结

也许各位读者已经注意到了，本节内容和前面各节风格不太一样。"风格不太一样"这种说法有些委婉，直截了当地说，其实本节内容与前面各节相互矛盾。前面各节介绍的很多技巧都为了追求效率而牺牲了可读性。但是到了本节，唾沫星子还没干呢就反过来说不能为了效率而牺牲可读性，这难道不是相互矛盾的吗？其实，可读性和效率并非水火不容的关系，有

注❶
这也是在 SELECT 子句中为列起的别名无法在 GROUP BY 子句中使用的原因。但是也有支持在 GROUP BY 子句中使用在 SELECT 子句中为列起的别名的数据库，详情请参考 1-1 节。

注❷
"从 FROM 子句开始写"的想法源于 Jonathan Gennick 的文章 *An Incremental Approach to Developing SQL Queries*（http://gennick.com/incremental.html）。笔者也从这篇文章中受到了很大的启发。Jonathan Gennick 还为这种方法起了个名字，叫作"渐进法"（Incremental Approach）。

些时候鱼和熊掌是可以兼得的。但是，大部分情况下，我们还是很难兼顾两者。

如果要问笔者倾向于哪一边，不用说，肯定是本节强调的可读性。原因很简单，如果硬件和数据库本身的性能提升了，即使我们不对 SQL 做什么优化，性能也能得到提升。相反，代码难读的问题没有谁能帮我们解决，能保证代码可读性的只有开发者自己。因此当需要从两者中做出选择时，笔者会毫不犹豫地选择可读性。

性能优化是一个非常有趣的领域，将耗费 1 小时的查询优化到只需要 1 分钟，是一件很有成就感的事情。但是笔者还是认为，既然编程是一种沟通手段，那么每个开发者就有义务保证自己写出的代码表达清晰，具有很好的可读性。

如果想更进一步了解 SQL 的编程方法，请参考下面的资料。

1. Joe Celko，《SQL 编程风格》(人民邮电出版社，2008 年)

该书并不直接介绍 SQL 的具体技术，而是重点介绍程序设计相关的知识和代码风格，涵盖了表和列的命名规则、代码风格、糟糕的表设计案例、视图和存储过程的用法，以及集合论思路等丰富的内容，是应该人手一册的好书。特别是第 6 章 "编码选择"、第 10 章 "以 SQL 的方式思考"，推荐所有数据库工程师都阅读一下。

2. Brian W.Kernighan、P.J.Plauger，《编程格调》(人民邮电出版社，2015 年)

该书是关于代码风格的经典书。书非常老，而且用的都是面向过程语言的示例代码，但是里边的很多内容直到现在还能带给我们启发。其中的基本思想在思考 SQL 的代码风格时也是有用的，这一点让笔者很震惊。这正说明，这本书真的深入到了编程的核心本质。

第 **2** 章

关系数据库的世界

2-1 ⋯ 关系数据库的历史

2-2 ⋯ 为什么叫"关系"模型

2-3 ⋯ 开始于关系,结束于关系

2-4 ⋯ 地址这一巨大的怪物

2-5 ⋯ GROUP BY和PARTITION BY

2-6 ⋯ 从面向过程思维向声明式思维、面向集合思维转变的7个关键点

2-7 ⋯ SQL和递归集合

2-8 ⋯ 人类的逻辑学

2-9 ⋯ 消灭NULL委员会

2-10 ⋯ SQL中的层级

2-1 关系数据库的历史

▶ 1969 年——一切从这里开始

关系数据库从诞生至今已经有四十多年，现在依然拥有着巨大的市场规模。对于关系数据库，我们一直以来都习以为常地在日常工作中使用着。本章将稍微深入探究一下关系数据库的诞生以及发展史。

写在前面

说到关系数据库的历史时，必须第一个提到的人是关系模型的创始人 E.F. Codd（1923—2003）。他已经辞世，所以我们再也不能向他请教与关系数据库相关的知识了。但是，他的影响力丝毫没有减弱。笔者想，也许在关系数据库被其他某种数据库完全取代之前，他的影响力都不会消失。

Codd 从牛津大学数学专业毕业后，作为英国空军的飞行员参加了第二次世界大战，战后去往美国，加入 IBM 公司开始从事开发工作。他在 1969 年发表了论文《大型数据库中关系存储的可推导性、冗余与一致性》[1]。这篇里程碑式的论文奠定了关系模型的理论基础。

在本节中，我们将一起学习一下 Codd 这篇论文的一些要点，从而了解一下它的历史意义。当然，讲述关系数据库的历史时，以阅读这篇论文之后深受启发的年轻工程师们（例如 Oracle 的创始人拉里·埃里森）为核心，讲述他们创造出一个个优秀数据库的故事也是很有趣的，但是限于篇幅我们不能这样做。而且，其实已经有很多介绍这些故事的优秀图书了。在这里，我们将把注意力集中到对关系模型本身的历史地位的探究上。下面的内容主要依据 C.J. Date 的著作 *The Database Relation Model*。

注❶
原论文题为 *Derivability, Redundancy, and Consistency of Relations Stored in Large Data Banks*，尚无中文版。——编者注

两篇论文

实际上，Codd 写了两篇与关系模型相关的论文。第一篇是写于 1969 年的《大型数据库中关系存储的可推导性、冗余与一致性》。遗憾的是，

这篇论文发表在 IBM 公司内部期刊 *IBM Research Report* 上了,因此并没有引起外界的注意。

在接下来的 1970 年,Codd 又在权威学术杂志 *Communications of ACM* 上,以《大型共享数据库的关系模型》❶ 为题发表了第二篇论文。至此,关系模型真正地问世了。现在人们读到的论文基本上都是这一篇。

但是,就像 C.J. Date 说的那样,这篇论文充满了学术味道,而且比较偏重理论和数学,所以即使是数据库方面的专家,一般也不会去阅读。的确,对于从事开发工作的工程师来说,这篇论文有些难以读懂。Codd 毕竟是接受过严格数学训练的人,写出的论文也以读者具有集合论和谓词逻辑的知识为前提,因此尽管这篇论文的篇幅不算很长,但仍然让人感觉阅读门槛很高。

但是不用担心,笔者相信坚持把本书读到这里的各位读者已经在阅读本书的过程中不知不觉地掌握了集合论和谓词逻辑的基础知识。接下来我们了解一下这篇论文的一些要点。大家读完可能会觉得这些知识与我们之前学习过的东西差不多呢。

注❶
原论文题为 *A Relational Model of Data for Large Shared Data Banks*,尚无中文版。——编者注

■ Codd 的贡献

根据 C.J. Date 的总结,Codd 这两篇论文的主要贡献可以归纳为以下 3 点。

1. 定义了关系运算(relational calculus)。
2. 定义了关系代数(relational algebra)。
3. 采用谓词逻辑作为数据库操作的基础。

第 1 点中的关系运算也被称为关系逻辑(relational logic)。Codd 调整了一阶谓词逻辑,以便其能够用于关系数据库,并定义为了关系运算。对于第 2 点中的关系代数,数据库工程师们应该都很熟悉。Codd 定义的关系代数包含选择、投影、并、交等 8 种运算,输入和输出都是关系。他将这些运算设计成了封闭的,从而促进了 SQL 的快速发展。关于这一点,2-3 节将详细介绍。可以说,Codd 思维严谨,他的深思熟虑为关系模型的发展奠定了非常坚实的理论基础。

表述第 3 点中的谓词逻辑时，C.J. Date 的用词给人的感觉与前 2 点稍微有些不同。C.J. Date 没有使用"发明"而使用了"采用"这个词，这是因为谓词逻辑并不是由 Codd 提出的，而是诞生于十九世纪末的逻辑体系。1969 年时，谓词逻辑已经成为了逻辑学的标准（现在也一样）。

1969 年——一切从这里开始

1969 年的论文不仅给出了关系的定义，还考虑到了主键的概念，所以即使说 Codd 凭一己之力奠定了关系模型的基础也毫不为过。

但是需要注意的是，Codd 此时提出的"主键"这个词并非我们现在所说的"主键"，而更像是"超键"。因为 Codd 允许主键存在冗余，而且一张表中可以存在多个主键。1970 年的论文又追加了"外键"的概念。

还有，1969 年的论文中有一句非常重要的话（但是不仔细的话看很容易漏过），这句话来自该论文某一章的开篇语。

将数据看作关系后，有可能创造出以二阶谓词逻辑为基础的用于查询一般数据的子语言。

相信本书的读者们一定能够理解这句平实的话有着多么重要的意义。是的，这就是二阶谓词逻辑（second-order predicate logic）！

世界上还尚未出现实现了它的关系数据库。此时的 Codd 正在脑海中独自构思能够明确地对关系进行量化的虚拟数据库系统。不过，在 1970 年的论文中，这部分被悄悄地替换成了"一阶"（first-order）。替换的具体原因不清楚，笔者想也许是因为他在实现二阶谓词逻辑时发现数据库系统会变得非常复杂，而且没有实际的益处。

不过，正是由于关系数据库以谓词逻辑作为基础，逻辑学的研究成果才可以直接应用于数据管理系统。这个选择为数据库的发展带来了太多的好处，而做出这样的选择也需要具备非常有前瞻性的眼光。

在此之前，有谁尝试过把存储在数据库中的数据看成**命题**吗？数据就是数据，把它看成语句的想法实在太奇特了，并不是那么容易能想到的。"Codd 最具决定性的重要思想就是把数据看成关系的集合，然后再把关系看成（真）命题的集合。这样，在创造出基于谓词逻辑的语言之后，就能直接使用这种语言查询数据了"——C.J. Date 的这句评论说到了关键点上。

1969 年的论文还简单介绍了这种查询语言（当时还没有命名为 SQL）的一些其他特征，这些特征有些在现在的 SQL 语言中仍然存在，比如能够进行集合层次的操作，以及是一种不完整的"数据子语言"（data sublanguage）等。

1970 年——远离地址

与前一年的论文相比，1970 年的论文有几个比较大的不同点。其中之一就是，更加强调数据在逻辑层和物理层的独立性。

在 Codd 提出关系模型之前，数据库系统的主流模型是分层模型和网状模型。这两种模型在查找数据时都需要使用索引（指针），因此用户必须知道数据的存储位置，抽象程度非常低。正因如此，Codd 的首要目标就是将用户从这种毫无意义的烦恼中解放出来。于是"数据库中不再包含索引，字段间也没有顺序了"[1]。

下面内容摘自 1970 年论文的序言。

使用终端或应用程序的大型数据库的用户不需要知道数据在机器上是如何存储的。坐在终端前的用户和应用程序的行为不应该受到数据库内部结构变更的影响。

这段话听起来是不是让人觉得信心十足呢？正如 C.J. Date 所说，在这篇论文中，Codd 第一次明确主张**关系模型应该在表现层放弃指针**，因此这是一篇值得纪念的纲领性文章。数据的查询方法从通过索引查询变成了通过数据内容查询，数据的存储顺序变成了由 SQL 语言中的 ORDER BY 子句动态地指定。"即使说要放弃指针，但也只是在'表现层'放弃，在'物理层'不还是要保留吗？"如果大家有这样的不满，可以先阅读一下本书 2-4 节再来理解 Codd 这种基于现实的考虑。

范式

1970 年的论文除了强调数据的独立性之外，还有一个重要的变化，那就是出现了范式的概念。Codd 在这篇论文中提出了第一范式的想法（第二范式、第三范式的定义出现在之后的论文中）。

　　在这篇论文中，Codd 提到"范式"或"规范化"的时候，指的都是第一范式。现在看来，所有的关系都满足第一范式是理所当然的前提，因此我们可能难以体会到 Codd 强调这一点的意义在哪里。但是，在刚刚定义了关系模型的时期，必须要强调这一点。因为即使不满足第二范式、第三范式，人们也能创建关系模型的表（经常见到吧），但是如果不满足第一范式就不能创建。换句话说，"所有的关系都满足第一范式"是使用关系模型创建表的必要条件。

　　在存储设备中，表现"规范化"的关系可以使用二维的具有相同构造的列数组（column-homogeneous array），……而表现"非规范化"的关系则需要使用更加复杂的数据结构。

　　"按照第一范式进行规范化的关系"其实就是"定义域只包含原子值（atomic value）的关系"（Codd）。这里所说的原子值，我们今天称为标量值。它指的是不能再进行细分的最小单位的数据结构，具体的可以想象一下一般的数值型或字符型的值。

　　意外的是，在关系数据库诞生三十年后，SQL-99 进行了扩展，使得我们可以定义不满足第一范式的"数组类型"。这个扩展对关系模型来说究竟是好还是坏，还不能轻易下判断。

　　在此之前，很多人认为，关系模型不能处理非规范化的数据，因此它的能力是有限的。这种批评没有错。一般来说，在宿主语言中可以灵活选择数组、结构体、对象等多种数据类型来表现非规范化的数据。但是在插入到数据库中时，必须将它们分解成标量值，即按照第一范式进行规范化，然后再存入数据库。

　　在宿主语言和数据库之间传递和接收数据时，应该有很多读者因为双方支持的数据结构不一致而苦恼过吧？特别是面向对象语言和关系数据库不一致的问题，这种问题称为"阻抗不匹配"。由此可见，希望数据库能支持在宿主语言中可用的数据结构这种需求也是有道理的。

　　但是，笔者认为，如果按照这个方向发展下去，那么某一天，关系模型可能会再次拾起 Codd 过去放弃掉的那种做法，即二阶谓词逻辑。一阶谓词逻辑只能量化"行（＝命题）"，而二阶谓词逻辑还可以量化"关系（＝命题的集合）"，具有更强的表达能力。对于以关系作为输入来处理的系统来说，这一定是最为重要的功能。

但是，尽管二阶谓词逻辑功能很强大，实现支持它的系统却并不容易，而且用户使用起来也比较困难。假如未来某一天实现了二阶谓词逻辑的 DBMS 问世了，笔者还是很想研究一下的（至少与实现了四值逻辑的 DBMS 相比，笔者对它更感兴趣），但是它到底是否真的有实际用处，还是很难判断的。很抱歉这里写的有些模棱两可，因为关于这部分内容到底什么才是最优解，其实笔者也给不出明确的结论（毕竟连 Codd 自己都有些徘徊不定）。

本节小结

在本节中，我们针对催生了关系数据库的两篇论文，简单地解读了一下其内容。尽管这两篇都是发表于几十年前的论文，但是直到今天还有不可动摇的意义，让人读起来惊叹不已。C.J. Date 曾经说"我深深觉得数据库的专家们每年都应该重读一下这两篇论文"，笔者认为对于我国的数据库工程师来说也应该是这样的。所谓经典，指的就是每次阅读都能有新发现的作品，Codd 的论文就是这样历久弥新。

事实上，直到今天，我们都没有突破 Codd 当年创建的领域。

- 量化只支持一阶就行呢，还是应该扩展到二阶呢？
- 复合型数据应当看成原子值吗？
- 把放弃地址实现到什么程度才足够呢？
- 以三值逻辑作为 SQL 语言的基础是合理的吗？
- 处理树形结构最合适的模型是什么？

Codd 提出的这些问题大部分在当今的数据库领域依然很现实。本节开头说过 Codd 的影响至今还很深刻，现在大家应该感受到了吧？从 1969 年诞生到现在，关系数据库的整个历史中都闪耀着这位天才的光芒。

2-2 为什么叫"关系"模型

▶为什么不叫"表"模型

我们平时都会不假思索地使用"关系数据库""关系模型"这样的词语,但是却不是很清楚这里的"关系"真正指的是什么。其实,这个词有着非常深刻的含义。

时不时地会有人问"为什么叫它关系模型,而不叫它表(tabular)模型"。原因有两个: (1) 当初思考关系模型的时候,从事数据处理工作的人们有一种普遍的观点,即认为多个对象之间的关系(或者关联)必须通过一种链接数据结构来表示。为了纠正这个误解,我特意选择了"关系模型"这个词作为名字;(2) 与关系相比,表的抽象度更低,容易给人可以像数组一样操作的印象,而 n 元关系就不会了。还有,数据库表中数据的内容和行的顺序没有关系,在这一点上表更容易带来误解。尽管表有这样的小缺点,但依然是表达关系概念时最重要的手段。毕竟表的概念人们更熟悉一些。❶

——Codd

注❶
摘自《关系数据库: 生产力的实用基础》。

■ 关系的定义

关系数据库采用的数据模型是关系模型——反过来说可能更合适,即数据库采用了关系模型,因此才被称为关系数据库。

那么,这里所说的"关系"指的是什么呢?深入思考的话会发现,其实这个词很抽象,不太容易理解,而且很容易与我们日常生活中用的"人际关系""关系紧张"等词中的"关系"混淆。

既然如此,从一开始就不使用"关系"这样的抽象词语,叫它"表"模型不是也行吗?所谓关系,说到底不还是二维表吗?像这样不无道理的疑问,从关系模型诞生之日起已经被提出过很多次了。"总说关系、关系的,到底是什么意思呢?"

　　关系模型之父 Codd 本人也表示时不时地会收到这样的疑问("时不时"的表述有点少说了,其实应该相当频繁吧),并给出了前文中的两个解释。其中 (1) 与现在的数据库工程师没有什么关系。"链接数据结构"指的是使用指针连接数据的链表结构,这是分层模型和网状模型数据结构流行的时期特有的。

　　而 (2) 现在仍然有思考的价值,因为它触及了"关系"这一概念的本质。简单概括的话,关系和表看起来很相似,实质却不相同。为了帮助大家理解这一点,笔者列出了一些关系和表比较典型的区别。

- 关系中不允许存在重复的元组(tuple),而表中可以存在。即,关系是通常说的不允许存在重复元素的集合,而表是多重集合(multiset)
- 关系中的元组没有从上往下的顺序,而表中的行有从上往下的顺序
- 关系中的属性没有从左往右的顺序,而表中的列有从左往右的顺序
- 关系中所有的属性的值都是不可分割的,而表中列的值是可以分割的。换句话说,关系中的属性满足第一范式,而表中的列不满足第一范式

　　仅从列出来的这几条就能看出,关系和表之间的区别还是很大的。与关系相比,表的定义不太严谨,而且不明确。在前文中我们用了很多次"元组"和"属性"这样的词,大家有没有觉得"元组≈行""属性≈列"呢?确实是这样的。元组和属性是关系模型中较为正式的术语,与非正式的日常用语有以下对应关系 ❶。

注❶

关于该表,可参考《数据库系统导论(第7版)》(机械工业出版社,2007 年)。关系和表的区别也参考了这本书(但是在翻译本书时,为了与下文出现的集合中的"域"(field)作区分,这里没有按照《数据库系统导论(第7版)》一书中的用词把 Domain 译为"域",而是译为了"定义域"。——编者注

正式的关系模型术语	非正式的日常用语
关系(relation)	表(table)
元组(tuple)	行(row)或记录(record)
势(cardinality)	行数(number of rows)
属性(attribute)	列(column)或字段(field)
度(degree)	列数(number of columns)
定义域(domain)	列的取值集合(pool of legal values)

　　虽然上面出现了个别看起来很专业的术语,但是一点都不用在意。实

际工作中把"列"称为"属性",把"行数"称为"势"也并没有特别的好处。关系模型是以数学中的集合论为基础的,因此沿用了集合论的一些术语,我们了解了这一点就可以了。不过,阅读一些偏理论的比较严谨的书时,可能会发现作者习惯使用"属性"代替"列",使用"元组"代替"行",所以知道它们的对应关系还是有好处的。

前面说得有些多,让大家久等了。接下来我们介绍一下关系的正确定义。关系的定义可以用下面这样一个公式来给出。

$$R \subseteq (D1 \times D2 \times D3 \cdots \times Dn)$$

(关系用符号 R 表示,属性用符号 Ai 表示,属性的定义域用符号 Di 表示)

这个公式读作"关系 R 是定义域 D1, D2, …, Dn 的笛卡儿积的子集"。公式很简洁,为了便于理解,我们再举个简单的例子解释一下。首先假设有 3 个属性 a1、a2、a3,然后我们描述一下它们的定义域。这里说的定义域与数学中函数的定义域一样,指的是"属性的取值集合"。我们假设属性 a1 可以取 1 种值,属性 a2 可以取 2 种值,属性 a3 可以取 3 种值。各属性对应的定义域分别叫作 d1、d2、d3。

```
d1 = { 1 }
d2 = { 男 , 女 }
d3 = { 红 , 绿 , 黄 }
```

那么笔者问个问题。使用这 3 个定义域生成关系时,最大的元组数是多少?答案是 6。计算方法很简单,就是 $1 \times 2 \times 3 = 6$。全部的元组如下表所示。

笛卡儿积（R1）		
a1	a2	a3
1	男	红
1	男	绿
1	男	黄
1	女	红
1	女	绿
1	女	黄

这个关系 R1 就是笛卡儿积。笛卡儿积是指 "使用各个属性的定义域生成的组合数最多的集合"。因此通过上面 3 个定义域生成的所有关系 R*n*，都是这个笛卡儿积的子集。例如除了 R1，我们还可以定义 R2，将 R2 定义成由 "R1 中的第 1 行和第 2 行" 组成的关系。需要注意的是，元组个数为 0 的关系也是满足定义的 ❶。

这就是我们平时说到关系模型或者关系数据库时所说的 "关系"（relation）的含义。最早给出这个定义的是关系模型的提出者 Codd，但是 "关系" 这个词并不是他发明的。集合论很早就把 "两个集合的笛卡儿积的子集" 称为 "二元关系" 了。Codd 所做的只是把它扩展到了 *n* 元关系。Codd 本身就是一位数学家，因此他当然是在知道集合论中关系的含义的情况下借来使用的。

注❶
势为 0 的关系在集合论中叫作空集。当然，从实现角度来看，势为 0 的关系相当于 "有 0 行数据的表"。

定义域的忧虑

想必很多读者已经注意到了，定义域其实就是（现代编程语言中的）数据类型。我们先看一个例子，下面是一段用 Pascal 语言写的代码。

```
type Day = { Sun, Mon, Tue, Wed, Thu, Fri, Sat };
var Today : Day;
```

这段代码中，用户定义的数据类型为 "Day"（可取的值刚好有 7 个），然后用户定义的与该类型相关的变量为 "Today"（只能取上面定义的 7 个值）。这种情况看起来很像是一种拥有名为 "Day" 的定义域以及定义于其上的属性 "Today" 的关系数据库。❷

注❷
An Introduction to Database Systems(6th Ed.), Addison-Wesley，1997 年。该书第 7 版由机械工业出版社于 2007 年引进，即《数据库系统导论（第 7 版）》。

在学习关系的正式定义时我们接触到了定义域的概念，但是，笔者认为，对于这个概念，恐怕很多经验丰富的数据库工程师也都不是很熟悉。不过，因为直到现在也几乎没有实现了定义域的 DBMS，所以不熟悉也是可以理解的。定义域是关系模型在诞生之际就存在的一个重要的关键词（如果无法确定定义域的话，关系就无法确定了！）然而却一直都未受到人们的重视。不过，SQL-92 标准终于增加了这一功能，相信以后实现它的 DBMS 会多起来吧。

实现了定义域的 DBMS 很少——这种说法严格来讲是不正确的。因为对于比较初级的定义域，正好相反，几乎所有的 DBMS 都已经实现了。这些定义域主要是字符型、数值型等叫作标量类型的数据类型。因为它们对属性的取值范围有约束，所以尽管有局限性，但是标量类型也是定义域的一种。不能往声明为 INTEGER 型的列中插入 abc 这样的字符串。我们还可以使用 CHECK 约束，执行比针对声明为标量类型的列进行的约束更为严格的约束。例如，给声明为字符型的列加上约束，限制该列只能取值为 'm' 和 'f'，就可以写成 CHECK (sex IN ('m', 'f'))。

因此，现在的 DBMS 是具备简单的定义域功能的，只不过比较初级。将数据库比作编程语言的话，可以说现在的 DBMS 相当于**只能使用系统定义好的类型，不能由用户自定义类型**的编程语言。

关系值和关系变量

古希腊哲学家赫拉克利特曾经说过，"人不能两次踏进同一条河流。因为河流永远在不停地变化"。另外，日本的鸭长明也说过，"河水流动经久不息，然而已经不是原来的水"。两人的话听起来都有些自相矛盾，但是想表达的却是同样的主题，即"保证一样东西不变的标准是什么?"

那么，究竟是通过什么来保证的呢? 据说，我们人类身体的全部细胞会一周更新一次，那么一周后我们是不是就会变成另一个人呢? 我们凭什么相信今天交谈过的朋友明天还是同一个人呢?

言归正传。**值**（value）和**变量**（variable）是很容易混淆的概念，在讨论和数据库相关的话题时，两者经常会被混用。一般提到"关系"这个词时，如果不加特殊说明，指的都是"关系变量"。而关系值指的是关系变量在某一时刻取的值。实际上或许我们也可以说，值就是变量的时间切片（time-slice）。

容易混淆的一个原因是，Codd 在早期的论文中并没有明确地对两者加以区别。他的论文中出现了"随时间变化的（time-varying）关系"的说法，但准确的说法应该是"随时间变化的关系变量"。因为**关系值不会随时间变化**。

这与数学或者编程语言中变量和值之间的关系是一样的。在编程语言中,整数型变量存储整数值。同样,在关系模型中,关系型变量存储关系值。理解了这一点,我们应该就不会像刚接触这些概念时那样觉得不可思议了。关键在于我们在学校中学到的变量和值基本上都是标量型的单一类型值,所以只是不习惯**把关系这样的复合型结构看成一个值**。FROM 子句中写的表名正是变量的名称❶。

想象一下,如果告诉赫拉克利特和鸭长明变量和值的区别,二人会有什么反应呢? 笔者想,赫拉克利特也许会怒吼道"无聊! 变量什么的毫无意义! 世上存在的只有值!",而鸭长明可能会点头附和"嗯嗯,原来是数学版的《方丈记》❷ 啊"。

注❶
从这个意义上讲,我们每个人的名字也可以理解成变量。虽然 MICK 或者"凸山太郎"这样的名字指代的实体每时每刻都在变化,但是只要使用了同一个名字(变量名),就会被当成同一个变量来对待。

注❷
鸭长明的著作。鸭长明(1155—1216),日本平安时代末期至镰仓时代初期的作家与诗人。《方丈记》是他隐居时回忆生平际遇、叙述天地巨变、感慨人世无常的随笔集。——编者注

■ 存在"关系的关系"吗

"存在'关系的关系'吗"——这样的问题听起来可能有点唐突,但请耐心地听下去。这是前面提到的观点"把关系这样的复合型结构看成一个值"的延伸。

这个问题可以替换成"存在递归的关系吗"或者"定义域中可以包含关系吗"。

"关系的关系"在逻辑上是可能存在的。但是,为此必须定义能够使定义域包含关系的谓词,而且如果再考虑对关系的量化,就需要实现二阶谓词逻辑,因此实现"关系的关系"非常困难。

因此这里我们只简单地了解一下描述这种现实中还不存在的"关系的关系"的关系模型大概是什么样子。首先请看一个具体的表。

列 1		列 2	列 3
性别 **性别编号** 男　1 女　2 未知　0		列 1 中存储的值是关系	100
名字 **职业** **身高** 山田　工艺师　160 上田　大学教授　185 矢部　刑警　175 山田　书法家　170		可以像这样在关系中存储另一个关系	

虽然这张表看起来有点杂乱，但"关系的关系"的关系模型就是这个样子。正如字面意思所示，这是一种"关系之中还有关系"或者"表中还有表"的状态。像这样包含关系的列（属性）叫作**关系值属性**（relation-valued attribute），现在有很多关于它在关系模型中的应用的研究。

不管怎样，如果接受了这种"关系的关系"，那么自然就能进一步扩展到"关系的关系的关系"或者"关系的关系的关系的关系"这样更高阶的关系。当然它们也都是嵌套式的递归结构。

这种递归关系与目录结构是一样的。就像目录中可以放置目录或者文件一样，关系中可以放置关系值或者标量值。因此高阶的关系又是树形结构。

文件系统与数据库的目的都是提高数据的存储效率，因此从提高效率的角度来说，两者都采用树形结构是理所当然的。只不过如今的关系数据库只定义了一阶关系，拿文件系统类比的话，相当于**"只能定义一层目录的文件系统"**。在这一点上，比起文件系统，关系数据库的表达能力稍微弱一些。

能够定义高阶关系的 DBMS 还没出现，但是标准 SQL 语言已经支持了数组类型和集合类型的变量，因此关系模型正朝着能够处理复合型数据的方向发展。C.J. Date 等人甚至还断言道：真正的关系系统就是支持关系值等全部复合型数据的系统。也许十年以后，真的会出现能够定义高阶关系的 DBMS。

2-3 开始于关系，结束于关系

▶关于封闭世界的幸福

　　关系就是集合——知道这一点只算是理解了关系模型的冰山之一角。关系这种集合其实有一些非常有趣且特殊的性质，其中之一就是与 SQL 语言的原理密切相关的"封闭性"。

从运算角度审视集合

　　上一节主要介绍了"关系是集合的一种"这一基础概念。但是仅靠这一点，还不足以让我们充分理解关系这一概念的特殊性质。关系不只是集合，它还有许多非常有趣的性质。其中之一就是"封闭性"（closure property）。这个性质简单地说就是"运算的输入和输出都是关系"，换句话来说，就是"保证关系世界永远封闭"的性质。在本节中，我们将以关系的这个性质为中心，再次探访一下数据库的世界。

　　SQL 中有各种各样的关系运算符。除了最初的投影、选择、并、差等基本运算符，SQL 后来又增加了许多非常方便的运算符，现在总的数量非常多。多亏了关系的封闭性，这些运算的输出才可以直接作为其他运算的输入。因此，我们可以把各种操作组合起来使用，比如对并集求投影，或者对选择后的集合求差，等等。这个性质也是子查询和视图等重要技术的基础。

　　关系的封闭性与 UNIX 中管道的概念很像，拿它类比的话可能会容易理解一些。UNIX 中的文件也一样具有封闭性，可以作为各种命令的输入或者输出。因此，可以像 cat text.txt | sort +1 | more 这样将命令组合在一起来编写脚本。这种写法让 UNIX 的脚本编程变得非常灵活。

　　关系运算在形式上与水桶接龙是一样的。关系运算符代表人，关系或文件代表人与人之间传递的水桶。只不过在传递过程中内容是有变化的，这一点和火灾现场的水桶接龙不同，因为水桶中的水是不会发生变化的。

多数初次接触 UNIX 的人会觉得很惊讶，因为在 UNIX 系统中，从设备到控制台，一切都可以当作"文件"来处理。因为从外观上来看，设备只不过是 /dev 目录下的一个普通文件而已。这也是 UNIX 系统追求文件的封闭性的结果。表达 UNIX 设计理念的词语之一就是**"泛文件主义"**，说成"一切皆文件主义"应该也可以。

而且，在 UNIX 中，文件对于 Shell 命令是封闭的；同样地，**在关系模型中，关系对关系运算符也是封闭的。**关于这一点，从"SQL 中 SELECT 子句的输入输出都是表"也能得到证明。SELECT 子句其实就是以表（关系）为参数，返回值为表（关系）的函数。有时 SELECT 子句查询不到一条数据，然而这时会返回"空集"，而不是不返回任何内容。只不过，因为我们没法实际看到，所以不好确认。仿照 UNIX 起名字的话，关系数据库的这个特性可以叫作**"泛关系主义"**。

上面两个例子中的封闭性原本是来自数学的概念。数学中会根据"对于什么运算是封闭的"这样的标准，将集合分为各种类型。这些对某种运算封闭的集合在数学上称为"代数结构"。例如，按照对四则运算是否封闭，我们可以把集合分为下面几类。

群（group）：对加法和减法（或者乘法和除法）封闭
环（ring）：对加法、减法、乘法封闭
域（filed）：对加法、减法、乘法、除法封闭，即可以自由进行四则运算

如果要举个关于"群"的具体示例，那么最简单的就是整数集了，因为任何两个整数之间进行加法或者减法运算，结果一定还是整数。整数集也是环，却不是域，关于原因，看一个例子就知道了。比如 $1 \div 2$ 的结果是小数，不满足封闭性。如果将整数集扩展成有理数集或者实数集的话，那么结果就满足域的条件了。这是因为，使用实数自由地进行四则运算后，运算结果还是实数 ❶。

除法运算的结果　　　　不论进行哪种四则运算，
可能会跳出整数集　　　　结果都会回到实数集

实践和原理

那么，关系模型中的"关系"相当于这些代数结构中的哪一种呢？

回忆一下 SQL 中的集合运算符可以发现，关系支持加法（UNION）运算和减法（EXCEPT）运算，因此满足群的条件。关系还支持相当于乘法运算的 CROSS JOIN，所以也满足环的条件。那么最后一个，除法呢？很遗憾，关系中没有除法运算符，所以不满足域的条件。

的确，SQL 中没有除法运算符。但是我们在 1-4 节中说过，除法运算的定义是有的 ❷。因此，关系也满足域的条件。从满足运算相关特征的观点来看，关系可以理解为"能自由进行四则运算的集合"。C.J. Date 和 Joe Celko 之所以非常重视除法运算，是因为一方面它的实用性高，另一方面他们深知只有定义了除法，关系才有资格成为域。

由此可见，关系模型理论具有严密的数学基础。这样的好处是，能够直接使用集合论和群论等领域中已经得到广泛应用的研究成果 ❸。Codd 深知构造这样严密的理论体系是多么地重要 ❹。实际上，如果 UNION 和连接运算的结果不是关系（表），SQL 这门语言会变得非常难用。无法使用子查询的 SQL——这根本无法想象。

综上所述，UNIX 的文件通过对 Shell 命令封闭实现了非常灵活的功能。同样地，关系通过对关系运算封闭，使 SQL 具有了非常强大的表达能力。

注❶

额外说一下，布尔值的集合 {true, false} 也是域。虽然它是个只有两个元素的特别特别小的有限集合，但是我们可以在其中定义四则运算。如果想要强调布尔型的域的特征，我们可以称它为布尔域。

注❷

关于 SQL 中没有除法运算符的原因，请参考 1-4 节末尾的专栏"关系除法运算"。

注❸

例如，关于应用了群论中幂等性这一概念的查询，请参考 1-7 节。

注❹

毫无疑问，UNIX 的开发者们也都是知道的。

　　"追求理论的严谨，并不会降低它的实用性。相反，越严谨越优雅的理论越实用。"这是 C.J. Date 的观点。虽然这是一种功能主义的主张，但是从前面几个关于封闭性的例子来看，这句话还是很有说服力的。笔者经常听到有人说在实际工作中理论并没有太大作用，但是笔者认为那是极大的误解。

　　Theory is practical.

2-4 地址这一巨大的怪物

▶为什么关系数据库里没有指针

　　Codd 提出关系模型的主要动机是将数据存储和管理从物理层的束缚中解放出来。关系数据库的历史可以说是将编程行为从对地址的依赖中解放出来的奋斗历史。

注❶

根据 C.J. Date 在 *Database in Depth: Relational Theory for Practitioners* 一书中的描述，数据独立性意味着我们能够自由地改变数据的物理存储和访问方式，无须按照数据被用户感知的方式进行相应的修改。——编者注

注❷

摘自《关系数据库：生产力的实用基础》。

注❸

摘自《数据库系统导论（第7版）》。

　　在关系模型诞生之前的研究工作中，最大动机是明确区分数据管理中的逻辑层和物理层。我们可以把它叫作数据独立性目标❶（data independence objective）。❷

——Codd

　　一般说到关系数据库中没有指针时，并不是说在物理层也完全没有指针。相反，在物理层，指针是存在的。但是，就像前面说过的那样，在关系系统中，物理层的详细存储信息对用户是不可见的。❸

——C.J. Date

📊 写在前面

　　关系数据库中不存在编程语言中一般被称为"指针"的物理性数据结构。但是严格来说，它其实是存在的，只不过被隐藏了，因而对用户不可见。不过，如果这么说，可能会有人列举出用户可以使用的指针，比如 Oracle 中的 rowid 或 PostgreSQL 中的 oid 来反对。确实，用户可以使用这些指针，但是它们都是个别数据库厂商违反 SQL 标准而进行的扩展，而标准 SQL 一直在努力摆脱指针。因为 SQL 和数据库都在极力提升数据在表现层的抽象度，以及对用户隐藏物理层的概念。

　　但是反过来，对于已经习惯 C 语言中指针操作的程序员来说，这种做法可能有些奇怪。时不时就会有人批评道："SQL 中不能进行指针操作，非常不方便，这是一个缺陷"。

本节将整理一下"摆脱地址"这一 SQL 基本设计思想，解读为什么面向过程语言的程序员不喜欢 SQL。

关系模型是为摆脱地址而生的

在进入正题之前，笔者想先强调一些理所当然的事情。请大家思考时摒弃掉作为程序员的一些先入为主的观念。在现实世界的各种业务中，归根到底，我们想要的是"数据"，而不是"用于表明数据位置的地址"。地址什么的只会增加额外的工作，丝毫不会让我们感到高兴。这一点，笔者认为怎么强调都不算过分，因为计算机中已经出现了违背我们意愿的地址溢出问题。还有，如果使用 C 语言或者汇编语言，程序员甚至不得不在编程过程中有意识地操作地址。

但是在 1969 年，数据库的世界几乎成功地摆脱了地址。Codd 在谈论关系模型理论时用到的"数据独立性目标"的概念，指的就是将数据库从地址中解放出来（相反，关系模型之前的数据库模型，例如分层模型和网状模型，都严重地依赖地址）。当时的编程世界还在进行着指针操作，因此这是非常超前的尝试。归功于此，现在的数据库工程师不用在意数据的存储地址了，他们只需关注数据内容就可以了。

关于这一点，Codd 曾经明确地这样说过。

在计算机编址中，位置的概念总是起着重要作用，从插板地址开始，然后绝对数值编址、相对数值编址以及带有算术性质的符号编址（例如，汇编语言中的符号地址 A+3；在 Fortran、Algol 或 PL/I 中称为 X 的数组中一个元素的地址 X（I+1, J–2）。在关系模型中，我们通过完全关联的编址来代替位置编址。在关系数据库中，每个数据可以借助于关系名、主键的值以及属性名唯一地编址。这种形式的关联地址使用户（是的，也使得程序员）把以下两点留给系统来完成：(1) 确定要插入数据库的一块新信息的放置细节；(2) 当检索数据时选择适当的存取通路。❶

注❶
摘自《关系数据库：生产力的实用基础》。

需要注意的是，这里说的"地址"不仅包括指针操作的地址，还包括数组下标等。Codd 对所有依赖地址的数据存储和管理都感到厌烦（正因如此，最初的关系模型中并没有出现数组）。

和 Codd 长期共事过的 C.J. Date 曾经像下面这样赞扬过 Codd 用心做出的努力。

其次，数据库中的关系无论如何都不能具有**指针**的那些属性。众所周知，关系数据库出现以前，数据库中充满了指针的概念，为了访问到想要的数据必须借助很多指针。对这些数据库进行应用程序编程时很容易出现错误，而且数据不能由终端用户直接访问，这些问题都是指针导致的。Codd 试图通过关系模型解决这些问题，并取得了成功。❶

数据的管理方法，从依据位置变为了依据内容。这个变化刚好与从物理层向逻辑层（抽象化）、从符号向名字（意义化）的转变相对应。很明显，这给系统的终端用户和程序员带来了非常大的好处。不论对谁来说，"翔泳太郎"这样的名字一定比 x002ab45 这样枯燥无味的地址更加方便且易于理解。因此放弃地址的深刻意义是，通过放弃掉系统中没有意义的东西，创造出一个**易于人类理解的有意义的世界**。Codd 之所以与成千上万的普通程序员不同，原因在于他对人类认知特点的深刻理解 ❷。

"在关系模型中，我们通过完全关联的编址来代替位置编址。"Codd 的这一句话从数据模型的角度回答了一个从冯•诺依曼型计算机诞生之日起就一直困扰着数据库工程师的难题，即**"如何逃出地址的魔咒"**。而关系数据库的成功也证明了 Codd 的这一观点的正确性 ❸。也就是说，一个优雅的数据结构胜过一百行杂耍般的代码。突然想起来，E.S.Raymond 也曾说过类似的话。

精巧的数据结构搭配笨拙的代码，远远好过笨拙的数据结构搭配精巧的代码。❹

编程中泛滥的地址

虽然关系模型确实是优雅且强大的数据模型，但是也没能使数据库彻底地摆脱地址。从物理层来看，数据还是与以前一样由地址来管理。但是如果因此就断言 Codd 的"数据独立性目标"半途而废了，还是有些苛刻的。（目前）我们可以使用的只有冯•诺依曼型计算机，它不仅使用地址管理数据，而且要求运行于其上的程序也要这样。因此，其实更应该说，Codd

注❶

Database in Depth: Relational Theory for Practitioners, O'Reilly Media, 2005。

注❷

过于强大的洞察能力也带来了一个不好的结果，那就是引入了臭名昭著的多值逻辑。详情请参考 1-3 节和 2-8 节。

注❸

标准 SQL 不支持自动编号功能，以及许多理论家对代理键持批评的态度，都是出于同样的理由。

注❹

The Cathedral & the Bazaar: Musings on Linux and Open Source by an Accidental Revolutionary, O'Reilly Media, 2001 年。中文版可参考《大教堂与集市》（机械工业出版社, 2014 年）。(http://www.catb.org/~esr/writings/cathedral-bazaar/)

是在受到各种限制的情况下思考出了关系模型这一折中的方案。

即使放眼 SQL 之外的其他编程语言，各个编程语言的历史中也都一直存在着"如何对程序员隐藏地址"的课题。与 C 语言以及汇编语言相比，Pascal、Java、Perl 等新一代的语言都在努力地对用户隐藏指针。在这一点上，关系数据库与 SQL 的发展轨迹是一致的。

对冯·诺依曼型计算机感到不满的人中，Codd 的态度还算温和，而有些人的批评就很尖锐了，其中之一就是约翰·巴克斯（John Backus，1924—2007）。他是 Fortran 语言和 BNF 范式的发明人，于 1977 年获得了图灵奖（顺便说一下，Codd 是 1981 年的图灵奖获奖者）。他认为，受到冯·诺依曼型计算机数据管理方式的限制，连编程的世界都充满着巨多地址，地址已经泛滥了。

因此程序设计基本上是通过冯·诺依曼瓶颈来计划和实现大量字的交通的细节策划，而且这个交通的许多部分不仅涉及重要的数据本身，而且还涉及在哪里找到它。❶

注❶

摘自《程序设计能从冯·诺依曼风格中解放出来吗？程序的函数风格及其代数》（收录于《ACM 图灵奖演讲集：前 20 年（1966-1985）》（电子工业出版社，2005 年)）（英文原文地址为 http://dl.acm.org/citation.cfm?id=359579)。

关于编程语言受限于地址的结果，约翰·巴克斯这样感慨道："这二十年，编程语言一步一步地发展成了现在这样臃肿的样子"。从他发出感慨到现在又过了二十年，这一状况还是没有得到改善，甚至一直在恶化。因为过去的二十年间又诞生了很多新的语言，但是其中没有一种语言真正摆脱地址这一怪物，实现真正的自由。

当然，一定程度上对使用者隐藏地址也确实是编程语言的进步。但是深入到内部看的话，还是到处都充斥着如同洪水一般的地址。面向对象的方法也没能成为通用的杜绝地址泛滥的有效手段。因为对象仍然是由 OID 这样的地址来管理的，而且程序变得复杂后，对象会被大量生成，这样就和以往的面向过程语言中大量声明变量没有什么区别了。

是的，变量——它正是编程语言中地址的化身。所有的变量都由没有实际意义的地址管理着。而且，要想在面向过程语言中处理数据，只能通过把数据赋值给变量。只要使用变量，就无法逃出地址的魔咒。反过来说，之所以 SQL 能成为不依赖于地址的自由的语言，也是因为它不使用变量。

■ 不曾远去的老将——J.Backus 的梦想

与 SQL 一样不使用变量的语言还有 Lisp。它是一种年龄仅次于 Fortran 的高级语言，已经可以称得上是编程语言中的"老将"。巧合的是，约翰·巴克斯也曾经将摆脱冯·诺依曼风格的希望寄托在它（所代表的函数式语言）身上。

确实，寄希望于 Lisp 或 Haskell 也是不无道理的。就笔者个人而言，也希望 SQL 能加入它们的战斗行列。实际上，SQL 和函数式语言有很多的共同点 ❶，作为编程语言，它们的发展方向也很相近。已经双双离世的约翰·巴克斯和 Codd 应该不会反对笔者这样的说法吧？

声明式语言 SQL 和函数式语言 Lisp 在当今的编程世界里都处于边缘，而且从来没有成为主流语言过。但是最近 SQL 中增加了许多丰富的功能，渐渐到了需要重新评价 SQL 和函数式语言优点的时候了。"地址的解放战争"最终有怎样的归宿，现在还不好预测，但是笔者期待能够在不久的将来写一写它。

注❶

请参考 2-6 节。此外，Joe Celko 也曾多次提到两者的共同点，请参考《SQL 解惑（第 2 版）》谜题 61 "对字符串排序"。

2-5 GROUP BY 和 PARTITION BY

▶物以"类"聚

在 SQL 的功能中，GROUP BY 和 PARTITION BY 非常相似——也可以说几乎一样。而且，两者都有数学的理论基础。本节将以集合论和群论中的"类"这一重要概念为核心，阐明 GROUP BY 和 PARTITION BY 的意义。

在使用 SQL 进行各种各样的数据提取时，一个常用的操作是按照某种标准为数据分组。不仅是使用 SQL 的时候，在日常生活中整理或者分析数据时，我们也经常需要给数据分组。

SQL 的语句中具有分组功能的是 GROUP BY 和 PARTITION BY，它们都可以根据指定的列为表分组。区别仅仅在于，GROUP BY 在分组之后会把每个分组聚合成一行数据。

例如，有下面这样一张存储了几个团队及其成员信息的表。

Teams

member	team	age
大木	A	28
逸见	A	19
新藤	A	23
山田	B	40
久本	B	29
桥田	C	30
野野宫	D	28
鬼塚	D	28
加藤	D	24
新城	D	22

对这张表使用 GROUP BY 或者 PARTITION BY，可以获取以团队为单位的信息。无论使用哪一个，都可以将原来的表 Teams 分割成下面几个子集，然后通过 SUM 函数进行聚合，或者通过 RANK 函数计算位次。

```
SELECT member, team, age ,
       RANK() OVER(PARTITION BY team ORDER BY age DESC) rn,
       DENSE_RANK() OVER(PARTITION BY team ORDER BY age DESC) dense_rn,
       ROW_NUMBER() OVER(PARTITION BY team ORDER BY age DESC) row_num
  FROM Teams
 ORDER BY team, rn;
```

■ 执行结果

```
member  team  age  rn   dense_rn  row_num
------  ----  ---  --   --------  -------
大木      A    28   1       1         1
新藤      A    23   2       2         2
逸见      A    19   3       3         3
山田      B    40   1       1         1
久本      B    29   2       2         2
桥田      C    30   1       1         1
野野宫     D    28   1       1         1
鬼塚      D    28   1       1         2
加藤      D    24   3       2         3
新城      D    22   4       3         4
```

位次有跳跃!

分割后的子集如下图所示。

A团队
大木（28）
逸见（19）
新藤（23）

B团队
山田（40）
久本（29）

C团队
桥田（30）

D团队
野野宫（28）
鬼塚（28）
加藤（24）
新城（22）

　　一般情况下集合用圆来表示，本书中其他章节也都是用圆来画维恩图的。但是，为了使"分割"（cut）操作看起来更直观，这里故意使用了直线来划分子集。

　　接下来我们重点关注一下划分出的子集，可以发现它们有下面这 3 个性质。

1. 它们全都是非空集合。
2. 所有子集的并集等于划分之前的集合。
3. 任何两个子集之间都没有交集。

注❶

还有一种只包含 NULL 的集合——
这听起来有点奇怪，但是它和空
集不同。如果 "team" 列存在空
值，NULL 也会成为分类的列。
而且，数学中规定，如果原来的
集合是空集，那么分割出来的类
也是一个空集。SQL 中的 GROUP
BY 在这种情况下也会生成空集。

因为这些子集都是通过表中存在的 "team" 列的值分割出来的，所以不可能存在空集 ❶。而且，将分割后的子集全部加起来，很明显就是原来的集合。换句话说，分割之后不存在没有归属的成员。

还有，不存在同时属于两个子集（＝同时属于多个团队）的成员。一个成员一定只属于分割后的某个子集。所以我们也可以认为，GROUP BY 和 PARTITION BY 都是用来划分团队成员的函数。

在数学中，满足以上 3 个性质的各子集称为 "类"（partition），将原来的集合分割成若干个类的操作称为 "分类"。这些都是群论等领域的术语。被分割出来的类，和 "分类" 中的 "类" 意思是相同的，很好理解。

SQL 中 PARTITION BY 子句的名字就来自于类的概念（即 partition）。虽然我们可以让 GROUP BY 子句也使用这个名字，但是因为它在分类之后会进行聚合操作，所以为了避免歧义而采用了不同的名字。一般来说，我们可以采取多种方式给集合分类。在 SQL 中也一样，如果改变 GROUP BY 和 PARTITION BY 的列，生成的分组就会随之变化。

在 SQL 中，GROUP BY 的使用非常频繁，由此可以知道我们身边存在着很多类。例如学校中的班级和学生的出生地等。没有学生的班级是没有存在意义的，而出生地为两个省的人应该也是不存在的（出生地不详的人可能会有，但是这样的人应该属于列为 NULL 的类）。

扑克牌的卡片也一样。52 张卡片根据花型可以分为 4 类，根据颜色可以分为红色和黑色两类。属于同一类的元素满足相同的标准，就像朋友一样——至少比与不同类的元素之间的关系近一些（数学上这种关系称为 "等价关系"）。用一个不算很贴切的词语来说就是 "物以类聚"。

在群论中，根据分类方法不同，分割出来的类有各种各样的名字。群论中有很多非常有趣的类，比如 "剩余类"。正如其名，它指的是通过对整数取余分割出的类（一般来说类不一定都是数的集合，不过现在我们只考虑数的情况）。

例如，通过对 3 取余给自然数集合 N 分类后，我们会得出下面 3 个类。

余 0 的类：M1 = {0, 3, 6, 9, …}
余 1 的类：M2 = {1, 4, 7, 10, …}
余 2 的类：M2 = {2, 5, 8, 11, …}

从类的第 2 个性质我们知道，这 3 个类涵盖了全部自然数。可以用下面的公式来描述这种情况。

M1 + M2 + M3 = N

我们将这 3 个类称为"模 3 剩余类"。模指的是除数，英文是 Modulo。与类相比，模的概念稍微有些抽象，不太好理解。

模在 SQL 中也有实现，就是取模函数 MOD。虽然标准 SQL 中没有定义它，但是大部分数据库中都有实现（SQL Server 中使用 % 运算符）。在 SQL 中一般是下面这样的用法。

```
-- 对从 1 到 10 的整数以 3 为模求剩余类
SELECT MOD(num, 3) AS modulo,
       num
  FROM Natural
 ORDER BY modulo, num;
```

■执行结果

```
modulo  num
------  ---
     0    0  ┐
     0    3  │ 余 0 的类
     0    6  │
     0    9  ┘
     1    1  ┐
     1    4  │ 余 1 的类
     1    7  │
     1   10  ┘
     2    2  ┐
     2    5  │ 余 2 的类
     2    8  ┘
```

剩余类也有很多有趣的性质，可以有广泛的应用。举一个例子，求剩余类会将自然数集合分割成大小相等的一些类，所以在需要从大量数据中按照特定比例抽样的时候非常方便。例如，使用下面的查询语句可以随机地将数据减为原来的五分之一（表中没有连续编号的列时，使用 ROW_NUMBER 函数重新编号就可以了）。

```
-- 从原来的表中抽出（大约）五分之一行的数据
SELECT *
  FROM SomeTbl
 WHERE MOD(seq, 5) = 0;

-- 表中没有连续编号的列时，使用 ROW_NUMBER 函数就可以了
SELECT *
  FROM (SELECT col,
               ROW_NUMBER() OVER(ORDER BY col) AS seq
          FROM SomeTbl)
 WHERE MOD(seq, 5) = 0;
```

  当然，实际上表中数据的行数未必刚好是 5 的倍数，所以剩余类之间的大小也不一定相等。但是，上面的查询语句肯定满足"随机地等分数据"这一随机抽样的需求。

  读到这里，对于 GROUP BY 和 PARTITION BY 的执行过程，以及它们的数学基础，大家是否有了更深的理解呢？总地来说就是，SQL 和关系数据库中大量引入了集合论、群论中的成果。

  可能大家会觉得这些内容有些抽象——好吧，确实很抽象——但是正因为抽象，才有了广泛的应用。数学理论并不是脱离实际的游戏，它其实隐藏了大量能够用于日常工作的技巧。但是如果只是等待，很难发现它们的身影。工程师们只有通过自身的努力，在理论和实践之间搭建起连通的桥梁，才能提高自身的数学应用能力。

2-6 从面向过程思维向声明式思维、面向集合思维转变的 7 个关键点

▶画圆

很多软件工程师在习惯了 C、COBOL、Java、Perl 等面向过程（至少以此为基础的）语言之后，不管再使用什么语言都会不由自主地用面向过程的思维方式来思考问题。但是，对于 SQL 这种非面向过程语言，如果想灵活运用，就必须理解它独特的原理和机制。

学习以 SQL 的思维方式来思考问题，对于很多程序员来说都是一个挑战。相信你们中的大多数，在职业生涯的大部分时间里都在编写面向过程语言的代码。如果有一天，你们必须编写非面向过程语言的代码了，那么最重要的就是将顺序的思维方式改为集合的思维方式。❶

——Joe Celko

注❶

Joe Celko, *Thinking in SQL* (http://www.dbazine.com/ ofinterest/oi-articles/celko5/)。

正如 Joe Celko 所说，学习 SQL 的思维方式时，最大的阻碍就是我们已经习惯了的面向过程语言的思维方式。具体地说，就是以赋值、条件分支、循环等作为基本处理单元，并将系统整体分割成很多这样的单元的思维方式。同样地，文件系统也是将大量的数据分割成记录这样的小单元进行处理的。不管是面向过程语言还是文件系统，都是将复杂的东西看成是由简单单元组合而成的——这是一种还原论 ❷ 的思维方式。

注❷

是一种认为可以把高级现象还原为低级的基本现象的学说。

——编者注

SQL 的思维方式，从某种意义上来说刚好相反。SQL 中没有赋值或者循环的处理，数据也不以记录为单位进行处理，而以集合为单位进行处理。SQL 和关系数据库的思维方式更像是一种整体论 ❸ 的思维方式。

注❸

亦称"机体论"。用系统的、整体的观点考察有机界的理论。

——编者注

如果硬要以面向过程的方式写 SQL 语句，写出的 SQL 语句要么长且复杂，可读性不好，要么大量借助于存储过程和游标，这样就又会回到已经习惯的面向过程的世界。

为了熟练掌握 SQL，我们必须理解并运用支配 SQL 和关系数据库世界的独特原理。原理或者理论只靠理解是不够的，我们必须在实际工作中使用它们，才能让它们发挥作用。这也是贯穿全书的一个观点。发挥出全

部功能的 SQL，其表达能力丝毫不逊于面向过程语言。

本节将总结几个关键点，帮助大家将面向过程的思维习惯转换为 SQL 的思维习惯。如果这些关键点能有效地帮助大家在日常工作中实践面向集合的思维方式，笔者将倍感欣慰。

1. 用 CASE 表达式代替 IF 语句和 CASE 语句。SQL 更像一种函数式语言

在面向过程语言中，条件分支是以"语句"为单位进行的。而在 SQL 中，条件分支是以语句中的"表达式"为单位进行的。SQL 还可以在一个 SELECT 语句或 UPDATE 语句中，表达与面向过程语言一样非常复杂而且灵活的条件分支，不过这需要借助 CASE 表达式。

之所以叫它 CASE"表达式"而不是 CASE"语句"（statement），是因为 CASE 表达式与 1+(2-4) 或者 (x*y)/z 一样，都是表达式，在执行时会被整体当作一个值来处理。既然同样是表达式，那么能写 1+1 这样的表达式的地方就都能写 CASE 表达式 ❶，而且因为 CASE 表达式最终会作为一个确定的值来处理，所以我们也可以把 CASE 表达式当作聚合函数的参数来使用。

笔者曾经见过一些局限于面向过程语言的思维方式的写法，以语句为单位进行条件分支从而导致写出的 SQL 语句非常臃肿的事例。其实如果以"表达式"为单位进行条件分支，那么用非常简洁且易读的代码就能达成同样的效果。

对于任意输入返回的都是一个值——从这个角度来说，我们还可以把 CASE 表达式看作一种**函数**。因此使用 CASE 表达式时的思维方式与使用函数式语言时是相似的。Lisp 语言也支持使用 cond 或 case 来描述条件分支，但是它们都是函数，这一点和面向过程语言中的 IF 语句不同。因此 Lisp 语言与 CASE 表达式一样，不是以语句而是以表达式（函数）为单位进行条件分支的，返回的结果都是一个值（Lisp 中的列表也可以看成一个值，这一点与 SQL 不同，但是相信将来 SQL 也可以处理复合型的数据）。

下面列举了两者的写法，比较一下。

```
'Lisp中使用cond函数进行条件分支
cond(
     ((= x 1) 'x是1')
     ((= x 2) 'x是2')
      (t 'x是1和2以外的数'))
```

```
--SQL中使用CASE表达式进行条件分支
CASE WHEN x = 1 THEN 'x是1'
     WHEN x = 2 THEN 'x是2'
     ELSE 'x是1和2以外的数'
 END
```

可以看到，除了 Lisp 代码中使用了波兰式写法之外，两者实现的功能都是一样的。因为条件中可以嵌套条件，所以支持表达多层条件分支，这一点也是相同的。因此已经习惯函数式语言的人应该很容易理解 SQL 中的 CASE 表达式，反过来说也是一样的。由此可见，找到让编程语言互相连通的关键点，加深对多种编程语言的理解是非常重要的。

参考 → 1–3 节

2. 用 GROUP BY 和关联子查询代替循环

SQL 中没有专门的循环语句。虽然可以使用游标实现循环，但是这样的话还是面向过程的做法，和纯粹的 SQL 没有关系。SQL 在设计之初，就有意地避免了循环。这一点，我们从 Codd 的话中就可以明白。

在关系操作中，应该将关系整体作为操作的对象。目的是避免循环。显然，这是提高数据查询终端用户的生产效率的必要条件，同时也利于提高应用程序员的生产效率。❶

注❶

摘自《关系数据库：生产力的实用基础》。

面向过程语言在循环时经常用到的处理是"控制、中断"。在 SQL 中，这两个处理可以分别用 GROUP BY 子句和关联子查询来表达。其中，对于 SQL 语言的初学者来说，关联子查询可能不太好理解，但是这个技术非常适合用来分割处理单元。面向过程语言中使用的循环处理完全可以用这两个技术代替。

笔者曾经听说过一些让人哭笑不得的写法，比如原本用 GROUP BY 聚合一下就能实现的功能，写SQL的人因为执拗于面向过程语言的思维方式，非要先用 SELECT 选出需要的行然后再使用游标一行一行地聚合。

请大家牢记，**SQL 中没有循环，而且没有也并不会带来什么问题。**因为去掉普通编程语言中的循环正是 SQL 语言设计之初的目的之一。

参考 → 1-6 节、1-7 节

3. 表中的行没有顺序

已经习惯面向过程语言和文件系统的工程师们（这几乎包括所有工程师）都有将关系数据库的"表"类比成"文件"来理解的毛病。

从某种意义上来说，这也是没有办法的事情。在理解未知的概念时，我们首先会根据已经理解的概念去理解——这是一种行之有效的方法，也几乎是唯一的方法。但是在理解达到某种程度之后，我们必须放弃对旧概念的依赖。将表看成文件的最大问题是会误认为表中的行是有顺序的。

对于文件来说，行的顺序是非常重要的。打开文本文件时，如果各行按照随机的顺序展示，那么文件是没法使用的。但是在关系数据库中，从表中读取数据时的的确确会发生这样的情况。读出的数据不一定是按照 INSERT 的顺序排列的，因为 SQL 在处理数据时不需要它们这样。SQL 在处理数据时可以完全不依赖顺序。

关系数据库中的表（关系）是一种数学上的"集合"。表有意地放弃了行的顺序这一形象的概念，从而使它具有了更高的抽象度。文件和表原本就是不同的概念，两者之间自然会有些不一致。与其将表比作排列整齐的书架，还不如说它更像是随意堆放各种物品的"玩具箱"或者"袋子"。

如果没有意识到这一点而继续依赖顺序，那么我们就容易写出复杂无用且可移植性不好的代码。例如，在定义视图时指定 ORDER BY 子句（如果某种数据库支持这种写法，那么它本身就有问题），或者轻易地使用 Oracle 中的 rownum 这样依赖具体实现的"行编号"列，都是典型的依赖顺序的不好的写法。

物理学泰斗费恩曼（Richard Phillips Feynman）曾经这样告诫即将开始学习量子力学的学生们：理解这门新学问时，不要和你们学习过的牛顿力学进行类比，量子和你们至今为止了解过的任何东西都不一样[1]。

学习新的概念时，我们需要暂时舍弃掉旧的概念，或者最起码要把旧

注[1]
"'量子力学'详细描述的是物质和光的性质，特别是原子级的现象。因为量子是非常非常细小的东西，所以和大家日常接触的东西没有任何相似性。它不像波动，也不像粒子。和云、撞击运动、弹簧秤等一切大家见到过的东西都不一样。"（*The Feynman Lectures on Physics*，Addison Wesley，1965 年）

的概念用括号括起来，再拿它与新的概念对比。这种学习方法并不新鲜，是长期以来一直被人们普遍使用的正面攻击法。但是，正面攻击法往往是最困难的。这是因为，在舍弃已经习惯了的风格时，需要的不只是理智，还有勇气。

参考 → 1-4 节、1-9 节、1-10 节

4. 将表看成集合

前面说过，表的抽象度比文件更高。文件紧密地依赖于它的存储方法，但是 SQL 在处理表或视图时，丝毫无需在意它们是如何存储的（不考虑性能的情况下）。虽然我们很容易把表看成与文件一样的东西，但是实际上，一张表并非对应一个文件，读取表时也并不是像读取文件一样一行一行地进行的。

理解表的抽象性的最好的方法是使用自连接。原因很显然，自连接本身就是基于集合这一高度抽象（也可以说成自由）的概念的技术。在 SQL 语句中，我们给同一张表赋予不同的名称后，就可以把这两张表当成不同的表来处理。也就是说，通过自连接，我们可以添加任意数量的集合来处理。这种高度自由正是 SQL 的魅力及力量所在。

参考 → 1-2 节

5. 理解 EXISTS 谓词和"量化"的概念

支撑 SQL 的基础理论，除了集合论，还有谓词逻辑，具体地说，是一阶谓词逻辑。谓词逻辑有 100 多年的历史，是现代逻辑学的标准逻辑体系（因此，在逻辑学领域不加解释地提到"逻辑"时，一般都指一阶谓词逻辑）。

在 SQL 中，谓词逻辑的主要应用场景是"将多行数据作为整体"处理的时候。谓词逻辑中具有能将多个对象作为一个整体来处理的工具"量化符"。对于 SQL 来说，量化符就是 EXISTS 谓词。

EXISTS 的用法和 IN 很像，比较好理解。不过，我们更应该灵活掌握的其实是其否定形式——NOT EXISTS 的用法。可能是因为 SQL 在实现量化符时偷懒了（?），两个量化符只实现了一个。因此，对于 SQL 中不具备的全称量化符，我们只能通过在程序中使用 NOT EXISTS 来表达。

说实话，使用 NOT EXISTS 的查询语句，可读性都不太好。而且，因为同样的功能也可以用 HAVING 子句或者 ALL 谓词来实现，所以很多程序员都不太愿意使用它。但是，NOT EXISTS 有一个很大的优点，即性能比 HAVING 子句和 ALL 谓词要好得多。

在优先考虑代码的可读性时，我们没必要强行使用 NOT EXISTS 来表达全称量化。但是也有需要优先考虑性能的时候，为此我们有必要理解通过德·摩根定律和 NOT EXISTS 来表达全称量化的方法。

参考 → 1-8 节、1-9 节

6. 学习 HAVING 子句的真正价值

HAVING 子句可能是 SQL 诸多功能中最容易被轻视的一个。不知道它的真正价值是一个很大的损失。可以说，HAVING 子句是集中体现了 SQL 之面向集合理念的功能。多年以来，笔者一直认为掌握 SQL 的思维方式的最有效的捷径就是学习 HAVING 子句的用法。

这样说的原因是，与 WHERE 子句不同，HAVING 子句正是设置针对集合的条件的地方，因此为了灵活运用它，我们必须学会从集合的角度来理解数据。通过练习 HAVING 子句的用法，我们会在不经意间加深对面向集合这个本质的理解，真是一举两得。此外，在使用 HAVING 子句处理数据时，常用的方法是下面即将介绍的方法——画圆。

参考 → 1-4 节、1-10 节

7. 不要画长方形，去画圆

面向过程语言在不断发展的过程中积累了许多用于辅助编程的视觉工具。特别是产生于 1970 年并发展至今的结构图（structure diagram）和数据流图（data flow diagram），它们已经成为业内的标准，并有着很好的效果。这些图一般都用长方形表示处理过程，用箭头表示数据的流转方向。

但是，这些传统工具并不能用于辅助 SQL 的编程。SQL 只是用来描述所需数据的查询条件的，并不能描述动态的处理过程。表也只是用来描述静态的数据而已。举个例子，写 SQL 的过程就像是打出招聘广告，加上"35 岁以下"或"不限经验"等条件。而实际查找符合条件的人才的工作是由数据库来做的。

目前，能够准确描述静态数据模型的标准工具是维恩图，即"圆"。通过在维恩图中画嵌套子集，可以很大程度地加深对 SQL 的理解。这是因为，嵌套子集的用法是 SQL 中非常重要的技巧之一。例如，GROUP BY 或者 PARTITION BY 将表分割成一些称为"类"的子集 ❶，以及冯·诺依曼型递归集合、用来处理树结构的嵌套子集模型，都是子集的代表性应用。能否深刻理解并灵活使用嵌套子集（= 递归集合），可以说是衡量 SQL 编程能力是否达到中级水平的关键。

面向过程的思维方式 / 面向集合的思维方式

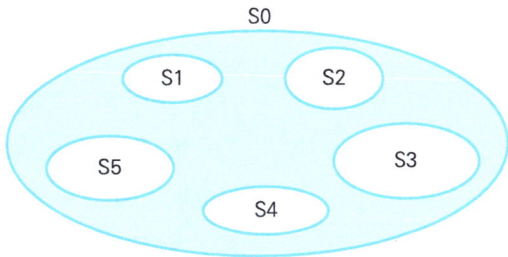

动作电影领域的大神李小龙曾说过一句名言：不要思考，去感受 ❷。同样，数据库领域的大神 Joe Celko 也说过类似的名言：不要画长方形和箭头，去画圆 ❸。这句话非常精辟。

参考 → 1–4 节、1–7 节

2-7 SQL 和递归集合

▶ **SQL 和集合论之间**

从集合论的角度思考是提升 SQL 编程能力的关键。特别是理解嵌套子集，即递归集合的使用方法，这具有非常重要的意义。本节将介绍递归集合在 SQL 中的重要性。

▣ 实际工作中的递归集合

1-2 节介绍了使用非等值自连接代替 RANK 函数来求位次的 SQL 语句，大家还记得吗？如果不记得，试着回想一下使用关联子查询求累计值的查询语句也可以（参考 1-6 节）。这两节都简单介绍过 SQL 查询的基本思维方式，即由冯·诺依曼提出的基于递归集合的自然数定义。

第一次接触到这种思维方式的读者可能会觉得非常惊讶。虽然它很好地说明了 SQL 和集合论之间有着非常紧密的联系，但是对于没有深入了解 "内情" 的人来说，集合和数之间的这种关系还是比较新鲜的。冯·诺依曼究竟是如何想到 "用集合定义自然数" 这样非同寻常的方法的呢？大家有这样的疑问也不算奇怪。本节将介绍一下相关的历史背景，解答一下这个疑问。关于冯·诺依曼提出递归集合这一概念的背景，要从更早以前说起。

▣ 冯·诺依曼的前辈们

冯·诺依曼提出用递归集合定义自然数，是在 1923 年发表的论文《关于超限序数的引入》中。这是他发表的第二篇论文。不过，令人嫉妒的是当时他还只是个高中生。从论文标题中的 "序数" 可以看出，实际上冯·诺依曼提出的与其说是 "自然数的定义"，还不如说是 "序数的定义"。序数可以理解成自然数的别称，即在强调 0 的下一个是 1，1 的下一个是 2，2 的下一个是 3……这种顺序时的名称（相反，在不强调顺序时，自然数有"基数"这样一个别称)。

其实，从冯·诺依曼的定义中可以看出，先定义 0，然后用 0 定义 1，再用 1 定义 2……整个过程都是有顺序的。关于这个定义，我们在学习自连接的时候已经了解过了，现在再来看一下。

冯·诺依曼提出的自然数的递归定义

自然数	关注自然数的顺序时	还原成集合时
0	Ø	Ø
1	{ 0 }	{Ø}
2	{ 0, 1 }	{Ø, {Ø}}
3	{ 0, 1, 2 }	{Ø, {Ø}, {Ø, {Ø}}}
·	·	·
·	·	·
·	·	·

定义的过程是有顺序的，对吧？或者反过来说，我们可以从大数追溯到 0，这样理解起来可能更容易一些。定义 3 时需要 2，定义 2 时需要 1，定义 1 时需要 0。像这样，想要定义某个数时，必须先准备好它的"前一个"数。这种阶段性的定义方法叫作"递归定义"。在 SQL 中，就是通过计算"定义了各自然数的集合中的元素个数"来计算位次的。

接下来是本节的核心内容。其实，就采用递归的方法定义自然数来说，冯·诺依曼并不是最早的。在他之前，至少有两个人曾经提出过这种方法。其中一位是伟大的哲学家弗雷格（Friedrich Ludwig Gottlob Frege），他几乎以一己之力创建了关系模型基础之一的谓词逻辑。另一位是因完善了现代集合论体系并提出良序定理和选择公理而闻名的数学家策梅洛（Ernst Friedrich Ferdinand Zermelo）。两人都是留名数学史的伟大人物。

这两个人的做法都是先任意指定一个集合表示 0，然后按照某种规则逐步生成表示 1, 2, 3, …的集合。我们来比较一下他们两人的做法和冯·诺依曼的做法的区别。

各种自然数的递归定义

自然数	冯·诺依曼方法	策梅洛方法	弗雷格方法
0	∅	∅	{∅}
1	{∅}	{∅}	{∅, {∅}}
2	{∅, {∅}}	{{∅}}	{∅, {∅}, {∅, {∅}}}
3	{∅, {∅}, {∅, {∅}}}	{{{∅}}}	{∅, {∅}, {∅, {∅}}, {∅, {∅}, {∅, {∅}}}}
·	·	·	·
·	·	·	·
·	·	·	·

这么多括号看起来有点眼晕吧？其实三人的做法既有相似的地方，又有各自的特点。我们会首先注意到策梅洛的做法，它很简洁。以空集代表 0 这一点与冯·诺依曼的做法类似，想要生成后续的自然数时只需在外面增加括号就可以了。例如，30 这个数可以像下面这样表示。

{{{{{{{{{{{{{{{{{{{{{{{{{{{{{{∅}}}}}}}}}}}}}}}}}}}}}}}}}}}}}}

这样深层嵌套的集合，即使是 Lisp 程序员，看到了也会吓一跳吧？不过不用担心，上面这个集合是否真的表示 30，非常容易验证。因为左边（或者右边）的括号有 30 个，刚好等于我们想要定义的数。这里说一下，按照冯·诺依曼方法，**集合中的元素个数等于想要定义的数**。SQL 可以通过 COUNT 函数计算出元素个数，与冯·诺依曼方法的定义方式兼容性很好。相反，策梅洛方法不太适合在 SQL 中使用（SQL 本来就不使用括号表示集合）。

弗雷格方法和冯·诺依曼方法很像，区别在于不用空集表示 0，而用包含空集的集合来表示 0。从时间上看，弗雷格方法提出于 1884 年，是三者之中最早的。但是后来策梅洛和冯·诺依曼分别改良了它。冯·诺依曼的一个可贵的才能是善于借鉴别人的观点，并快速地加以改进，从而提出自己的新观点，这个才能在这里得到了充分的展现。

通过前文，我们理解了冯·诺依曼提出的方法在历史上有着非凡的价值。但是，当前仍然有下面两个尚未解决的问题。

1. 为什么自然数有这么多种定义？定义一般不都是只有一种？
2. 为什么要使用集合来定义自然数？

这两个疑问提得很有道理。稍后我们将从第一个开始讨论。

在思考这些问题的过程中，我们会在不经意间窥得二十世纪初期"现代数学黎明期"的情景。

数是什么

一般来说，我们在学习 0 或者 1 这种"数"的概念时，需要结合具体物品的个数来理解。笔者现在还记得小学数学课本里画着的苹果或者橘子。但是显然，如果要考虑数的一般定义，那么像这样与具体物品联系起来的做法是不可行的。假如我们使用苹果来定义 1 这个数，那么没有见过苹果的人就无法理解这个定义（使用橘子也是一样）。不过事实上，无论是见过苹果的人还是没见过苹果的人，他们对于 1 这个数的理解都是一致的。因此，我们必须把数作为不依赖于任何具体物品的更加抽象的对象来定义。

最早提出自然数的一般定义的勇者是意大利数学家皮亚诺（Giuseppe Peano）。他在 1891 年提出，只要满足一定的条件，无论什么样的东西都可以作为自然数，并且列出了自然数必须满足的 5 个条件。这就是现在通用的作为自然数定义的"皮亚诺公理"❶。这种定义方式跟相亲很像，例如被问到"希望结婚对象是一位什么样的男性"的时候，我们一般不直接回答"销售部的田中先生"这样具体的某个人，而是列举出"东大毕业、在外企工作、年收入 1000 万日元以上……"这样必须满足的条件。只要满足这些条件，无论是谁都可以作为"结婚对象"——这就是皮亚诺的态度，某种意义上还是有点现代人的洒脱的。

皮亚诺列出的自然数必须满足的条件有"存在起到 0 的作用的东西""没有在 0 前面的自然数"等，大多数都是理所当然的。这些相当于作为公民必须遵守的基本标准，例如"不加入黑社会""不赌博"等。其中有一个重要的条件与我们当前的话题相关，那就是"每一个自然数 a，都具有后继自然数（successor）"。5 的后面必须有 6，1988 的后面必须有 1989，这也是相当理所当然的条件。如果"17 的后面有缺失，直接到了 19"，那么这样的自然数就没什么实用价值了。

像这样得出某个自然数的后继自然数的函数叫作后继函数，写作 suc(x)。于是有 suc(5) ＝ 6、suc(17) ＝ 18。因此，使用后继函数生成自然数时，可以像下面这样嵌套使用。

```
0 = 0
1 = suc(0)
2 = suc(suc(0))
3 = suc(suc(suc(0)))
   .
   .
   .
```

这里需要着重理解的是，我们并没有指定该后继函数的内部实现。无论什么样的内部实现，只要能够生成下一个自然数就可以，这是一个比较宽松的条件。如果还用结婚对象的要求来比喻，这个条件就相当于"不论是什么样的职业，只要年收入 1000 万日元以上就行"。也就是说，不关心过程，只重视结果。

当然，冯·诺依曼等三人思考的自然数中也都存在后继函数。

冯·诺依曼方法和弗雷格方法的后继函数：$suc(a) = a \cup \{a\}$

策梅洛方法的后继函数：$suc(a) = \{a\}$

可以看出，在后继函数的实现方式上，冯·诺依曼方法和弗雷格方法相同，但是策梅洛方法与它们不同，不过哪一种方法都没有问题。不管从山梨县开始爬还是从静冈县开始爬，都能到达富士山的峰顶。同样，无论采用哪种方法，只要能够找到后继自然数就可以了。

好了，到这里，我们终于给出了第一个问题的答案。其实冯·诺依曼等人的主要贡献**并不是正确地定义自然数**。自然数的定义是由皮亚诺列举的 5 个条件给出的，冯·诺依曼等人只是根据皮亚诺公理生成了自然数而已。这样看来，冯·诺依曼等人的工作可以称为**"构建"**。

接下来我们来解释第二个问题。**构建自然数并不一定要使用集合**。在计算机科学相关领域还有一种使用 λ 演算函数来构建自然数的方法。使用 λ 演算构建的自然数被阿隆佐·邱奇（Alonzo Church）以自己的姓氏命名为了"邱奇数"。不过，虽然取名叫"数"，其本质却是输入输出均为函数的高阶函数。我们仍然可以像下面这样递归地生成自然数。

$$0 := \lambda\, fx.x$$

$$1 := \lambda\, fx.fx$$

$$2 := \lambda\, fx.f(fx)$$

$$3 := \lambda\, fx.f(f(fx))$$

冯·诺依曼等人活跃在十九世纪末至二十世纪初，那时抽象代数还没有得到长足发展，因此他们并没有采用这种高度抽象的定义方式，而是采用了在当时抽象度最高的集合来进行自然数的构建。

SQL 的魔术与科学

在本节中，从使用 SQL 计算位次的实际操作到二十世纪初期的数学史，我们进行了非常宽泛的讨论。是不是觉得跳跃性太强了呢？其实笔者认为，理论和实践这种惊人的相近正是 SQL 和关系数据库充满魅力的地方。在关系数据库这扇大门的背后，有着令人惊讶的广阔世界。而打开这扇门的钥匙，当然就是我们的 SQL 语言。

一开始看到计算位次的查询语句时，我们可能完全不知道它要做些什么，觉得它像咒语一样难以理解。但是当我们深入思考一下它的理论基础之后，就会发现它其实是某个数学体系的一部分。而这个"从魔术到科学"的理解过程，对于系统工程师和程序员来说，才是至上的乐趣。

2-8　人类的逻辑学

　　SQL 采用的三值逻辑属于非古典逻辑这一比较新的逻辑学流派。在逻辑学的发展过程中，长期占据统治地位的是古典逻辑学。它以二值逻辑为前提，认为对于命题，我们一定能够判断真假。但在二十世纪二十年代，逻辑学又有了革命性的发展。本节将简单介绍一下三值逻辑诞生的历史背景。

适当地抛开命题的真假吧

　　为了兼容 NULL，关系数据库选择了允许空值（unknown）的三值逻辑来代替标准的二值逻辑。关于这个选择过程中的一些故事，1-3 节曾详细介绍过，想必大家都已经了解了。在一般的逻辑学中，命题只包含"真"和"假"这两个可能值。而三值逻辑除了这两个值，还增加了表示"未知"状态的第三个值。据说但丁途经的地狱之门上写着这样的话："进入此门者，先抛开所有的希望吧"。那么，三值逻辑的大门上大概写着这样的话吧："进入此门者，先**适当地**抛开命题的真假吧"。

　　本节，我们暂时把关系数据库搁置一边，来回顾一下三值逻辑这一奇妙的理论体系的背景，即逻辑学的发展历史，借此从不同的角度深入理解三值逻辑体系的意义，以及为什么 SQL 和数据库选择了这一体系等。

　　历史上最早提出三值逻辑（three-valued-logic）体系的是波兰的著名逻辑学家卢卡西维茨（Jan Lukasiewicz, 1878—1956）。他和提出模型论的塔尔斯基（Alfred Tarski, 1902—1983）及列斯涅夫斯基（Stanislaw Lesniewski, 1886—1939）等著名的数学家一道，开启了战争期间波兰数学和哲学发展的黄金时期。函数式语言中用到的波兰式写法（把"3 + 2"写成"＋ 3 2"）也是他提出的，他的一些其他贡献直到现在仍然被广泛应用着。

　　在二十世纪二十年代，他定义了"真"和"假"之外的第三个逻辑值"可能"。此前的逻辑学中，命题取"真""假"之外的其他值，根本就是无法想象的。当时的主流观念认为，如果命题是一种描述事实的语句，那么当然必须是有真假的。

如果阅读过卢卡西维茨的论文，我们会发现他用来表达第三个值的分类其实包含在 Codd 提出的"未知"分类里。他曾举过这样一个例子：关于未来某个时间自己在哪里的陈述，我们现在既无法确定它为真又无法它为假。完整的表述有点长，但是由于这段内容非常关键，所以这里就直接引用了。

我认为，明年的某一个时间点（比如 12 月 21 日正午）我是否在华沙，在今天这一天看来无法肯定也无法否定，这并不矛盾。因此在指定的时间点我也许在华沙这件事是可能的，但却不是必然的。进而，"明年的 12 月 21 日正午我也许在华沙"这个命题，在今天这一天看来既不可能是真也不可能是假。……因此，在今天这一天，这个命题的值只能是一个全新的值，不同于表示真的数值"1"，也不同于表示假的数值"0"。我们可以用"1/2"来表示这个值。它的含义是"可能"，它是和"真""假"并列的第三个值。

在提出命题逻辑的三值逻辑体系的背后，有着上面这些思索。❶

注❶

卢卡西维茨，*Philosophical Remarks on Many-Valued Systems of Propositional Logic*，1930 年。

这篇论文首次提出三值逻辑，非常有纪念意义。我们接下来解释一下其中需要特别注意的两个论点。关于第一个论点，我们从前文也可以看出，卢卡西维茨考虑的"可能"这一真值的本质，其实是对未来不确定性的描述，丝毫没有 Codd 提出的"不适用"的含义。虽然不能断言，但是笔者认为，可能对于卢卡西维茨来说，Codd 认为"不适用"的那些命题是完全没有意义的，所以他根本不会考虑用真值来描述吧。

第二个论点突破了一个命题只能有一个固定真值的观念，开拓出了新的思路，认为命题的真值可能会随时间发生"可能"→"真"，或者"可能"→"假"这样的变化。这是站在传统逻辑学的立场上无法想象的革命性的（或者说是超越常识的）的思考方式。虽然卢卡西维茨自身并没有写明其思考延伸到了这么细致的地方，但是他确实表达过相近的观点，认为命题的作用其实不在于表达事实，而在于反映人们对这件事实的认知。按照这个观点理解，命题其实不存在于客观世界，而存在于我们的内心。

从提出这样一个心理学式命题理论的贡献来看，逻辑学家卢卡西维茨确实可以说是 Codd 的前辈，为关系数据库奠定了理论基础。

逻辑学的革命

那么，为什么三值逻辑刚好诞生于这个时期呢？这是因为，在逻辑学发展史上，二十世纪二三十年代刚好是掀起批判古典逻辑学运动的"革命时期"。除了三值逻辑，还有布劳威尔（Luitzen Egbertus Jan Brouwer）和海廷（Arend Heyting）等人创立的直觉主义逻辑学。三值逻辑通过导入第三个真值，从语义学的角度对二值逻辑发起了挑战；而直觉主义逻辑从语法学的角度对二值逻辑发起了挑战。自此以摧枯拉朽之势一扫十九世纪后期以来逻辑学停滞不前的阴霾，非古典逻辑学迎来了百花齐放的春天。

古典逻辑学最受批判的理论是**排中律**（A ∨ ¬ A），以及支撑它的二值原理。排中律是一条公理，意思是"A 或者非 A 总有一个成立"。二值原理的意思是"一个命题必然有真假"。虽然二值原理非常简洁，但是对于我们人类而言，并不能那么轻易地认同它。在这个充满不确定性的世界里，无法判断真假的命题难道不是有很多吗？

一方面，古典逻辑学这样回答这个问题：**"神肯定知道所有命题的真假"**。作为神，无论多难的问题都能瞬间解决，精通开天辟地以来的全部历史。只要愿意，神还能进行时空穿梭，因为神是全能全知的。因此古典逻辑学被称为"神的逻辑学"[1]。

另一方面，很多人认为既然"神的逻辑学"超出了人类的认知范围，那么为什么不能存在能够忠实反映人类有限认知能力的逻辑学呢？卢卡西维茨和布劳威尔是最早公开支持这种逻辑学的学者。他们将逻辑学从神的手里移交到了人类的手里，或者说是将逻辑学从神那里解放了出来。反过来看，**在神具有极高权威的时期，人类是没有能力否定二值原理的**。过去，在西方，像逻辑学家这样的知识分子大多同时也是神学家。因此，怀疑神的全能性这样亵渎神的行为是不允许的。而非古典逻辑学是在近代，当人类认识到神并不存在之后才诞生的。

因此不难想象，这种近代思维方式它招来了大量来自同时期的宗教保守人士的反对。事实上，布劳威尔身上还发生过这样的趣事：在某次演讲会上，他说出了自己的一个观点——"在圆周率 π 的小数部分，9 将重复出现 10 次"这个命题无法判断真假。有一位听众这样反驳："也许我们人

注❶
把古典逻辑学和非古典逻辑学分别称为"神的逻辑学"和"人类的逻辑学"的说法来自户田山和久的著作《逻辑学的创立》（原书名为「論理学をつくる」，尚无中文版）。

类无法判断，但是神肯定知道它的真假"。讲台上的布劳威尔这样回答："但是，我们没有他老人家的电话号码啊"。

我们人类和神中断了联系——布劳威尔和卢卡西维茨都生活在这样一个"暗淡"的时期。人类和神失去了联系之后，只能以有限的认知活在有限的世界里。既然如此，多出一种与人类有限的认知相称并且能够适当地描述这个充满未知的世界的新的逻辑学，难道不是一件好事吗？

人类的逻辑学

在这种新的逻辑学中，命题的真值不仅有"真"和"假"，还可以有"无意义""当前未知""矛盾"等反映各种认知的值。于是诞生了三值逻辑，而且允许三个以上的真值的多值逻辑学（many-valued logic）的研究也在进行中 ❶。没有神的逻辑学——人类的逻辑学诞生了。

数据库的使用者当然是人类，而不是神。因此，数据的表达方式也应该基于有限而且不完善的人类的认知，而不是神的完美无缺的认知。这就是关系数据库采用三值逻辑的原因。

但是，这种面向人类的思维方式是一把双刃剑。确实，通过采用三值逻辑（主要是 NULL 和 **unknown**），正如 Codd 所说，关系数据库变得非常接近人类的认知，而且具有非常灵活的表达能力。但讽刺的是，人类又不得不引入许多不太直观的奇怪的逻辑运算。

注❶

多值逻辑非常适合用来描述人类含糊的认知，因此关于它的一个叫作模糊逻辑的分支，人们现在还在研究着。在模糊逻辑中，真值取的不是 1 和 0 这样的离散值，而是连续的实数。它其实是无限多值逻辑的一种。站在真值已经扩展到无限个的今天来看，三值逻辑和四值逻辑让人更好接受了，难道不是吗？

2-9 消灭 NULL 委员会

▶全世界的数据库工程师团结起来!

1-3 节介绍了 SQL 中的三值逻辑的理论背景;2-8 节又介绍了它的历史背景。本节将在此基础上讨论一下如何在实际工作中处理 NULL，并给出一些指南。

~ 告全体数据库工程师书 ~

成千上万的数据工程师们，你们好。笔者是消灭 NULL 委员会亚洲分委会会长 MICK。笔者知道，大家每天都在忙着搭建数据库、写 SQL 语句、优化查询性能，以及帮不小心删除数据库表的新人擦屁股，斗志昂扬地支撑着研发团队的运作。笔者今天写这封通告的目的是，让大家彻底了解昨天在美国总部全员通过的**消灭 NULL 基本宣言**。

我们先来看一下 NULL 这个怪物最可怕的地方：一开始会让我们觉得很好用，于是在设计系统时，我们会非常自然地保留它，但当注意到问题的时候，系统已经变得非常复杂、低效、不符合预期了，开发和维护也变得非常困难。为了避免 NULL 带来的问题，我们首先必须了解它的本质，理解它是如何在我们不经意间迅速地给系统带来问题的。其实笔者已经想到了一句能彻底揭示这个怪物的真面目的话。

本节将从 NULL 的问题讲起，主要介绍一些避免问题的具体方法。不过这些方法执行起来非常简单，只需在设计的时候稍微注意一下就行，因此这里不作详细讲解。本节将揭示这些方法，当然笔者也希望大家都加入到消灭 NULL 的运动中来。

为什么 NULL 如此惹人讨厌

NULL 惹人讨厌的原因，一般来说有以下 5 个。

1. 在进行 SQL 编码时，必须考虑违反人类直觉的三值逻辑。
2. 在指定 IS NULL、IS NOT NULL 的时候，不会用到索引，因而

SQL 语句执行起来性能低下。

3. 如果四则运算以及 SQL 函数的参数中包含 NULL，会引起"**NULL 的传播**"。

4. 在接收 SQL 查询结果的宿主语言中，**NULL** 的处理方法没有统一标准。

5. 与一般列的值不同，**NULL** 是通过在数据行的某处加上多余的位（bit）来实现的。因此 **NULL** 会使程序占据更多的存储空间，使得检索性能变差。

第 1 个原因是笔者认为必须消除 NULL 的最重要的原因，1-3 节已经讨论过，这里就不再赘述了（笔者时不时就会听说有这样一群家伙：他们一边肆意地使用 NULL，一边又盲目地相信 SQL 是遵从二值逻辑的。我们必须要尽快改变他们的错误想法）。第 2 个原因是优化性能方面必须要注意的，这一点很多人都知道。对于第 3 个原因，我们来稍微解释一下。例如，如果四则运算中包含 NULL，那么运算结果也肯定都是 NULL。

```
1 + NULL = NULL
2 - NULL = NULL
3 * NULL = NULL
4 / NULL = NULL
NULL / 0 = NULL
```

从最后一个例子可以看出，就连除数为 0 的时候都不会出错。有很多 SQL 函数在参数为 NULL 时都会返回 NULL，这种现象被称为"NULL 的传播"（NULL's propagate）。Propagate 有"（杂草）丛生"的意思，一般作为贬义词来使用，刚好适合形容 NULL 这个可恶的家伙。

关于第 4 个原因和第 5 个原因，是不是很少人知道呢？说实话，这两个问题依赖于宿主语言和 DBMS 的实现方式，将来被解决掉的可能性很大。但是，现在的宿主语言很多都不支持关系模型中的 NULL，因此这两个仍然是比较大的问题。既然 Oracle 不区分空字符串和 NULL，而 Visual Basic 是区分的，那么我们就有足够的理由来消除 NULL。

并不能完全消除 NULL

分会长，也就是笔者的这句话让大家又感到疑惑了吧？其实在关系数据库的世界里，NULL 是很难完全消除掉的。此外，对于不那么重要的列，即使存在 NULL，在工作中系统工程师们也会忽视掉吧？

无法完全消除 NULL 的原因是它扎根于关系数据库的底层中。仅仅靠在表中所有列加上 NOT NULL 的约束是不够的。因为即使这样做，在使用外连接，或者 SQL-99 中添加的带 CUBE 或 ROLLUP 的 GROUP BY 时，还是很容易引入 NULL 的。因此我们能做的最多也只是"尽量"去避免 NULL 的产生。实际上，如果合理利用，NULL 还是有很多非常方便的用途。但问题是，"合理使用"NULL 正是最困难的地方。NULL 最恐怖的地方就在于即使你认为自己已经完全驾驭它了，但还是一不小心就会被它**在背后捅一刀**。

正因为如此，一直以来 NULL 都是有识之士们争相议论的话题。Codd 坚持认为 NULL 是关系模型中不可或缺的要素。他的盟友，也是当前关系数据库领域的领军人物 C.J. Date 却是消除 NULL 运动的超级积极分子。大声疾呼"驱逐 NULL 吧，NULL 是一切问题的元凶"的他，对 NULL 的憎恶程度可以从下面的短文中清楚地感受到。

重要的是，如果存在 null，那么我们讨论的就不是关系模型了（我也不知道我们正在讨论的是什么，反正不是关系模型）。null 出现之后，之前已经构建好的体系立刻就崩塌了，一切就都回到了一张白纸的状态。**❶**

注❶

Database in Depth: Relational Theory for Practitioners, O'Reilly Media, 2005。

从个人心情上来讲，笔者很想成为 C.J. Date 的伙伴，加入激进派的阵营。但是，作为一线的数据库工程师，笔者感觉还是 Joe Celko 的处理方式更为稳妥。因此我们亚洲分委会决定将下面这段 Joe Celko 的话作为我们的官方指南。

我们可以把 NULL 视为一种药品:适当使用可能有益,但滥用会导致毁灭。最好的策略是尽可能地避免适用 NULL,并在不得不使用时适当使用。**❷**

注❷

摘自《SQL 权威指南（第4版）》（人民邮电出版社，2012 年）。

请不要以为这是一种机会主义，毕竟人生的真理绝不存在于追求极端纯粹的激进主张里。这是必须向现实妥协的地方。

那么，接下来我们分几个场景来讨论一下消除 NULL 的具体做法。

编号：使用异常编号

大家使用的数据库表中一定存储了各种各样的编号。例如，企业编号、顾客编号、行政区划编号、性别编号,等等。像性别这样更多地被称作"标志"

的属性，我们也可以从广义上把它看成一种编号。标志这类编号通常只用来表示两个值。像这类编号，一般都用于表中重要的列，很多时候会作为搜索和连接的列来使用。因此，我们当然要把它作为消除 NULL 的首要目标。

解决方法很简单，**分配异常编号**就行了。例如 ISO 的性别编号中，除了 "1: 男性" "2: 女性"，还定义了 "0: 未知" "9: 不适用" 这两个用于异常情况的编号。编号 9 可用于法人的情况。这真是一种很棒的解决方案，无意间刚好与由 Codd 区分的两类 NULL "未知" 和 "不适用" 相吻合了 ❶。

并不是所有的情况都必须预留这两个编号，很多时候，有一个就足够使用了。例如当必须往数据库中插入编号未知的顾客信息时，定义一个表示未知的编号 "×××××" 就可以了。需要说明的是，请尽量避免使用 "99999" 这样的编号作为异常编号。因为当编号个数很多的时候，使用数字的话，有可能会出现用来表示异常的编号和真实的顾客编号重复的情况。因此，编号列应该使用字符串类型。笔者偶尔会看到一些将编号列定义为数值型的表，这令笔者感到很难过 ❷。

名字：使用"无名氏"

大家使用的数据库表中一定存储了数量不亚于编号的各种各样的名字。在使用名字的时候，处理方法和编号是一样的。也就是说，赋予表示未知的值就可以了。不论是 "未知" 还是 "UNKNOWN"，只要是在开发团队内部达成一致的适当的名字就行。

一般来说，与编号相比，名字被用于聚合的频度很低，大多时候只作为冗余列使用 ❸。我们不用刻意地消除其中的 NULL，但是最好还是让 NULL 从名字列中消失。

数值：用 0 代替

对于数值型的列，笔者认为最好的方法是一开始就将 NULL 转换为 0 再存储到数据库中。如果允许 NULL，那么就必须在统计数据时使用 NULLIF 函数或者 IS NOT NULL 谓词来排除 NULL，笔者不推荐这样来做。从笔者的经验来看，将 NULL 转换成 0 从来没有带来过任何问题，而且消除 NULL 带来的好处有很多。

注❶

关于这个分类方法，请参考 1-3 节。

注❷

编号列使用字符串类型的好处还有两个。

第一个是，很多时候编号的位数是固定的，因此前几位可能需要补零。例如 3 位的编号可能会出现 008、012。如果是数值型，那么前面的 0 会被忽略掉，从而变成 8、12。这样会影响排序。

第二个是，一旦表中插入了数据，那么再想改列的类型就比较麻烦，有时甚至需要把所有的数据都先删掉，这样看来还不如从一开始就设计好。

注❸

相反，如果必须使用名字列作为连接列来使用，那么请思考一下是不是设计有问题。本书中有些例子直接使用名字作为连接列，但那只是为了读者理解起来方便而已。

注❶

摘自《SQL 权威指南（第 4 版）》。

严格来讲，这种做法有点儿粗暴，这一点不可否认。就像 Joe Celko 说的那样，"没有油箱的车"和"空油箱"是不同的 ❶。因此更加可行的方案是下面这样的方案。

1. 转换为 0。
2. 如果一定要区分 0 和 NULL，那么允许使用 NULL。

如果能转换为 0，希望大家还是尽量把 NULL 转换为 0。

日期：用最大值或最小值代替

对于日期，NULL 的含义存在多种可能性，需要根据具体情况决定是使用默认值还是使用 NULL。

当需要表示开始日期和结束日期这样的"期限"的时候，我们可以使用 0000-01-01 或者 9999-12-31 这样可能存在的最大值或最小值来处理。例如表示员工的入职日期或者信用卡的有效期的时候，就可以这样处理。这种方法一直都被广泛使用着。

相反，当默认值原本就不清楚的时候，例如历史事件发生的日期，或者某人的生日等，也就是当 NULL 的含义是"未知"的时候，我们不能像前面那样设置一个有意义的默认值。这时可以允许使用 NULL。

结束语

至此，我们分 4 种数据类型介绍了消除 NULL 的具体方法，这里总结如下。

(1) 首先分析能不能设置默认值。
(2) 仅在无论如何都无法设置默认值时允许使用 NULL。

笔者认为，如果遵守这两条原则，那就足以避免 NULL 带来的各种问题，使系统开发能够更加顺利地进行。此外，大家可能会遇到"这种做法行不通"或者"有更好的方法"的情况，这时请务必向分委会会长，也就是笔者汇报一下。

2-10 SQL 中的层级

▶严格的等级社会

在 SQL 中，使用 GROUP BY 聚合之后，我们就不能引用原表中除聚合键之外的列。对于不习惯 SQL 的程序员来说，这个规则很让人讨厌，甚至被认为是多余的。但是，其实这只是 SQL 中的一种逻辑，是为了严格区分层级。本节就从这个乍一看不可思议的现象讲起，逐步带大家接近 SQL 的本质。

谓词逻辑中的层级、集合论中的层级

1-8 节介绍过，SQL 引入了谓词逻辑的概念"阶"（order），大家还记得吗？这个概念的作用是区分层级，可以用来区分集合论中的元素和集合，以及谓词逻辑中的参数和谓词，是一个非常重要的概念。

前面讲过，在 SQL 中，使用 EXISTS 谓词时如果能意识到阶，那么 EXISTS 谓词就容易理解了。此外，对于 SQL 中我们非常熟悉的运算——GROUP BY 聚合——来说，层级也有着非常重要的意义。

对于 EXISTS 来说，层级的差别与 EXISTS 谓词及其参数有关，因此属于谓词逻辑中的阶。而 GROUP BY 中的阶与元素和集合的区别有关，因此属于集合论中的阶。即使像 GROUP BY 这样被广泛使用的运算符，其实也有很多值得深入思考的地方。本节将一一解开这些秘密。

为什么聚合后不能再引用原表中的列

接下来我们马上结合具体的例题来思考一下。首先，准备下面这样一张曾在 2-5 节中使用过的表。

Teams

member	team	age
大木	A	28
逸见	A	19
新藤	A	23
山田	B	40
久本	B	29
桥田	C	30
野野宫	D	28
鬼塚	D	28
加藤	D	24
新城	D	22

　　这是一张管理 A~D 这 4 个小组的成员信息的表。首先，我们还是以组为单位进行聚合查询。

```
-- 以组为单位进行聚合查询
SELECT team, AVG(age)
  FROM Teams
 GROUP BY team;


team  AVG(age)
----  --------
A        23.3
B        34.5
C        30.0
D        25.5
```

　　这条查询语句没有任何问题，它求的是每个组的平均年龄。那么如果我们把它改成下面这样，结果会怎么样呢？

```
-- 以组为单位进行聚合查询?
SELECT team, AVG(age), age
  FROM Teams
 GROUP BY team;
```

　　这条查询语句的执行结果会出错。原因是不能选择 SELECT 子句中新加上的“age”列。MySQL 数据库支持这样的查询语句，但是这样的查询语句违反了标准 SQL 的规定，因此不具有可移植性。

标准 SQL 规定，在对表进行聚合查询的时候，只能在 SELECT 子句中写下面 3 种内容。

1. 通过 GROUP BY 子句指定的聚合键
2. 聚合函数（SUM、AVG 等）
3. 常量

SQL 的初学者大多会忽略这条约束，从而犯下在聚合查询时往 SELECT 子句中加入多余列的错误。他们会在不断出错的过程中慢慢地习惯，并在不经意间学会正确的写法，但是很少有人能正确地理解为什么会有这样的约束。当大家被新入职的下属程序员们问道"为什么不能把表中的很多列都写在 SELECT 子句中？"时，有没有觉得无从解释呢？

其实，这里隐藏了一个与本节主题紧密相连的问题。表 Teams 中的"age"列存储了每位成员的年龄信息。但是需要注意的是，这里的年龄只是每个人的属性，而不是小组的属性。所谓小组，指的是由多个人组成的集合。因此，小组的属性只能是平均或者总和等**统计性质的属性**。

询问每个人的年龄是可以的，但是询问由多个人组成的小组的年龄就没有意义了。对于小组来说，只有"平均年龄是多少？"或者"最大身高是多少？"这样的问法才是有意义的。强行将适用于个体的属性套用于团体之上，纯粹是一种分类错误。就像 2-5 节提到过的，GROUP BY 的作用是将一个个元素划分成若干个子集。这样看的话，关系模型中"列"的正式名称叫作"属性"，其实也是有道理的。

MySQL 会忽略掉层级的区别，因此这样的语句执行起来也不会出错。可能对用户来说这样会比较舒服，但实际上它违背了 SQL 的基本原理。

使用 GROUP BY 聚合之后，SQL 的操作对象便由 0 阶的"行"变为了 1 阶的"行的集合"。此时，行的属性便不能使用了。SQL 的世界其实是层级分明的等级社会。将低阶概念的属性用在高阶概念上会导致秩序的混乱，必须遭到惩罚。

因此，我们很容易就会明白，下面这条语句的错误也是相同的原因造成的。

```
-- 错误
SELECT team, AVG(age), member
  FROM Teams
 GROUP BY team;
```

向小组询问姓名是不会得到回答的。如果非要在结果中包含"member"列的值，那么只能像下面这样使用聚合函数。

```
-- 正确
SELECT team, AVG(age), MAX(member)
  FROM Teams
 GROUP BY team;
```

MAX(member) 会计算出小组成员中以字典序排序后最后一个人的姓名，因此这无疑是小组的属性。

如果稍微扩展一下这条查询语句，我们还可以求出"小组中年龄最大的成员"，SQL 语句如下所示。

```
SELECT team, MAX(age),
       (SELECT MAX(member)
          FROM Teams T2
         WHERE T2.team = T1.team
           AND T2.age = MAX(T1.age)) AS oldest
  FROM Teams T1
 GROUP BY team;

team  max(age) oldest
----- -------- ------
A     28       大木
B     40       山田
C     30       桥田
D     28       野野宫
```

这条语句稍微有些意外,而且很有趣。member 是聚合之前的表的属性,一般来说,不可能出现在聚合后的结果中(因为层级不同)。但是像这样使用标量子查询的话,那就可以实现。

这条语句的关键点有两个。第一个是,子查询中的 WHERE 子句里使用了 MAX(T1.age) 这样的聚合函数作为条件。我们在初学 SQL 时,会学到不可以在 WHERE 子句中使用聚合函数,但是在本题中却是可以的。原因是,这里对外层的表 T1 也进行了聚合,这样一来我们就可以在 SELECT 子句中通过聚合函数来引用"age"列了(不能反过来在子查询中直接引用"age"列)。SQL 中的层级差别就是如此的严格,大家是否体会到了呢?

另一个是,当一个小组中年龄最大的成员有多人时,必须选出其中一个人作为代表。这个是通过子查询中 SELECT 子句里的 MAX(member) 来实现的。例如,D 小组中野野宫和鬼塚两人的年龄都是最大的,但是结果中只出现了野野宫一人。如果不使用 MAX 函数,那么子查询会返回多条数据,这样就会出现执行错误。

■ 单元素集合也是集合

经过前面的讨论,相信大家已经理解了在 SQL 中,集合中的元素(称为元)和集合是有区别的。不过,这里还有一点需要大家特别注意。

请把注意力放在 C 组上。这个小组虽然称为小组,但是其实只有桥田一位成员。因此小组的平均年龄就刚好与桥田的年龄相同。不只是年龄,其他的属性也一样。像这样只有一个元素的集合,在集合论中叫作单元素集合(singleton)。一般来说,单元素集合的属性和其唯一元素的属性是一样的。这种只包含一个元素的集合让人觉得似乎没有必要特意地当成集合来看待。其实在数学史上,围绕着是否承认单元素集合也曾经有过一些争论。也有过这样的意见:单元素集合与元素在本质上是相同的,没有必要特意当成集合。

对于单元素集合来说，元素的属性和集合的属性一样

年龄=30

平均年龄=30

元素：a　　　　　　　集合：{a}

这里先给出结论吧，现在的集合论认为单元素集合是一种正常的集合。单元素集合和空集一样，主要是为了保持理论的完整性而定义的。因此对于以集合论为基础的 SQL 来说，当然也需要严格地区分元素和单元素集合。因此，元素 a 和集合 {a} 之间存在着非常醒目的层级差别。

$$a \neq \{a\}$$

这两个层级的区别分别对应着 SQL 中的 WHERE 子句和 HAVING 子句的区别。WHERE 子句用于处理"行"这种 0 阶的对象，而 HAVING 子句用来处理"集合"这种 1 阶的对象。

读到这里，对于为什么聚合查询的 SELECT 子句中不能直接引用原表中的列，大家是否彻底理解了呢？如果明天新入职的程序员问大家这样基础的问题，大家能像老手一般作出合理的解答吗？

第 **3** 章

附录

3-1 ⋯ 习题解答
3-2 ⋯ 参考文献

3-1 习题解答

这里针对第1章中各节的练习题进行解答。如果能把这些练习题全都做出来，那么大家就达到中级水平了。

解答 1-1 CASE 表达式

练习题 1-1-1 多列数据的最大值

求两列中的最大值，应该很简单吧？只需要使用"y 比 x 大时返回 y，否则返回 x"这样的条件分支就可以表达。

```
-- 求 x 和 y 二者中较大的值
SELECT key,
       CASE WHEN x < y THEN y
            ELSE x END AS greatest
  FROM Greatests;
```

扩展成 3 列时，思路是一样的，需要将上面的条件分支嵌套进又一层条件分支里。没错，CASE 表达式是可以嵌套的——这一点在这里很关键。

通过上面的语句，我们求出了 x 和 y 中的较大值。接下来我们需要拿这个较大值和 z 进行比较。

```
-- 求 x 和 y 和 z 三者中的最大值
SELECT key,
       CASE WHEN CASE WHEN x < y THEN y ELSE x END < z
            THEN z
            ELSE CASE WHEN x < y THEN y ELSE x END
        END AS greatest
  FROM Greatests;
```

这里，前面的 CASE 表达式 CASE WHEN x < y THEN y ELSE x END 被嵌套进了又一层 CASE 表达式里。之所以能这样写，是因为 CASE 表达式在执行时会被解析成标量值。

当增加到 4 列、5 列时，当然也可以用一样的方法来扩展，但是这样写出来的代码会因为嵌套太深而变得不易阅读。这时可以考虑像下面这样，先进行行列转换，然后使用 MAX 函数来求解 ●。

注❶
《SQL HACKS：100 个业界最尖端的技巧和工具》（清华大学出版社，2008 年）第 5 章 "30 计算两个字段的最大值" 介绍过这种方法。UNION 比 UNION ALL 性能好一些。

```
-- 转换成行格式后使用 MAX 函数
SELECT key, MAX(col) AS greatest
  FROM (SELECT key, x AS col FROM Greatests
          UNION ALL
        SELECT key, y AS col FROM Greatests
          UNION ALL
        SELECT key, z AS col FROM Greatests)TMP
 GROUP BY key;


key      greatest
-----    --------
A               3
B               5
C               7
D               8
```

如果是 Oracle 或者 MySQL 数据库，那么我们可以用下面的简便方法来求解。真心希望标准 SQL 里也能加进 GREATEST 和 LEAST 的功能。

```
SELECT key,  GREATEST(GREATEST(x,y), z) AS greatest
  FROM Greatests;
```

练习题 1-1-2 转换行列——在表头里加入汇总和再揭

使用 CASE 表达式对表格进行水平展开时，在某个列的统计中使用过的行的数据也可以用于其他列的统计。从这一点上来说，各个列之间是相互独立的。因此，我们分别按照 "全国" "四国" 这样的条件进行汇总就可以了。

```
SELECT sex,
       SUM(population) AS total,
       SUM(CASE WHEN pref_name = '德岛' THEN population ELSE 0 END) AS col_1,
       SUM(CASE WHEN pref_name = '香川' THEN population ELSE 0 END) AS col_2,
       SUM(CASE WHEN pref_name = '爱媛' THEN population ELSE 0 END) AS col_3,
       SUM(CASE WHEN pref_name = '高知' THEN population ELSE 0 END) AS col_4,
       SUM(CASE WHEN pref_name IN ('德岛', '香川', '爱媛', '高知')
               THEN population ELSE 0 END) AS zaijie
  FROM PopTbl2
 GROUP BY sex;
```

"全国"指的是不分都道府县的所有行的和，因此无需指定条件直接 SUM 就可以。"四国（再揭）"指的是 4 个县的和，因此需要使用 IN 谓词指定对象的范围。

这里进一步思考一下，如果不在表头（列中）展示合计和再揭，而在表侧栏（行中）展示，应该怎么做呢？实际上，将上面的查询结果的表头和表侧栏调换一下，就是我们想要的形式。但是，这个问题解决起来要困难得多。

对于 SQL 语言来说，处理复杂的表头不算太困难，但是处理复杂的表侧栏就非常困难了。

练习题 1–1–3 用 ORDER BY 生成"排序"列

解题思路是使用 CASE 表达式生成"排序"列。解法如下所示。

```
SELECT key
  FROM Greatests
 ORDER BY CASE key
          WHEN 'B' THEN 1
          WHEN 'A' THEN 2
          WHEN 'D' THEN 3
          WHEN 'C' THEN 4
          ELSE NULL END;

key
---
B
A
D
C
```

如果想在结果中展示"排序"列，需要把"排序"列放到 SELECT 子句中。

```
SELECT key,
       CASE key
       WHEN 'B' THEN 1
       WHEN 'A' THEN 2
       WHEN 'D' THEN 3
       WHEN 'C' THEN 4
       ELSE NULL END AS sort_col
  FROM Greatests
```

```
 ORDER BY sort_col;

key sort_col
--- --------
B        1
A        2
D        3
C        4
```

这种写法和 1-1 节的"将已有编号方式转换为新的方式并统计"中介绍过的,在 GROUP BY 子句中引用声明于 SELECT 子句的列的写法是相似的,只不过这种写法更符合标准 SQL 的要求。因为 ORDER BY 子句在 SELECT 子句之后执行,所以在 SELECT 子句中生成的列(本例中的 sort_col),ORDER BY 子句中可以引用。

其实,这种查询语句笔者不是很推荐,因为它有几个问题。首先是表设计非常糟糕。如果从一开始就在表中加入了用来排序的列,就不用这样大费周折了。其次,SQL 语句的本职工作是查询数据,而对查询结果进行格式化其实是宿主语言的工作。

不过,确实有些情况下我们不得不使用这样的查询语句,因此笔者在这里作了简单的介绍。

解答 1-2　自连接的用法

练习题 1-2-1 可重组合

在求商品组合的时候,本书正文使用了不等号作为连接条件,于是结果中没有出现同一商品的组合。因此在本题中,我们只需要加上等号就可以了。

```
SELECT P1.name AS name_1, P2.name AS name_2
  FROM Products P1, Products P2
 WHERE P1.name >= P2.name;
```

至此,我们集齐了可重排列、排列、可重组合、组合这 4 种类型的 SQL 语句。请根据具体的需求选择合适的类型来使用。

练习题 1-2-2 分地区排序

无论是使用窗口函数还是自连接，都需要把地区作为条件。这里首先看一下使用窗口函数的解法。

```
SELECT district, name, price,
      RANK() OVER(PARTITION BY district
                    ORDER BY price DESC) AS rank_1
   FROM DistrictProducts;
```

注❶

关于 PARTITION BY 的数学基础，请参考 2-5 节。

PARTITION BY 具有将表分割成若干个小的子集的作用 ❶。因为本题以地区为单位进行分割，所以指定"district"列。

如果使用标量子查询，可以像下面这样解答。

```
SELECT P1.district, P1.name,
      P1.price,
      (SELECT COUNT(P2.price)
         FROM DistrictProducts P2
        WHERE P1.district = P2.district    -- 在同一个地区内进行比较
          AND P2.price > P1.price) + 1 AS rank_1
   FROM DistrictProducts P1;
```

这种解法只是在连接条件里加入了"价格的比较在同一地区内进行"的条件，与窗口函数中 PARTITION BY 子句的作用是相同的。当然，我们也可以改成下面这种自连接的写法。

```
SELECT P1.district, P1.name,
      MAX(P1.price) AS price,
      COUNT(P2.name) +1 AS rank_1
  FROM DistrictProducts P1 LEFT OUTER JOIN DistrictProducts P2
    ON P1.district = P2.district
   AND P1.price < P2.price
 GROUP BY P1.district, P1.name;
```

练习题 1-2-3 更新位次

这个问题使用自连接就能轻松地解决。我们可以像下面这样，在 UPDATE 语句的 SET 子句中加入计算位次的逻辑。

```
UPDATE DistrictProducts2 P1
   SET  ranking = (SELECT COUNT(P2.price) + 1
                      FROM DistrictProducts2 P2
```

```
                    WHERE P1.district = P2.district
                    AND P2.price > P1.price);
```

对于不支持在子查询中引用更新目标表的数据库，执行这条 UPDATE 语句时会出错。但是大多数数据库都不会有问题。

也许有些人会考虑使用窗口函数来解答，例如像下面这样。

```
UPDATE DistrictProducts2
   SET  ranking = RANK() OVER(PARTITION BY district
                               ORDER BY price DESC);
```

遗憾的是，Oracle 和 SQL Server 不支持在 SET 子句中使用窗口函数，所以它们无法正确执行这段代码。而 DB2 执行起来没有问题。

为了使 Oracle 等也能实现同样的功能，我们需要先用一阶子查询包装一下。

```
UPDATE DistrictProducts2
   SET ranking =
          (SELECT P1.ranking
            FROM (SELECT district , name ,
                         RANK() OVER(PARTITION BY district
                                      ORDER BY price DESC) AS ranking
                  FROM DistrictProducts2) P1
             WHERE P1.district = DistrictProducts2.district
               AND P1.name = DistrictProducts2.name);
```

可以看到，与 DB2 相比，在 Oracle 等中实现稍微麻烦一些。

解答 1-4 HAVING 子句的力量

> 练习题 1-4-1 修改编号缺失的检查逻辑，使结果总是返回一行数据

比较笨的做法是，将两个条件直接写在 HAVING 子句中，然后再 UNION 起来。

```
SELECT '存在缺失的编号' AS gap
  FROM SeqTbl
HAVING COUNT(*) <> MAX(seq)
UNION ALL
SELECT '不存在缺失的编号' AS gap
```

```
  FROM SeqTbl
HAVING COUNT(*) = MAX(seq);
```

这种做法的问题是会发生两次表扫描和排序，性能不太好。

大家还记得 1-1 节的"在 CASE 表达式中使用聚合函数"部分讲过的内容吗？把使用 HAVING 子句进行条件分支的查询语句，改写成使用 SELECT 子句进行条件分支会更简洁。因此，更好的解法是下面这样的。

```
SELECT CASE WHEN COUNT(*) <> MAX(seq)
            THEN '存在缺失的编号'
            ELSE '不存在缺失的编号' END AS gap
  FROM SeqTbl;
```

因为"存在缺失的编号"和"不存在缺失的编号"这两个条件是互斥的，所以指定其中一个条件后，另一个条件用 ELSE 就可以表达。使用这种做法时只进行一次表扫描和排序即可。

练习题 1-4-2 练习"特征函数"

CASE 表达式中的条件应该这样写：把在 9 月份提交完成的学生记为 1，否则记为 0。如果这个 CASE 表达式的合计值与集合全体元素的数目一致，就说明该学院的所有学生都在 9 月份提交完成了。

"9 月份"这个条件有多种写法，比较简单的是使用 BETWEEN 谓词。解答如下所示。

```
-- 查找所有学生都在 9 月份提交完成的学院 (1)：使用 BETWEEN 谓词
SELECT dpt
  FROM Students
 GROUP BY dpt
HAVING COUNT(*) = SUM(CASE WHEN sbmt_date BETWEEN '2005-09-01' AND '2005-09-30'
                          THEN 1 ELSE 0 END);
```

■执行结果

```
dpt
------
经济学院
```

　　下面这张表可能会让我们更好理解一些。这张表在原表的基础上增加了一个"特征函数标记"列。从表中可以看到，4 个学院中，学院的学生人数和"特征函数标记"列的合计值相一致的只有经济学院。

Students

student_id（学生 ID）	dpt（学院）	sbmt_date（提交日期）	特征函数标记
100	理学院	2005-10-10	0
101	理学院	2005-09-22	1
102	文学院		0
103	文学院	2005-09-10	1
200	文学院	2005-09-22	1
201	工学院		0
202	经济学院	2005-09-25	1

　　另一种解法是，使用 EXTRACT 函数（SQL 标准函数，返回数值）将日期中的年、月、日等要素解析出来分别用于匹配，代码如下所示。

```
SELECT dpt
  FROM Students
 GROUP BY dpt
HAVING COUNT(*) = SUM(CASE WHEN EXTRACT (YEAR FROM sbmt_date) = 2005
                           AND EXTRACT (MONTH FROM sbmt_date) = 09
                      THEN 1 ELSE 0 END);
```

　　这种写法的好处是，即使查询条件的月份变化了，也不用关心月末日期是 30 日还是 31 日（或者是其他），相比前一个写法，这种写法容易应对查询条件的变化。如果大家在工作中经常需要对日期进行操作，不妨记住这个函数的用法。

练习题 1-4-3 购物篮分析问题的一般化

　　所求的商品件数可以通过查询表 Items 的行数得到，然后用求得的商品件数减去各个商店的商品件数就可以了。但是需要注意一点，像电视和窗帘这样不属于表 Items 的商品，不管商店里有多少件都不应该参与件数的计算。为了排除掉这些"无所谓的商品"，需要使用内连接。

```
SELECT SI.shop,
        COUNT(SI.item) AS my_item_cnt,
        (SELECT COUNT(item) FROM Items) - COUNT(SI.item) AS diff_cnt
  FROM ShopItems SI, Items I
 WHERE SI.item = I.item
 GROUP BY SI.shop;
```

解答 1-5　外连接的用法

练习题 1-5-1 先连接还是先聚合

请思考一下，当需要减少中间表时，应该去掉 MASTER 还是 DATA。为了生成表侧栏，必须生成所有年龄和性别的组合，所以 MASTER 似乎是无法去掉的。

这样的话，就必须去掉 DATA 视图了。因为它是由表 TblPop（通过年龄层、性别）聚合出来的，所以原来的表 TblPop 和 MASTER 视图实际上是一对多的关系。因此表 TblPop 和 MASTER 视图连接之后，结果中的行数不会增加。修改后的代码如下所示。

```
-- 去掉一个内联视图后的修正版
SELECT MASTER.age_class AS age_class,
       MASTER.sex_cd AS sex_cd,
       SUM(CASE WHEN pref_name IN ('青森', '秋田')
                THEN population ELSE NULL END) AS pop_tohoku,
       SUM(CASE WHEN pref_name IN ('东京', '千叶')
                THEN population ELSE NULL END) AS pop_kanto
  FROM (SELECT age_class, sex_cd
          FROM TblAge CROSS JOIN TblSex) MASTER
                        LEFT OUTER JOIN TblPop DATA    ←关键在于理解 DATA 其实就是 TblPop
        ON MASTER.age_class = DATA.age_class
       AND MASTER.sex_cd = DATA.sex_cd
 GROUP BY MASTER.age_class, MASTER.sex_cd;
```

关于该解法可行的原因，正文中也多次介绍过，连接运算其实相当于"乘法运算"。在一对一、一对多的列上进行连接操作，效果与将一个数乘以 1 是一样的。

练习题 1-5-2 请留意孩子的人数

因为是以员工为单位进行聚合，所以我们应该很容易就能想到 GROUP

BY EMP.employee。难点在于孩子的计数。如果直接用 COUNT(*)，得到的结果是不正确的。

```
SELECT EMP.employee, COUNT(*) AS child_cnt        ←── 不能使用 COUNT(*)！
  FROM Personnel EMP
        LEFT OUTER JOIN Children
           ON CHILDREN.child IN (EMP.child_1, EMP.child_2, EMP.child_3)
  GROUP BY EMP.employee;


employee child_cnt
-------- ---------
赤井             3
工藤             2
铃木             1
吉田             1        ←── ???
```

奇怪的是，吉田并不是孩子，但是也被统计出了"1"。这是因为 COUNT(*) 在计数时会把 NULL 的行包含在内 ❶。因此在这里必须使用 COUNT(列名)。

注❶
关于 COUNT 函数的细节，请参考 1-4 节的 "查询不包含 NULL 的集合" 部分。

```
SELECT EMP.employee, COUNT(CHILDREN.child) AS child_cnt
  FROM Personnel EMP
        LEFT OUTER JOIN Children
           ON CHILDREN.child IN (EMP.child_1, EMP.child_2, EMP.child_3)
  GROUP BY EMP.employee;
```

练习题 1-5-3 全外连接和 MERGE 运算符

这次我们先给出结论，然后进行分析。

```
MERGE INTO Class_A A
    USING    (SELECT *                    A块：指定匹配的表和列
                FROM Class_B ) B
    ON (A.id = B.id)


    WHEN MATCHED THEN                     B块：合并目标表中存在相应记录时
        UPDATE SET A.name = B.name        → UPDATE


    WHEN NOT MATCHED THEN                 C块：合并目标表中不存在相应记录时
        INSERT  (id, name)                → INSERT
        VALUES  (B.id, B.name);
```

MERGE 语句主要分为三块。第一块指定合并的表和匹配列，即代码中的 A 块。ON (A.id = B.id) 是匹配条件。

然后对每条记录进行匹配，并根据是否匹配到进行分支处理。本例中，对匹配到的记录执行 UPDATE（B 块），对没有匹配到的记录执行 INSERT（C 块）。执行结果后会得到"A + B"这样存储了完整信息的表（id 为 2 的记录会被覆盖掉，从某种意义上来说也算是信息丢失，但是这里所说的"完整"强调的是"没有缺失的 id"）。

在无法使用 MERGE 语句的环境中，我们可以使用 UPDATE 和 INSERT 分两次处理，或者使用外连接后将结果 INSERT 到另一张表中。

解答 1-6 用关联子查询比较行与行

练习题 1-6-1 简化多行数据的比较

解题关键是使用 SIGN 函数。先算出"本年营业额－前年营业额"，然后针对该结果写条件分支。

```
-- 一次性求出增长、减退、维持现状的状态 (2)：使用 SIGN 函数
SELECT S1.year, S1.sale,
       CASE SIGN(sale -
                 (SELECT sale
                    FROM Sales S2
                   WHERE S2.year = S1.year - 1) )
       WHEN 0  THEN '→' -- 持平
       WHEN 1  THEN '↑' -- 增长
       WHEN -1 THEN '↓' -- 减少
       ELSE '-' END AS var
  FROM Sales S1
 ORDER BY year;
```

SIGN 函数的作用是判断参数的正负。参数为正返回 1，为负返回 -1，为 0 则返回 0。这个函数虽然不是 SQL 标准函数，但是大多数数据库都支持。使用这个函数以后，子查询的执行次数减少了，性能也提高了，而且代码更加简洁，因而可读性也更好。

练习题 1-6-2 使用 OVERLAPS 查询重叠的时间区间

只需要替换掉 BETWEEN 部分，代码如下页所示。

```
SELECT reserver, start_date, end_date
  FROM Reservations R1
 WHERE EXISTS
       (SELECT *
          FROM Reservations R2
         WHERE R1.reserver <> R2.reserver  -- 与除自己以外的客人进行比较
           AND (R1.start_date, R1.end_date) OVERLAPS (R2.start_date, R2.end_date));
```

■ 执行结果

```
reserver start_date   end_date
-------- ----------   ----------
山本      2006-11-03   2006-11-04
内田      2006-11-03   2006-11-05
```

正文中曾说过"关联子查询和自连接在很多时候都是等价的"，这里同样可以像下面这样改写。

```
SELECT R1.reserver, R1.start_date, R1.end_date
  FROM Reservations R1, Reservations R2
 WHERE R1.reserver <> R2.reserver  -- 与除自己以外的客人进行比较
   AND (R1.start_date, R1.end_date) OVERLAPS (R2.start_date, R2.end_date);
```

请注意一下执行结果。使用 BETWEEN 时曾经出现在结果里的荒木和掘两人，并没有出现在这次的结果里。这是因为对于只有一个时间点重叠的记录，OVERLAPS 不认为时间区间是重叠的。因此，对于仅在 10 月 31 日重叠的荒木和掘，OVERLAPS 认为"不重叠"。

现实中有很多场景都很适合使用 OVERLAPS 谓词。例如本题中管理旅馆预约情况的表，上一位旅客退房的同一天下一位旅客入住，是没有任何问题的。我们只要根据是否允许时间点的重复来区分使用 BETWEEN 还是 OVERLAPS 就可以了 ❶。

注❶
如果想了解更多关于 OVERLAPS 谓词的知识，请参考《SQL 权威指南（第 4 版）》第 20 章 "BETWEEN 和 OVERLAPS 谓词"。

▶ 练习题 1-6-3 SUM 函数可以计算出累计值，那么 MAX、MIN、AVG 可以计算出什么？

■ 使用 MAX 时

```
prc_date     prc_amt  onhand_max
----------   -------  ----------
2006-10-26   12000     12000
```

```
2006-10-28     2500    12000
2006-10-31   -15000    12000
2006-11-03    34000    34000
2006-11-04    -5000    34000
2006-11-06     7200    34000
2006-11-11    11000    34000
```

　　从结果中可以看到，到 10 月 31 日为止都是 12 000，之后的记录是 11 月 3 日的，值变成了 34 000。出现这种结果的原因是，这条查询语句求出的是每天的最大值，也就是最大交易金额。拿历届奥运会纪录的刷新历史来类比一下，可能会让我们好理解一些。每当打破旧记录时，onhand_max 的值都会被刷新为新纪录。

　　使用 MIN 时刚好与使用 MAX 时相反，理解起来也不难。

■ 使用 MIN 时

```
prc_date     prc_amt   onhand_min
----------   -------   ----------
2006-10-26    12000       12000
2006-10-28     2500        2500
2006-10-31   -15000      -15000
2006-11-03    34000      -15000
2006-11-04    -5000      -15000
2006-11-06     7200      -15000
2006-11-11    11000      -15000
```

　　这次求出的是每天的最小交易金额。

　　最后我们看一下使用 AVG 时的情况。

■ 使用 AVG 时

```
prc_date     prc_amt    onhand_avg
----------   --------   ----------
2006-10-26    12000        12000
2006-10-28     2500         7250
2006-10-31   -15000     -166.66667
2006-11-03    34000         8375
2006-11-04    -5000         5700
2006-11-06     7200         5950
2006-11-11    11000     6671.42857
```

　　这次求出的是每天的交易金额的平均值。不知道能不能仿照"累计值"而叫它"累均值"，总之大家可以把它理解为"累计平均值"。

解答 1-7 用 SQL 进行集合运算

练习题 1-7-1 改进 "只使用 UNION 的比较"

因为该查询需要判断两张表 UNION 之后的结果与原来的两张表行数是否相等，所以属于针对查询结果进行条件分支的问题。因此，我们需要在 SELECT 子句中使用 CASE 表达式。

```
SELECT CASE WHEN COUNT(*) = (SELECT COUNT(*) FROM  tbl_A )
            AND COUNT(*) = (SELECT COUNT(*) FROM  tbl_B )
           THEN '相等'
           ELSE '不相等' END  AS result
  FROM ( SELECT *
          FROM tbl_A
        UNION
        SELECT *
          FROM tbl_B ) TMP;
```

可以看到这种做法非常简单粗暴，一点也说不上优雅。

练习题 1-7-2 精确关系除法运算

使用有余数的除法运算时，员工即使掌握了被要求的技术之外的其他技术也是没问题的。而这次我们查询的是掌握的技术和所要求的技术完全一致的员工，所以不仅要求 EmpSkills－Skills 是空集，同时也要求 Skills－EmpSkills 是空集。

```
SELECT DISTINCT emp
  FROM EmpSkills ES1
 WHERE NOT EXISTS
        (SELECT skill
           FROM Skills
         EXCEPT
         SELECT skill
           FROM EmpSkills ES2
          WHERE ES1.emp = ES2.emp)
   AND NOT EXISTS
        (SELECT skill
           FROM EmpSkills ES3
          WHERE ES1.emp = ES3.emp
         EXCEPT
         SELECT skill
           FROM Skills );
```

这条查询使用了判断集合相等的公式"（A ⊂ B）且（A ⊃ B）⇔（A ＝ B）"。

还有一种解法，即通过员工掌握的技术数目来匹配，代码如下所示。

```
SELECT emp
  FROM EmpSkills ES1
 WHERE NOT EXISTS
       (SELECT skill
          FROM Skills
        EXCEPT
        SELECT skill
          FROM EmpSkills ES2
         WHERE ES1.emp = ES2.emp)
 GROUP BY emp
HAVING COUNT(*) = (SELECT COUNT(*) FROM Skills);
```

解答 1–8　EXISTS 谓词的用法

练习题 1-8-1 数组表——行结构表的情况

为了使用 EXISTS 表达"所有的行都满足 val ＝ 1"这样的全称量化条件，需要使用双重否定。因此我们可以像下面这样进行条件转换。

所有的行都满足 val ＝ 1

＝不存在满足 val ＜＞ 1 的行

将转换后的条件翻译成 SQL 语句的话如下所示。

```
SELECT DISTINCT key
  FROM ArrayTbl2 AT1
 WHERE NOT EXISTS
       (SELECT *
          FROM ArrayTbl2 AT2
         WHERE AT1.key = AT2.key
           AND AT2.val <> 1);
```

但是，这种写法是有问题的。结果中确实包含 C，但是也包含了不应该出现的 A。

```
-- 错误的结果
key
----
A
C
```

　　为什么会出现 A 呢？有点奇妙，我们需要好好思考一下。因为 A 是"val 字段全部都是 NULL"的实体，所以子查询里的 val <> 1 这个条件的执行结果是 **unknown**。因此 A 的 10 行记录不会出现在子查询的返回结果中，但是相反，外部条件 NOT EXISTS 会把 A 的记录看成 **true**。我们分析一下具体的步骤，像下面这样。

```
-- 第 1 步：与 NULL 比较
WHERE NOT EXISTS
        (SELECT *
          FROM ArrayTbl2 AT2
         WHERE AT1.key = AT2.key
           AND AT2.val <> NULL);
```

```
-- 第 2 步：与 NULL 的比较会被看成 unknown
WHERE NOT EXISTS
        (SELECT *
          FROM ArrayTbl2 AT2
         WHERE AT1.key = AT2.key
           AND unknown);
```

```
-- 第 3 步：因为子查询不返回数据，所以 NOT EXISTS 会认为 A 是 true；
```

　　这是由 SQL 的缺陷导致的问题，我们在 1-3 节中论述 NOT IN 和 NOT EXISTS 的兼容性时也曾遇到过。在条件为 **false** 或 **unknown** 时，子查询的 SELECT 都会返回空。但是 NOT EXISTS 不区分这两种情况，都会统一按照"没有返回数据→ **true**"来处理。也就是说 SQL 采用了这种奇怪的设计：SQL 中的谓词大多数都是三值逻辑，唯独 EXISTS 谓词是二值逻辑 **❶**。

　　因此，为了得到正确的结果，我们必须在子查询的条件中添加 val 为 NULL 的情况。

注❶
关于这个奇怪的设计，C.J.Date 曾经批评道："SQL 中的 EXISTS 并不是基于三值逻辑的正确的 EXISTS。"详情请参考如下资料：C.J.Date, *EXISTS is not 'Exists'*, Relational Database Writings 1985-1989, Addision-Wesley, 1990。

```
-- 正确解法
SELECT DISTINCT key
  FROM ArrayTbl2 A1
 WHERE NOT EXISTS
```

```
        (SELECT *
          FROM ArrayTbl2 A2
         WHERE A1.key = A2.key
           AND (A2.val <> 1 OR A2.val IS NULL));
```

■ 执行结果

```
key
----
 C
```

为了满足"val 不是 NULL",我们在查询中增加了相反的条件 val IS NULL。请注意条件连接符用的是 OR 而不是 AND。

到这里这个问题就解决了,是不是没有表面看起来那么简单呢?

顺便说一下其他解法,即可以使用 ALL 谓词或者 HAVING 子句来解决。先看一下使用 ALL 谓词的解法。

```
-- 其他解法1:使用 ALL 谓词
SELECT DISTINCT key
  FROM ArrayTbl2 A1
 WHERE 1 = ALL
         (SELECT val
            FROM ArrayTbl2 A2
           WHERE A1.key = A2.key);
```

查询条件是,具有相同 key 的所有行的 val 字段值都是 1。对于实体 C 来说,这条查询语句会被解析成 1 = ALL(1, 1, 1, …, 1)。

使用 HAVING 子句的解法如下。

```
-- 其他解法2:使用 HAVING 子句
SELECT key
  FROM ArrayTbl2
 GROUP BY key
HAVING SUM(CASE WHEN val = 1 THEN 1 ELSE 0 END) = 10;
```

这个解法非常简单,就不用多解释了吧?如果所有行都是 1,加起来和应该是 10。就本例来说,写成 SUM(val) = 10 也是可以的,但是为了能够简单应对"全是 9"或"全是 A"这样的需求,我们使用了更具普遍性的特征函数来解答了。

我们还可以像下面这样解答。

```
-- 其他解法 3：在 HAVING 子句中使用极值函数
SELECT key
  FROM ArrayTbl2
 GROUP BY key
HAVING MAX(val) = 1
   AND MIN(val) = 1;
```

我们在 1-10 节中也使用过这个技巧，它使用了集合的一个性质：当集合中的最大值和最小值相等时，该集合中只有一个元素（本例中为 1）。但是需要注意这种解法与前两种解法不同，如果表中 val 字段只有 1 和 NULL 两个值，那么值为 NULL 的行也会被选中。

练习题 1-8-2 使用 ALL 谓词表达全称量化

把 NOT EXISTS 改写成 ALL 谓词的话，就不需要双重否定了。

```
-- 查找已经完成到工程 1 的项目：使用 ALL 谓词解答
SELECT *
  FROM Projects P1
 WHERE '○' = ALL
                 (SELECT CASE WHEN step_nbr <= 1 AND status = '完成' THEN '○'
                              WHEN step_nbr  > 1 AND status = '等待' THEN '○'
                              ELSE 'x' END
                    FROM Projects P2
                   WHERE P1.project_id = P2. project_id);
```

■ 执行结果

project_id	step_nbr	status
CS300	0	完成
CS300	1	完成
CS300	2	等待
CS300	3	等待

这里解释一下这条查询语句，如果对满足条件的行标记"○"，对不满足条件的行标记"×"，那么我们要查找的其实就是"所有行都被标记了○的项目"。这也是特征函数的一种应用。这种解法没有使用双重否定句，使用的是肯定句，理解起来很轻松。

这条查询语句有一个好处是查询结果中还包含集合的具体内容，但是因为需要对所有的行标记○或者 ×，所以性能没有使用 NOT EXISTS 时好。

> 练习题 1-8-3 求质数

你是否注意到了质数的定义其实是一个全称量化语句呢？"不能被 1 和它自身以外的所有自然数整除"——换而言之就是"除了 1 和它自身以外，**不存在**能整除它的自然数"。理解这一点后，我们需要做的就只是使用 NOT EXISTS 将条件直接翻译成 SQL 语句而已。

```sql
-- 解答：用 NOT EXISTS 表达全称量化
SELECT num AS prime
  FROM Numbers Dividend
 WHERE num > 1
   AND NOT EXISTS
       (SELECT *
          FROM Numbers Divisor
         WHERE Divisor.num <= Dividend.num / 2   -- 除了自身之外的约数必定小于等于自身值的一半
           AND Divisor.num <> 1                    -- 约数中不包含 1
           AND MOD(Dividend.num, Divisor.num) = 0)  -- "除不尽" 的否定条件是 "除尽"
 ORDER BY prime;
```

■ 执行结果

```
prime
-------
     2
     3
     5
     .
     .
    89
    97
```

结果一共有 25 行。首先，准备被除数（dividend）和除数（divisor）的集合。因为约数不包含自身，所以约数必定小于等于自身值的一半（例如找 100 的约数时，没有必要从 51 以上的数中找），因此我们可以通过 Divisor.num ≤ Dividend.num/2 这样的条件缩小查找范围。此外，因为连接条件可以用到 "num" 列的索引，所以性能也比较好。

这个问题还有其他几种解法，有兴趣的话大家可以思考一下。

解答 **1-9 用 SQL 处理数列**

▶ **练习题 1-9-1 求所有的缺失编号——NOT EXISTS 和外连接**

使用 NOT EXISTS 时的解法和使用 NOT IN 时的解法非常相似，所以这道题应该很简单。

```
--NOT EXISTS 版本
SELECT seq
  FROM Sequence N
 WHERE seq BETWEEN 1 AND 12
   AND NOT EXISTS
          (SELECT *
             FROM SeqTbl S
            WHERE N.seq = S.seq );
```

使用外连接的解法稍微麻烦一些。这里使用的主要技巧是"两张表进行外连接时表 SeqTbl 中缺失编号的行会出现 NULL"，然后通过 WHERE 子句将这些 NULL 的行排除掉 **❶**。

注❶
关于这个技巧，更多内容请参考
1-5 节。

```
SELECT N.seq
  FROM Sequence N LEFT OUTER JOIN SeqTbl S
    ON N.seq = S.seq
 WHERE N.seq BETWEEN 1 AND 12
   AND S.seq IS NULL;
```

至此，我们凑齐了 4 种进行差集运算的方法。

1. 首选方法：EXCEPT

2. 不支持 EXCEPT 的数据库也能使用，而且易于理解的方法：NOT IN

3. NOT IN 的相似方法：NOT EXISTS

4. 麻烦的方法：外连接

从可读性和性能方面来看，这 4 种方法都有哪些有缺点呢？首先从可读性方面来看，就是上面的顺序。不管怎么看，EXCEPT 都比 NOT EXISTS 好一些。外连接本身就不能拿来做差集运算，就更谈不上可读性了。

从性能上来看，最好的显然是 NOT EXISTS。它的好处首先是不需要排序，其次是连接条件可以用到表 SeqTbl 中 "seq" 列的索引。EXCEPT 需要扫描两张表，而且还会排序（不过使用 ALL 可选项可以避免排序）。

注 ❶

Joe Celko 在《SQL 权威指南（第 4 版）》的 22.3 节 "NOT EXISTS 和 OUTER JOIN" 中说过，很多时候使用外连接比使用 NOT EXISTS 性能更好。

NOT IN 会产生临时视图，所以性能差了很多，而且当表 SeqTbl 的 "seq" 列存在 NULL 时结果会出乎意料，这也是一个明显的缺点。

而外连接的性能却不容小觑。它同样不需要排序，连接条件可以用到两张表 "seq" 列的索引。性能方面基本与 NOT EXISTS 差不多强大 ❶。

在使用外连接时，必须满足一个前提条件：**表 Sequence 的 "seq" 列不能存在 NULL**。否则在 WHERE 子句中排除 NULL 时，我们无法区分这个 NULL 是原本就存在的 NULL，还是由连接操作产生的 NULL。本例中，"seq" 列是主键，因而能保证不为 NULL，但是在使用非主键列进行连接时一定要特别注意不能存在 NULL。

▶ 练习题 1-9-2 求序列——面向集合的思想

正文中也曾多次提到，使用 SQL 描述全称量化的方法有两个，即使用 NOT EXISTS 或者使用 HAVING。从前者改写为后者时，只需要将 NOT EXISTS 的双重否定直接改为肯定句就行了，非常简单。下面是改写后的代码。

```
SELECT S1.seat   AS start_seat, '~' , S2.seat AS end_seat
  FROM Seats S1, Seats S2, Seats S3
 WHERE S2.seat = S1.seat + (:head_cnt -1)
   AND S3.seat BETWEEN S1.seat AND S2.seat
 GROUP BY S1.seat, S2.seat
HAVING COUNT(*) = SUM(CASE WHEN S3.status = '未预订' THEN 1 ELSE 0 END);
```

■ 执行结果

```
start_seat  '~'   end_seat
----------  ----  ---------
         3   ~            5
         7   ~            9
         8   ~           10
         9   ~           11
```

请注意 HAVING 子句的条件。使用 NOT EXISTS 时的条件是 S3.status <> '未预订'，这里改成了 S3.status = '未预订'。

当坐位有换排时，只需要增加 CASE 表达式的条件就可以了。

```
-- 坐位有换排时
SELECT S1.seat  AS start_seat, '未预订', S2.seat AS end_seat
  FROM Seats2 S1, Seats2 S2, Seats2 S3
 WHERE S2.seat = S1.seat + (:head_cnt -1)
   AND S3.seat BETWEEN S1.seat AND S2.seat
 GROUP BY S1.seat, S2.seat
HAVING COUNT(*) = SUM(CASE WHEN S3.status = '未预订'
                           AND S3.row_id = S1.row_id THEN 1 ELSE 0 END);
```

■ 执行结果

```
start_seat  '~'   end_seat
----------  ----  ---------
         3   ~           5
         8   ~          10
        11   ~          13
```

不要忘了把 S3.row_id <> S1.row_id 这个否定句改成 S3.row_id = S1.row_id 这样的肯定句。

练习题 1-9-3 求所有的序列——面向集合的思想

在通过非等值连接生成起点和终点的组合之前，实现方法与使用 EXISTS 相同。本题中 S3.seat 需要满足的条件分为 3 种情况，因此特征函数中使用了 3 个 WHEN 子句来描述。

```
SELECT S1.seat  AS start_seat,
       S2.seat  AS end_seat,
       S2.seat - S1.seat + 1 AS seat_cnt
  FROM Seats3 S1, Seats3 S2, Seats3 S3
 WHERE S1.seat <= S2.seat   -- 第一步：生成起点和终点的组合
   AND S3.seat BETWEEN S1.seat - 1 AND S2.seat + 1
 GROUP BY S1.seat, S2.seat
HAVING COUNT(*) = SUM(CASE WHEN  S3.seat BETWEEN S1.seat AND S2.seat
                                AND S3.status  = '空' THEN 1        -- 条件1
                          WHEN S3.seat = S2.seat + 1 AND S3.status = '占' THEN 1 -- 条件2
                          WHEN S3.seat = S1.seat - 1 AND S3.status = '占' THEN 1 -- 条件3
                          ELSE 0 END);
```

■ 执行结果

```
start_seat  end_seat  seat_cnt
----------  --------  --------
         2         5         4
         7         7         1
         9        10         2
```

本例也只是将条件 1 ～条件 3 用肯定句的方式描述一下而已，但是比起双重否定好理解多了。

解答 1–10 HAVING 子句又回来了

➡ 练习题 1–10–1 单重集合与多重集合的一般化

COUNT 函数的参数只能是一列。虽然这是常识，但是见到这个题，还是有人不由自主地写成 COUNT(material, orgland) 吧？真遗憾！这样写是不对的。

不过不必难过。虽然参数只能是一列，我们却可以将多列拼凑成一列作为参数传递。解答如下所示。

```
-- 选择（材料，原产国）组合有重复的生产地
SELECT center
  FROM Materials2
 GROUP BY center
HAVING COUNT(material || orgland) <> COUNT(DISTINCT material || orgland);
```

■ 执行结果

```
center
-------
东京
```

如果想要拼凑的字段不是字符串类型，可以先转换成字符串类型再拼凑。这种解法怎么说呢，多少有点欺骗数据库的感觉……所以说，还是不要多想了。需要扩展成三个字段以上时，同样地拼凑起来就可以了。

顺便说一下，也许有人会考虑下面这种解法。但是很遗憾，这么做是错的。

```
-- 选择（材料，原产国）组合有重复的生产地：错误的查询语句
SELECT center
  FROM Materials2
 GROUP BY center
HAVING COUNT(material) <> COUNT(DISTINCT material)
   AND COUNT(orgland)  <> COUNT(DISTINCT orgland);
```

■ 执行结果

```
center
-------
东京
名古屋
```

为什么名古屋也会出现在结果里呢？这是因为，对于名古屋，材料"钢"和"钛"重复，原产国"智利"重复，因此它满足了这条查询语句的条件。在使用多个字段查找集合中的重复元素时，不应该对各个字段分别进行条件匹配，而应该将它们"整个地作为一个字段"进行条件匹配。这是操作关系数据库中的表时的重要思考方式，请一定牢记。

练习题 1-10-2 多个条件的特征函数

应该使用"学号"作为聚合键这一点很好理解，但是问题是特征函数应该怎么写。这道例题需要根据课程是"语文"还是"数学"改变条件，因此可以像下面这样解答。

```sql
SELECT student_id
  FROM TestScores
 WHERE subject IN ('数学', '语文')
 GROUP BY student_id
HAVING SUM(CASE WHEN subject = '数学' AND score >= 80 THEN 1
                WHEN subject = '语文' AND score >= 50 THEN 1
                ELSE 0 END) = 2;


student_id
----------
       100
       200
```

因为不需要处理数学和语文以外的课程，所以这里先在 WHERE 子句中进行了排除。因此生成的子集最多只包含两个元素。

3-2 参考文献

恭喜大家读完本书，踏入中级数据库工程师的大门。下面来介绍一些从中级向高级进阶的必读书，以及讲解本书正文未涉及的主题的书。

向高级进阶的道路比向中级进阶的道路更为艰难，希望这些书能够照亮大家前行的道路。

实践篇

Joe Celko，《SQL 权威指南（第 4 版）》（人民邮电出版社，2013 年）

无需过多解释，这一定是第一本必读书。笔者就是从这本书中发现了 SQL 的乐趣。当然这本书有很多实用的技巧，如果想学习 SQL，那么读这一本书就足够了。这样的书才叫实用的书。

这本书前言中说"本书读者需要具有一年以上实际 SQL 编程经验"，由此可见它面向的群体是中级到高级水平的人。英文原版最新是第 5 版，中文版最新是第 4 版。

Joe Celko，《SQL 解惑（第 2 版）》（人民邮电出版社，2008 年）

在第 1 版发行十几年之后，这本书又更新了第 2 版。第 2 版的页数增加了很多，也新增了许多新的问题，而且对于旧的问题，第 2 版又给出了新的解法。特别是使用窗口函数和公用表表达式这些新功能的解法，非常值得学习。

除了工作中的实际问题，这本书还包含很多用 SQL 来解数独和拼图游戏的非常有趣的问题。这本书中的问题无疑都是最高水平的 SQL 练习题。如果说《SQL 权威指南》适合作为教科书来使用，那么这本书应该适合作为习题集来使用，而笔者的这本书适合作为课外读物来使用。

Andrew Cumming、Gordon Russell，《SQL Hacks》（清华大学出版社，2008 年）

这本书为已经灵活掌握 SQL 的工程师讲解了很多进一步提升能力的实战技巧。这本书的定位和《SQL 解惑》有点像（事实上，两本书中有很多相似的问题，此外这本书的作者们还在书中提到了 Joe Celko）。书中介绍了很多 Web 开发的案例研究，主要针对 MySQL 数据库进行讲解。

作者们对标准 SQL 以及 SQL 的逻辑有着深刻的理解，书中作者们的独到见解随处可见（而且作者们还大胆地统一采用逗号风格）。虽然这本书有点晦涩难懂，但是很值得一读。

Joe Celko，《SQL 编程风格》（人民邮电出版社，2008 年）

这本书没有介绍具体的技巧，而是介绍了设计相关的知识，以及编码风格。这本书相当于数据库领域的《编程格调》（人民邮电出版社，2015 年），也是一本赞誉颇多的名著。

书中涉及表和字段的命名规则、编码风格、不好的表设计案例、视图和存储过程的用法以及集合论的思考等丰富的内容，是一本面面俱到的好书。特别是第 6 章"编码选择"和第 10 章"以 SQL 的方式思考"，建议所有的数据库工程师都读一下。

想必大家也猜到了，本书 1-12 节和 2-6 节受了这本书很多影响。

Joe Celko，*Joe Celko's Trees and Hierarchies in SQL for Smarties, Second Edition*（Morgan Kaufmann，2012 年）

近年来针对关系数据库和 SQL 的批评中，最为尖锐的是"不能很好地操作树形结构的数据或者层级结构的数据"。也许是因为它们被批评的太多了，所以最近很多数据库厂商都在有意识地改进这一点，努力尝试着开发了各自的产品。

优化产品是数据库厂商的工作，那么作为一线的工程师，我们又该如何使用 SQL 操作树形结构的数据呢？为了回答这个问题，本书全文都在介绍各种使用 SQL 操作树形结构数据的方法与技巧，相当厉害。当然，写这本书的 Joe Celko 也很厉害，但是这样深奥的书在美国都有人读，这也说明美国数据库领域的发展很厉害。

书中详细介绍了邻接列表模型、路径枚举模型等标准的层级结构，但是最精彩的内容是把节点当作集合来处理的章节"Nested Sets Model"（嵌套子集模型）。有用的技术书很多，但让人读后为之感动的技术书并不多。

这本书还没有中文译本，但《SQL 权威指南（第 4 版）》第 36 章和第 37 章对其作过一些介绍。

理论篇

C.J.Date，《深度探索关系数据库：实践者的关系理论》(电子工业出版社，2007 年)

这本书是当今数据库领域的权威 C.J.Date 为一线数据库工程师写的介绍关系数据库模型的教材，非常注重理论和实践的结合，目标读者是中级以上水平的数据库工程师。

不推荐三值逻辑的理由是什么？为什么不允许重复行存在？一个字段都没有的表有什么用？为什么范式很重要？嵌套关系（二阶关系）可能实现吗？

作者对像上面这样与实际工作有关的理论问题作了严谨但通俗易懂的讲解。

Robert Ashenhurst、Susan Graham，《ACM 图灵奖演讲集》(电子工业出版社，2005 年)

这本书里收录了本书中多次引用的 Codd 的演讲文《关系数据库：生产力的实用基础》。这本书在书店可能不太容易找到，如果有机会可以试着读一下。Codd 的演讲非常明快，对于一线工程师来说也非常容易理解。

户田山和久，《逻辑学的创立》(原书名「論理学をつくる」，尚无中文版)

这是一本学习谓词逻辑的最佳入门书，而且不仅是谓词逻辑的入门书，还是逻辑学的入门书，因此完全没有逻辑学知识的人读起来也没有问题。此外，这本书习题非常丰富，很适合自学者，其难能可贵的地方在于，虽然是入门书却也适当介绍了三值逻辑相关的知识。

远山启，《无限与连续》(原书名「無限と連続」，尚无中文版)

要想学习谓词逻辑，那么读上面那本户田山和久的书就可以了。这里，笔者推荐一本集合论的入门书。这本书出版于 1952 年，已经有半个多世纪的历史，但是就集合论这个主题而言，这本书仍然是入门书中永远的畅销书。

书中结合易于理解的事例介绍了一对一映射和集合代数等基础概念，并非常生动地讲解了群和单位元等与 SQL 关系密切的概念。这本书是岩波新书，属于岩波书店出版的便携书，所以价格比较实惠，而且便于携带。如果大家在读完笔者的这本书后希望进一步了解集合论这个充满魅力的世界，那么笔者强烈推荐远山启的这本书。

后记

请允许笔者讲一个发生在笔者身上的故事。

在刚接触到关系数据库的时候，笔者对它的第一印象并不是很好。在新手程序员的眼里，与丰富多彩的网络和 Web 世界相比，数据库看起来是那么地枯燥无味。想必很多人都跟笔者有一样的想法吧？

但是不久之后，笔者遇到了一本书，它改变了我对数据库的认识。这本书不是关于数据库的，因此笔者没有将其列在本书 3-2 节"参考文献"里，但这里笔者想把它介绍给大家。

这本书是高野丰先生所著的《root 寄语》❶（ASCII，1991 年）。从书名就可以看出，它不是一本关于数据库的书。这本书用通俗易懂的日常语言讲述了 UNIX 系统管理员的心得，是一本源于实践的散文集。那么究竟这本书的哪些地方令从事不同领域工作的笔者深受启发呢？其实就是这么一句话：在这个世界上，无论看起来多么普通的事物，背后总是隐藏着深刻的原理"。高野先生的这本书借助 UNIX 这一主题，为我们诠释了这句大胆的话的正确性。在读到山形浩生先生为这本书写的评论之后，笔者受到了更大的刺激。下面是评论的一部分。

只要读一遍这本书，你就会意识到之前的自己是多么肤浅。如果你曾经懒惰地认为有趣的东西总会从天而降，那么读完这本书之后你会深深地为自己的这种想法感到羞耻。作者高野先生从平淡无奇的生活中发现了别人注意不到的乐趣。有些是在需要学习工作中必备的技能时发现的，有些是在出差或者上班的途中发现的。我们并不需要等待特殊的时机，因为有趣的东西其实无处不在。这个世界没有一天是无聊的，只不过是你懒惰已久的感官无法发现眼前事物的乐趣而已。（摘自"发现乐趣的智慧之书"，网址为 http://cruel.org/other/ditodias.html。）

"这个世界没有一天是无聊的，只不过是你懒惰已久的感官无法发现眼前事物的乐趣而已"。这句严厉的训斥，从笔者读到的那天起就一直刺痛着笔者的心。

读完这本书之后，笔者开始以谦虚的态度重新审视了数据库。如果笔者感到这个世界缺乏乐趣，那不是世界出了问题，而是因为笔者还不未能发现其中的乐趣。这个世界充满了笔者未曾了解的各种可能。在改变态度之后，笔者朝着数据库世界的深处展开了挖掘。

想必大家已经明白了，本书其实就是将高野先生通过 UNIX 所做的事情，在数据库领域进行了尝试。当然，因为笔者水平有限，未必能够挖掘出数据库和 SQL 的全部乐趣。但是只要能让大家感受到数据库的世界并非荒野一样枯燥无味，而是充满了各种可能，那么笔者写这本书的目的就达到了。因此，从这一点来说，这本书可以看作笔者给各位读者的"寄语"。接下来轮到大家去发现世界的乐趣了。当然这里说的"世界"并不限于数据库的世界，大家各自从事的领域都可以。因为无论什么领域，必定有相通之处。

好了，火炬已经传递给大家了。加油吧！